U0013973

初心

找回工作熱情與動能

方翊倫 著

目錄

第3篇 制度流程

第4篇 領導關係

推薦序
回歸人本，否則別談管理

林文政（國立中央大學人力資源管理所副教授，曾任中央大學人資所所長、EMBA執行長、中華人力資源管理協會副理事長。美國密西根州立大學工業關係與人力資源管理博士）

這是一本從多元廣角視野，深刻闡述人與組織關係的一本管理書籍，作者融合了組織管理、人力資源管理以及領導統御三個不同領域的知識，把公司的使命、主管的任務與員工的價值剖析得非常深刻。中外管理書籍汗牛充棟，但能夠把三個不同學術領域的知識和實務融會貫通的，並不多見。個人在大學教授人力資源管理和領導統御等課程，深知要解決組織的問題，一定需要從這三方面同時著力，否則便容易顧此失彼，但要具備這樣豁然貫通的火候和功力，著實非常不容易，顯見作者有深刻的管理和人生體悟，否則很難有這樣深廣的見解。

這本書直指人本思想和存在主義是管理的本質，也是令我佩服的地方。多數管理書籍忽視了「人」才是組織核心這個事實，忘卻了人的存在價值與組織存在價值同樣重要，甚至更重要。作者在書中曾以帶領企業主管思考組織使命的共識營爲例，在討論會中都會問參與的主管一個最基本、也是最重要的問題：組織存在的目的是甚麼？作者在書中也反覆追問讀者一個核心問題：你的工作有價值嗎？作者也提出「人本精神符合利益原則」，以日本經營之神松下幸之助爲例，讓讀者思索企業經營與人本修養同時並存的意義。

這幾個問題看似稀鬆平常，但卻是從十九世紀中葉以來的主流哲學問題，無論是在工業革命時期或後工業化的現代，人都會自發或被迫去省思這些看似淺顯卻又深刻的問題，過去百年來一些重要哲學家和心理學家如齊克果、尼采、沙特、佛洛伊德、馬斯洛和佛洛姆等，都在嘗試尋找和回答本書所要闡述的核心議題，他們倡議「存在先於本質」，認為生命的目的就在「彰顯自己的獨特性」，簡言之，他們的核心思想就是以人為本。然而隨著科技的發展，人的存在價值似乎是依附在科技和企業組織中，人的主體性逐漸消失，員工成就感越來越少，疏離感越來越深。在這樣惡劣的企業環境裡，主管要更加肯定自我，同時也必須肯定所有員工存在與獨特的價值，在滿足公司獲利需求的同時，也必須滿足員工的各種需求，特別是自我實現的需求。可惜，現在企業組織中有許多抱持「管理者沙文主義」的老闆和主管，他們缺乏人本思想，忽視員工需求，這也就是為何現代企業普遍存在員工投入度不高的重要原因之一，缺乏高工作動機員工的企業想要追求傑出經營表現，簡直是緣木求魚，因此對於那些想要提高經營成績、做好管理工作的企業老闆和主管，這本書可以提供觀念上和方法上的指引。

為何有些員工特別有工作熱誠？而某些員工則對每件事情都提不起勁？動機理論可以解釋有關員工工作動能的問題，這也是組織行為與人力資源管理最重要的理論之一，這些理論包括如馬斯洛的五階層需求理論、赫茲伯格的雙因子理論、亞當斯的公平理論和佛洛姆的期望理論等。作者在本書中有許多以這些理論為基礎的實例，同時也提供簡單而又實用的評測工具，可幫助讀者了解自我和所屬員工，例如員工工作動能衡量表即是其中之一，該量表可以讓主管或部屬了解自己有多投入在工作上？該量表用一到十分的程度來衡量一個人的工作動能，例如從一分的「受害者心態，散播負面情緒，破壞團結、工作成果與組織聲譽」，到十分的「無視個人安危與利害，務必達成目標，甚至超越目標與期望」，實用性非常高，如果每位主管都能為自己部門的員工進行評量，這有助於主管了解每位員工的工作動機強度與特性，透過全員分析和盤點，可作爲部門戰力的指標，也可以做爲指導員工以及進行工作回饋時的參考。對於一般員工而言，這個量表也有助於個人了解自我工作動能的狀態，以便在工作績效和職涯發展上進行個人的調整和規劃。

作者的人生閱歷豐富，管理經驗多元，從國營事業高階人事主管、私人企業副總以至顧問公司總經理，是一位成功的傑出經理人，因此他提供非常多個人獨特經驗或企業標竿做法，針對許多管理問題提出洞見或一針見血的方法，例如作者對於如何跟不受人尊敬的主管相處時，他從一位軍中同袍身上學到，當跟長官敬禮時，他只看他肩上的梅花（官階）而不看他的臉，因爲「我不尊敬你這個人，但我尊重你的職位。」此外，作者對於企業中爲何存在許多缺乏領導能力的主管，也提出許多分析和見解，並從員工的立場，沉痛呼籲公司「請讓A咖來領導我」，書中就以美國職棒歷史中很有名的黑襪事件中的白襪隊老闆高米司基爲例，指出他就是企業中典型不會善待員工、不具領導力、不受人尊敬的領導人，作者指出最不得員工支持的主管，往往有以下三種特徵：「封閉、孬種和自私」，如果公司讓這些B咖或甚至C咖的人擔任領導人的話，公司根本不可能招募或留住A咖人才。此外作者也以他在民營企業擔任人資主管時的經驗指出，人資主管最重要的任務之一，就是要建立公司的「人力資源政策白皮書」，白皮書就是公司如何看待員工以及對人性的基本假設，也是公司管理的最高指導原則，任何有難以解決的管理問題，就以這個白皮書爲準。書中舉出一些白皮書的範例，可提供人力資源管理主管或專業人員參考。作者也主張「讓員工成爲學習的主人」，作者認爲企業必須爲員工提供寬廣的學習成長空間，他也建議一些如何讓員工自主學習和發展的方法，人才培育除了上課之外，他認爲主要還是透過在崗位上的各種學習，如此才能眞正提升員工的技術與能力。本書對於關鍵人才的辨識、培育和發展，提出一套系統性的方法，是菁英人才管理很好的參考書。

自序 讓人人都快樂工作

方翊倫

一九七八年十二月，對台灣而言是很重要的時刻。那一個月，台美斷交，台灣在國際政治上逐漸被孤立與遺棄，必須在經濟、文化等方面另尋活路。

也就在那一個月，我在屏東枋寮、高雄旗津、嘉義溪口、彰化二水、台中豐原、新竹竹北和台北松山等七個鄉鎮區，拜訪當地國民中學，由學校協助發放問卷給當年六月離校就業的國中畢業生，追蹤他們的工作狀態和面對工作的態度，當時我所進行的是碩士學位論文的調查研究，主題是「國中畢業生工作態度的研究」。

當時研究的結論現在已經不重要，我很清楚當時的研究動機是「人爲什麼工作？」「工作是不是一定不快樂？」「如何才能產生正面工作態度？」對於一個未踏入職場的研究生而言，我充滿好奇，想知道答案。

三十七年轉眼過去，台灣經歷一次世人所謂的經濟奇蹟，躋身亞洲四小龍之首，近期卻又面臨超過十年的停滯，經濟悶到破表。

你發現了嗎？無論外人或自己如何看待台灣勞動者——從勤勉奮發到缺乏狼性，從質優耐操到草莓族、水蜜桃族，台灣的工作者大多是苦悶的，而且三十餘年來每況愈下。

因爲產業政策和經濟型態囿限，台灣多數企業始終跳脫不了低成本製造及低效率經營，當毛利愈來愈微薄，老闆愈做愈辛苦，實際工時愈來愈長，薪資福利難以提升，工作者也更形苦悶。

公部門的問題則主要出在政策沒有連貫性、工作沒有自主性、高階文官隨時要聽命於民意代表，甚至遭到羞辱，加上考核及獎懲體系不健全，許多公務員被迫自廢武功，原本的優秀基因幾乎不見。我始終認爲：員工工作不投入，環境和組織要占絕大多數責任。

品管大師戴明（William Edwards Deming）博士曾說：「員工不能全心全力投入工作，組織要負九四%的責任！」當我看到這句話時，著實讚嘆他在五十年前已經發現並道出眞諦。

身爲管理工作者，我不相信這一切是「定業不可轉」；相對地，如何在管理上給力，讓員工更快樂投入，讓產品和服務的附加價值得以提升，使顧客更滿意，這可以導入一個良性循環，成爲我的事業與志趣。

坊間有許多關於樂在工作、正向工作觀和提升工作態度的書籍，絕大多數是從個人角度出發，屬於啓發性和勵志性，希望讀者受到鼓舞，也可作爲員工輔導及培訓的教材。

這本書的角度和方向則有所不同，我認爲組織和管理者必須做出努力，而不僅是期待或要求員工。就像每個人必須坦然面對自己身體的問題，接受正確的建議或處方，堅定有恆地運動、進入療程或復健行動；組織也必須虛心檢視自我，找出問題，然後進行改善，甚至採行變革。

本書是我過去三十餘年工作心得的整理，其中包括身爲受雇者、管理階層，以至最近十四年管理諮詢及經營者的經驗總結：組織不改變，工作者很難改變，要不就是改變的幅度不大、行爲模式無法凝固，很快又被拉回現實的泥沼。

本書第一篇和讀者廣泛探討工作投入度的現象、問題與量測方式，也介紹問卷調查體系和統計常模，雖然牽涉統計科學，但我希望用通俗平易的方式溝通，不希望讀起來像論文或教科書。第三章中提及工作投入度的十個關聯因素，分別屬於組織環境、制度流程及領導關係三個範疇。

這十個關聯因素其實就是組織必須回應工作者的十個問題，我們分別整理在第四章至第十三章，每章探討一個主題。各章結構上都先敘述問題的現象和本質，其次說明量測的方法以及相關數據，最後則提出該主題的解決方向和改善方法以供參考。

對本書出版直接貢獻的工作伙伴包括：共好管理顧問公司邱曉培顧問，她成功扮演第一位讀者的角色，直言不諱地挑戰我的原創版本，協助提升本書的可讀性，擺脫了刻板的顧問報告。另一位工作夥伴林彥文顧問則以其超強的資料搜尋與整理功力，補強本書不少素材與論點，也協助製作量化圖表，豐富了本書的視覺效果。大學同窗才女鄭婉坤女士以其資深文化人角度提點實用的寫作門道，惠我良多。

共好顧問集團吳正興董事長是一位懂得授權並付諸實踐的人，全力支持本次出書計畫，他所堅持的「共好」理念，也是共好顧問集團和我們團隊成員充滿工作動能的主要因素。

家兄方紹伊，曾任中央印製廠總經理，文字造詣深厚，在完稿最後階段，再爲本書逐頁校閱，字斟句酌，除錯增潤，貢獻至鉅。

本書承蒙中央大學人資所林文政教授在百忙中抽空作序，以其豐厚的學術與實務經驗，導引讀者閱讀方向，這篇序文本身就是精闢的管理文章，甚具啓發性，他對本書的肯定更讓作者深受鼓舞。

本書得以付梓，得助於更多前輩、好友及家人背後的支持與鼓勵，不過我個人仍對本書的內容及品質負起完全責任，如有疏漏之處，敬請各方賢達不吝指正。

「讓人人都快樂工作」，這是我長久以來的浪漫夢想。對於工作者、主管、老闆及顧客而言，那會是一個美好的世界！希望這本書能做爲一個起點，與讀者一起努力。

二〇一五年九月二十一日

第1篇

工作熱情哪裡去了？

本篇是全書的導論。

第一章與讀者廣泛探討工作熱情與投入度的現象及問題，
特別是人究竟喜不喜歡工作和如何才會喜歡工作；

第二章介紹工作動能量測方式，包括問卷構成、調查體系和統計常模；

第三章中探索工作投入度的十個關聯因素，
分別屬於組織環境、制度流程及領導關係三個維度，
這也構成了本書第二、三、四篇的內容。

第一章　失去動力的職場

本章重點

1.「厭惡」工作的人成為組織裡的遊魂，「願意」工作能讓人有一定的責任意識，「喜歡」工作才使工作動能源源不絕。

2.人，透過某些媒介喜歡工作，「趣味、情感與成就感」即是最主要的媒介。這三者分別對事、對人、對自己，要喜歡工作，至少要有其中之一。

3.離職率低不一定代表忠誠度高，許多人只是賴著不走；有些人會把分內工作做好，其餘的他管不著；真正把組織當另一個家，將工作視為事業的才是真忠誠。

4.組織要為員工不願投入工作負最大的責任，員工工作動能出了問題時，首要工作不是教育他們，而是檢視環境與管理作為，找出問題的原因，加以排除或改善，才能真正看到工作熱情與動力。

人，究竟喜不喜歡工作？

二〇一三年春天，在有一場和老同事的聚會上碰到 Kevin。他是我當年甚爲得力的工作夥伴，目前是一家上市科技公司的人力資源總監。許久不見，自然談起工作。

Kevin 問我，最近有沒有比較計畫性的工作在推動？

我說：「我正在寫一本書，想要幫助工作者，也幫助管理者，不要把工作搞得那麼痛苦，工作應該可以更快樂的。」

Kevin 不禁脫口而出：「工作怎麼可能快樂？大家都巴不得每天放假，您就知道工作會不會快樂了！」

Kevin 可能覺得有點冒失，馬上轉了一個彎：「不過，您肯定有些心法要跟讀者分享。」

我笑著說：「沒錯，我就是想解放成千上萬像你這樣的人，最起碼讓你們多活幾年！」

Kevin 說：「眞的耶。我常在想，如果現在就辭掉工作，過自己喜歡的日子，一定可以多活好幾年。」

四十七歲的 Kevin 是一個思慮細密、工作認眞也很追求生活品質的人。讓我訝異的是，竟然連一個要「帶給消費者快樂」、激勵內部員工士氣和營造組織氛圍的人資總監都認爲工作是痛苦的，那麼，其他人工作還可能更快樂嗎？

工作快不快樂，當然很重要，但這只是從工作者角度的看法。

從組織領導者的角度看，員工快不快樂通常不是重點，他們關注的是：找來的人有沒有作用？能不能發揮生產力？能不能帶動組織的競爭力。

可是，工作不快樂，不情願，哪會有生產力？哪會有競爭力？

媒體上常有彩券連續N次沒開出，下期頭彩獎金上看X億元的新聞。不知道你有沒有想過：如果你中了下一期的威力彩，或是金額好幾億元的意外之財，你還會從事現在的工作嗎？

當然，你不能第二天馬上辭職，那樣子中獎的跡象太明顯，會給自己帶來困擾——吃紅的、借錢的、勒索的、以前不來往的親朋好友一下子都冒出來，最怕的是小學同學，後來混黑道的那一位。

我的意思是，過幾個星期或下個月，你還會繼續上班嗎？

如果答案是「會」，你還不想放棄，那麼我相信你至少不是爲錢在工作，你有可能在從事一份事業，甚至是志業。當然，或許你沒那麼執著，只是不知道除了工作還能幹些什麼，所以只好繼續。

倘若「不會」呢？

很不幸，到目前爲止我問到的人裡有超過一半的人都說「不會」，也就是不想繼續上班。

當你一個人不想繼續工作，周遭的人都沒這個現象，那是你自己的問題。你得想想是哪個環節出了問題？是能力、志趣，還是個人生活因素？只要誠實面對自己，通常可以找出問題源頭，再從源頭梳理，總會有效。

如果不是你一個人不想上班，而是組織裡多數人都不想來工作，那就是組織的問題了。組織的問題當然是領導人和管理者的責任，只是組織領導者通常對工作者是否快樂不太關注，或是說關注度不如對於績效和生產力。

員工如果不喜歡工作，怎能積極投入？又如何產出工作效能？

華德・迪士尼（Walt Disney）曾說：「一個人除非從事自己喜歡的工作，否則很難會有所成就。」

說「成就」或許太沉重，況且對於成就的界定各不相同，所以不妨直接看待「喜歡工作」這回事。

不喜歡絕對談不上快樂，喜歡工作才有可能樂在工作！工作者每年超過兩千小時在工作上，快不快樂當然很重要。偏偏太多人工作不情願、不喜歡、不快樂。

《泰晤士報》曾刊載一份研究報告，說明個性開朗的人，比較容易在各方面有成就。報章引述心理學家愛麗絲．艾森做過的一個實驗證明──人在快樂時，創意思考能力提升，能解決多面向的問題。她的實驗方式是：將學生分為兩組，分兩梯次帶進同一間教室，教室裡懸吊著兩條繩子，擺了一張小桌子，桌面上有一些紙張、剪刀等雜物。

艾森教授對第一組學生說：這是一個智力測驗，要測驗你的人生可以有多成功？命題是，要他們將兩條繩子牽綁在一起，學生絞盡腦汁，伸長臂膀，還是無法完成任務。焦慮緊張和挫折之後，終於放棄嘗試，宣告失敗；第二組學生進入教室後，艾森教授說：「我這裡正好有一盒糖果，反正我不喜歡吃糖，你們就先分了吧！」然後她要求大家用遊戲的方式，把兩條繩子連接到一塊兒，神奇的是，學生們竟然可以用桌子、剪刀、紙片等工具，非常有創意而不可思議地完成任務。

這個實驗證明了，當人們緊張、焦慮時，經常會手足無措；相對地，當人感到快樂、輕鬆時，會引發正向情緒，會分泌多巴胺（Dopamine），有助於激發創意，以更寬廣的觸角和靈活手法，解決問題。

我們從小到大，可能參加過數十次，甚至上百次的旅遊活動，其中包括學校舉辦的，也有公司或服務機構辦理的。還記得小時候的我們，欣喜雀躍，出發前一晚睡不著覺，活動當日，天還沒亮，就迫不及待醒來的經驗嗎？這不只是年少愛玩的童趣，縱使步入中年，我們也還是難以抗拒一塊兒出遊的魅力召喚，儘管冬天被窩溫暖舒適，平時六點半起床都還帶著勉強，可是為了旅行，全身細胞都被喚醒，早早就起床，旅遊過程中的歡笑聲和歌聲，也比平日響亮。

這說明了趣味、期待、熱情與效能之間的微妙關聯。快樂，會更有創造力；快樂工作，更能解決問題，也更願意承擔任務。

人，透過某些媒介喜歡工作

從進入職場第一天起，看到周遭的人如何面對工作，就有個問題經常縈繞在我心裡：人，天生究竟喜不喜歡工作？我也持續觀察，尋求答案。

就像我們面對身旁的人，有些人我們避之猶恐不及；有可以和平相處卻談不上喜歡或不喜歡的人；有些則是我們深愛、沒見著會惦念，見面就來一個熱情擁抱的。對於工作這檔子事，眾人也有不同的認知、情感和應對方式：從不喜歡、接受到喜歡。

因為生活所需，厭惡和不喜歡工作的人仍然需要勉強去工作，這當然快樂不起來，特別是每個星期一早晨上班時，痛苦指數達到最高點，組織裡那些遊魂都是這樣的人，只有每月發薪水那天看來比較有活力，隔天又沒勁了。

第二種人談不上喜歡或不喜歡，他們「願意」工作，與工作和平相處。我太太就是這樣的人，她在學校擔任行政人員，看不慣那些遊魂，自己知道把工作做好，能展現責任感，因此贏得長官信任與同事尊重。我確信，她即使中了樂透，也還會繼續上班，但這不表示她真正喜歡工作，只是長期不上班她會覺得很無聊。

喜歡工作的人從工作當中發現樂趣，在工作中享受那些樂趣。只是，哪些工作能帶來樂趣？哪些人特別享受工作樂趣？

大學時期，我最羨慕西餐廳的民歌手，自彈自唱，不僅自娛娛人還能賺錢，心想這應該是世界上最理想的工作了，也因此開始勤練吉他，可惜沒多久我就知道自己不是那塊料，也體認沒幾個人可以拿唱歌當事業來發展。後來，接觸高爾夫球之後，覺得老虎伍茲（Tiger Woods）的工作應該是天底下最棒的工作了，每星期到風光明媚的地方打球，拿下一個冠軍的獎金動輒百萬美元，不過這回我倒是有自知之明，總桿數老是破百的我，連友誼賽都沒資格參加，當個觀眾就好。我知道，全世界沒幾個頂尖球星，成名之前的日夜苦練、籌款參加比賽、過程中的運動傷害、站上頂峰之後所承受心理壓力，那跟業餘玩票是完全不同的兩回事。

「好逸惡勞」絕對是人類天性的一部分，因爲大多數工作難免帶有辛苦、枯燥、危險、疲累或不自主，甚至有許多不情願。比起飲酒作樂、遊山玩水、群聚閒聊；工作，尤其長時間、週期性、例行性的工作，很難讓人喜歡。從遠古時代的漁獵、農耕、工具製造，一直到現今的一貫化工廠作業和服務顧客，只要一談到工作，似乎都是人類宿命，是生活中必要之惡。

爲什麼還會有人喜歡工作？

人之所以喜歡工作，或某些工作讓人喜歡，中間必然存在一些媒介，歸納起來是「趣味、情感與成就感」，當這些媒介帶來的愉悅程度超過了工作的不便、體力付出與心理壓力，人就會接受，進而喜歡工作。

「趣味」來自工作本身，「情感」是爲了服務他人，「成就感」是工作者的生命充實。這三者，對事、對人、對自己都有，工作之所以讓人喜歡，三者必有其一。

我的同事 Joseph 很喜歡解「數獨」，那是他的休閒娛樂，每週總會花許多時間解決那些難題，他認爲數獨有其迷人之處，樂趣無窮。看到他，我想起那些寫程式、做研究分析、創作產品、偵查辦案的人，他們一旦投入工作就廢寢忘食，無非視工作爲智慧挑戰，總想過關斬將，解決它、克服它，對他們來說工作樂趣無窮，與 Joseph 解數獨無異。

許多家庭主婦視家事工作爲不得已的職責，但身爲職業婦女的 Jean 卻每天懷著歡喜心爲家人準備晚餐，當她看到心愛的家人津津有味吃著她的料理，特別是聽到幾句感謝與讚美時，感覺一切都值得了。許多廚師、工匠、藝人、銷售服務人員都願意爲顧客做出貢獻，只因爲他們在乎別人的感受，喜歡滿足他的需求，這是帶著感情在工作，就像 Jean 服務家人，只不過擴大了自己在乎的人。成立三十多年的「和民」居酒屋以「蒐集地球上最多的顧客感謝」爲經營理念，就是屬於這一類的工作態度與價值觀。

有關成就感方面，心理學家馬斯洛（Abraham Harold Maslow）將「自我實現」視爲工作者最高的需求層次，高於尊重需求與社會需求。其實，無論生理需求、安全需求或以上三個更高層次的滿足都能帶來工作者的成就意識。很顯然，競爭獲勝、完成高難度的任務、達成別人難以達成的目標都是極大的心理獎賞，爲了達成目標，有人願意攀登喜馬拉雅山聖母峰，有人立志突破紀錄，有人不斷在組織裡、在社會上創造貢獻，從古至今，在政、商、軍、教各行各業都不難看到。

當我們解開人們喜歡工作的三個密碼，無論你是個人工作者或是組織管理者，下一步便是淬取其中元素，更具體設計情境，創造氛圍，讓喜歡工作成爲可能，讓快樂工作成爲必然！

工作動能愈來愈難激發？

邁入二十一世紀，絕大多數經理人發覺自己面對的是一群愈來愈難驅動的員工，金錢、升遷、學習機會、口頭獎勵……招式似乎都太老梗了。薪酬畢竟是維持因子而非激勵因子；因爲牽涉成本，工資、獎金不可能無限調高；責罵似乎只有短期作用，次數多了，員工也就無感，甚至引起反作用；升遷是稀少性資源，不可能常常拿來當胡蘿蔔；領導激勵可能是好主意，可是激勵還是要有個標準，要有題材，也要看時機，既不能不激勵，又不能成爲常態和例行公事，否則每天山珍海味，到頭來也是倒盡胃口。

員工的工作動能不易激發，是一個時代的問題，整個社會、經濟、科技和商業模式高速變動，機會遍佈，風險大增，工作者經常處於不安定的外在環境。日本一九七〇年後出生的青年，被稱爲「三無」世代——無成就、無信心、無元氣，主要原因有二：其一是九〇年代起，日本經歷了二十多年的經濟不景氣，另外則是上一代的人給年輕人留下的債務愈來愈多，提供的機會卻愈來愈少。回頭看看台灣，八〇年後出生的工作者中，無心、無神、無情者也日漸增加，工作只是爲了領薪水，沒有太多的激情和企圖心。

非技術及半技術工作者，對自己的前途和未來完全不敢想像，抱持「過一天，算一天」者眾多；知識工作者則是有自己一套職場叢林求生的工作哲學與邏輯，擔任主管的如果在專業上無法服人，管理難度非常高——誠如管理大師彼得．杜拉克（Peter F. Drucker）所說：知識工作者對於自己專業的忠誠度，遠高於對組織的忠誠度。要讓知識工作者全心力投入工作，確實不容易。

二〇〇六年蓋洛普針對美國職場員工的調查顯示，美國勞動人口中有一五％對工作缺乏熱情或是毫無興趣。〇八年金融海嘯後，這個數字繼續攀高。另外的調查也顯示，將近四分之三的員工，認爲自己比以前還要缺乏動力。五〇％的員工說，他們對於工作只投注必要的心力，目的是保住工作就好，接近七〇％的主管認爲：員工缺乏動能，是他們在公司裡的最大挑戰。

《天下》雜誌在二〇一三年十一月轉載了蓋洛普調查一四二個國家勞動者的最新數據：認爲組織目標與我不相干的「夢遊工作者」，在全球比例高達六三%；還有二四%更是消極工作者，不僅工作不開心，更會將負面消極的氛圍感染給其他同事。

全球只有一三%的人，認爲自己樂在工作，台灣比例更低，僅僅九%，遠低於美國的三〇%。竟然有超過六成的勞工，坦誠自己並非全心全意地投入組織目標。面對數據，我們不得不承認：整體來說，職場工作動能不足，是個常態，絕非意外。

二〇一三年同一調查顯示：五七%的台灣勞工會形容自己的工作是理想工作，與中國、香港比例相當，但還不及新加坡的七一%與日本的六五%。

這是不是很弔詭？既然有五七%的勞工認定自己的工作是理想工作，卻有超過六成的人不能全心投入工作，甚且只有九%的人樂在其中。

這種現象其實不難理解。

營運狀況良好的企業，薪酬福利優渥，工作環境相對理想，管理上可以運用的籌碼較爲豐富，員工捨不得離開，但這並不表示員工願意全身心投入工作。保住工作的「門檻式」工作態度，通常是消極和被動的，這和把工作當作自己的事業在打拼的態度和效能，有著天壤之別。

這讓我想起了忠誠度這回事。

忠誠度的迷思

流動率低，忠誠度高？

我曾經拜訪過一家經營績效相當優異的A公司。這家公司製造、進口、銷售半導體和光電機械設備，也負責裝機和日常保養維修，經營績效相當優異。由於技術領先，在某些特有的產品領域裡，A公司在台灣，甚至全世界的市場佔有率最高，是相當成功的品牌。

剛進A公司，立刻感受到大宅門的氣派，敞亮的門廳、森嚴的警衛系統，走進辦公室，看到的是窗明几淨，色調柔和的高級辦公家具，區隔出合宜的個人工作空間，幾盆綠色植物適度妝點，空氣也過濾清淨，踩著腳下厚實柔軟的地毯，有如在草坪漫步。

A公司管理部楊協理告訴我，公司每年的離職率都在四%以下，薪資水平視職位定位在市場薪資的P九〇至P七五（也就是和對照的公司及職位相比，每一百家公司中，排名前十至前二十五）。

楊協理說：「我們公司同仁都很愛公司，向心力很強，忠誠度應該是很高的。不過，日子久了，大家都變得比較保守，只要不出錯就好，包括研發、製造和銷售人員，都一樣，比較沒有那種積極奮發和拼鬥的精神。」

「可能日子過得太舒服了，同仁對於公司舉辦的活動很不在乎，活動參與率都很低，像是旅遊、團康福利等活動，都要三催四請，每次還要提供摸彩等各種不同的誘因，辦起來非常辛苦。」

我心裡狐疑：A公司的員工眞的是像楊協理所說的「忠誠度很高」嗎？

忠誠度有其弔詭之處。某些經營者將員工流動率低解釋爲「忠誠度」，實在是一個迷思。我在和一些公司進行策略分析時，發現許多公司將員工忠誠度高，當作是優勢。這犯了兩個錯誤：一是誤將低離職率等表面現象解釋爲「忠誠」；二是員工忠誠本是天經地義，是應該的，如果不忠誠，反倒是劣勢，但具忠誠度，絕不能看作是優勢。

韋氏大辭典對於忠誠（loyal）的定義是「堅定不渝」（unswerving in allegiance），其中包含三個層面：

- 對於所屬的主權國家或政府的忠心順從。
- 對於某個對象或個人承諾的堅貞不移。
- 對於初衷、理想、顧客、機構或產品的誠實信守。

我們可以看到，所謂的「忠誠」，面向是頗爲廣泛的。但通常碰到的問題是當忠誠對象重疊的時候，可能會有價值衝突。比方說，當組織利益和國家利益發生衝突時；當忠誠於老闆就無法忠誠於公司時；或是忠實於自我利益就無法忠實於組織之時，往往就是價值大考驗。許多人對於組織或長官的不法情事不敢揭露、有些人曲意迎合上司不當作爲以獲取利益或維持生存等，都是組織裡常見的忠誠度扭曲現象。

我們在多數組織裡看到，當一個人或一個群體面對自身利益時，其忠誠的對象往往不是「大數法則」的多數人，而是自私自利的小眾或個人。從倫理學角度，如果價值發生衝突的時候，當然要以多數人利益爲依歸。不過，在日常的職場領域，我們往往發覺有許多人不是這麼想，也不是這麼在做。

離職率低，不見得是好現象，更不能解釋爲高忠誠度。因爲，不想離職，有可能只是忠於自己的利益，充其量只是一種「表象忠誠」。許多公務員在還沒進入公部門之前，就知道那是個舒適又安全的好地方，工作壓力不大，要求不高，考績輪流拿甲等。在那樣的環境下，人很容易就鬆懈了，最高指導原則就是捧好飯碗，「不求有功，但求無過」，甚至佔著位子不做事，那樣的戀棧和忠誠度完全扯不上關係。優秀的公務員固然有，也不是那麼打混，但是環境氛圍不佳，他們往往抱持的處事方法是：要我努力工作，我做得到，但要我承擔風險，甚至所做的工作吃力而不討好，我絕對不幹。眞正甘冒風險，對抗所有的不正義、不合理，敢於突破改善，敢於堅持良知行事的公務人員，終究是少數。

機會主義者的效忠

管理者可以從「忠誠度階梯」瞭解組織裡哪些人和哪些行爲是眞正的高度忠誠？哪些是表象或假性忠誠？並知道如何辨識。

圖中最下層顯示的是戀棧型的假性忠誠，他們滿足於目前有一份工作，或是說一個飯碗，在這個職場中，他們關心的是自己的收入和權益，對於工作是「不求有功，但求無過」，能打混、逃避、閃躲的機會一定不放過。每天中午都提前去吃飯（如果組織管制不嚴格），每天都在等下班，每個月都在等待發薪日，是典型的組織寄生蟲。

接下來有兩種是「表象忠誠」——門檻型與機會型。

門檻型低階忠誠比戀棧型假性忠誠要來得好，這種形態的工作者抱持的是傳統的知恩圖報心理——拿人家的薪水，好歹總要做些事情。所以，他們事情會做，但就是不願意冒險；聽命行事，但不想太積極主動，因爲，保住飯碗比起出人頭地要重要得多。此外，他們比較會計較：爲什麼別人不用做，我就要做？爲什麼別人比較輕鬆？爲什麼別人佔了好缺，升遷比較快？……

圖 1.1　員工的忠誠度階梯

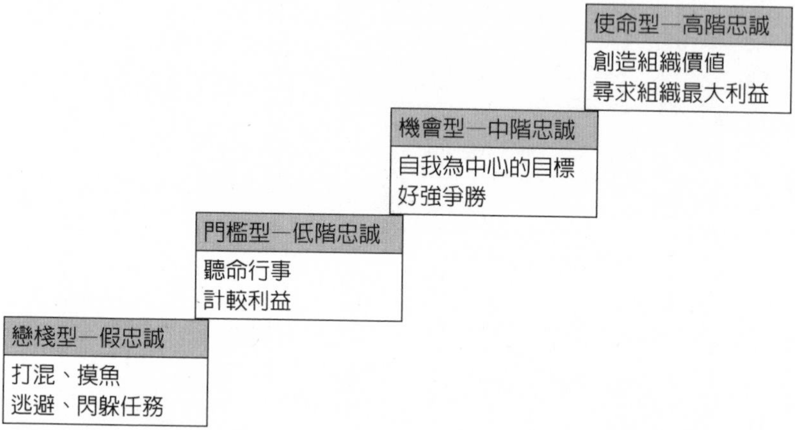

使命型—高階忠誠	創造組織價值 尋求組織最大利益
機會型—中階忠誠	自我為中心的目標 好強爭勝
門檻型—低階忠誠	聽命行事 計較利益
戀棧型—假忠誠	打混、摸魚 逃避、閃躲任務

從短期績效而言，機會型忠誠的員工會是一個努力工作、勇於表現的好夥伴。他們會因爲組織能夠提供許多資源、舞台、學習機會、發展空間，甚至只是優渥的薪酬而勤奮努力，展現工作熱忱與動能。不過中、長期而言，只要有四種狀況出現，即代表「機會」開始質變，他們就不再那麼忠誠了：

- 外部有更好的條件誘因。
- 組織不長進，甚至不斷退化，自己施展不開，並開始不受重視。
- 內部的機會，因爲已經吸收殆盡，或與自己的貢獻度接近平衡，利益空間發生擠壓。
- 心態上不滿足，認爲一切都是自己應得的，資源效益遞減。

從資本主義的價值交換角度來說，機會型工作者並無不對，也是常態。至少，在合約期間內，他能確保忠誠、努力貢獻，已經值回票價。

最高層次是使命型的忠誠，他們充分瞭解和認同組織

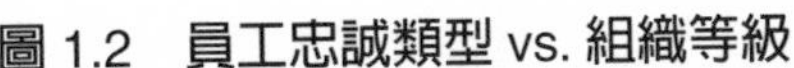
圖 1.2　員工忠誠類型 vs. 組織等級

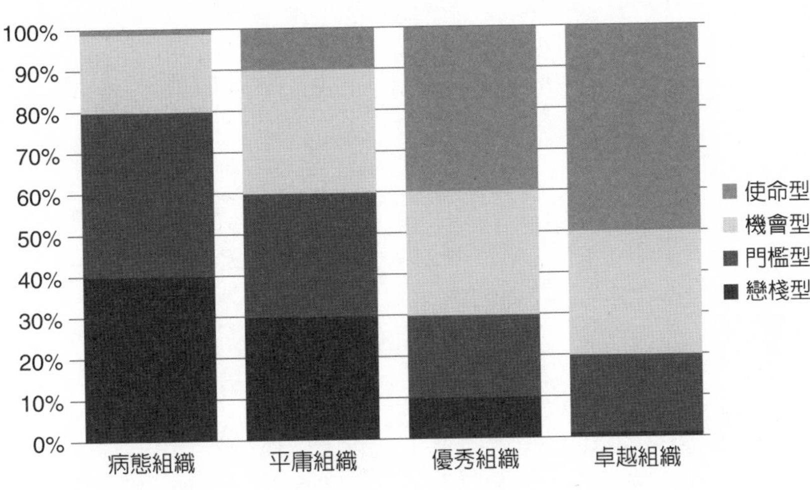

的使命和願景，以價值觀和理念與公司相結合，將自己的事業前程和組織有效結合，義無反顧地投入。他們也同樣重視利益，可是更重視理想。這種類型的工作者將組織利益置於個人利益之上，看重長期利益甚於短期利益，能將組織的困難當成自己的問題。有一部分的使命型工作者，其實當初是迫於無奈，沒有更好的工作選擇——退無死所，所以只好當過河卒子，奮力向前，此時組織如能建立認同，讓他們的信念不退轉，就能夠獲得這批死忠追隨的夥伴。

每個組織都有這四種人，只是百分比不同。在卓越的組織，到處可以看到使命型工作者，戀棧型的人幾乎無法存活，因爲組織缺乏他們可以生存的陰暗角落。優秀組織裡，使命型工作者仍多，戀棧型工作者極少。平庸的組織裡，使命型的人甚少，有一些機會型的典型人物，門檻型是最大宗，但也不乏戀棧型工作者。至於病態組織，則到處充斥戀棧型工作者，門檻型工作者還在爲生存奮鬥，機會型因爲利益掛帥，看到組織江河日下，多已早早遠去，少數留下的是因爲例外的組織或個人因素，使命型工作者也因爲水土不服而幾乎滅絕。

你的組織員工忠誠嗎？是哪一個層次的忠誠？他們構成比例如何？你自己又是哪一個層次的忠誠？檢查一下吧！

相逢，不算有緣

使命型工作者和戀棧型工作者，對組織的價值分別在光譜的兩端，他們的價值差異太過明顯，不必贅言。可是，門檻型和機會型哪一個對組織比較有價值，則仍有探討的空間。在不同階段及情境下，機會型員工有其作用，不過也有強烈的副作用。

幾年前，好友T君成立了一家媒體服務公司，由於市場需求強勁，業務快速擴張，組織及人力也不斷擴大。可是，公司的運作體制，六年來還是一如以往，T仍然擔任董事長兼總經理，既要經營外部人脈、開發市場、維繫客戶關係，還要在專業上指導產品及服務、操持內部管理，所以角色多重，職責繁重。這一、兩年來，看得出T的精神及體力已大不如前，好友們都很爲他心疼，也爲他擔心。

經過多方尋覓，T終於聘請了一位專業經理人來擔任總經理，自己則抽身處理其他的事業擴張計畫以及外部資源的整合，這解決了他內外無法兼顧的困境。

新總經理W君，在上任之前，就有某位董事提出質疑和警告：根據W先前的職業經歷和面談過程所知，看得出是個利益掛帥、手段激烈的梟雄型人物，是否聘任值得三思。不過，T在需才孔急，且一時並無更適當人選的情況下，還是做出任用的決定。

W總經理到職後勵精圖治，對內理順流程，對外積極擴充業務，在職兩年期間，公司的營收連續兩年擴增了五〇%以上，也賺得一個資本額以上的稅後淨利，股東權益跟著大幅增加。根據先前的約定，W當然也獲得十分豐厚的財務報償。

不過正當大家沉醉在企業高速發展、盈利爆發之時，W卻結合外部創投公司，意圖惡意併購自己的企業，他看到更寬廣的商業利益，圖謀的是高槓桿倍數的企業上市利益。

在併購議案遭董事會否決後，W總立即提出辭呈，而且不等公司覓得接任人選，立即帶著四位高、中階主管，投靠創投集團旗下，另設媒體服務公司，與自己的老東家競爭，這家新公司前幾個案子的客戶，都是T公司原先的客戶……

就短程目標和當年財務績效立場，機會型顯然比門檻型工作者更符合組織的現實要求。從對事、救急、百米衝刺的觀點，機會型的人在利益與組織相一致的情況下，確實能夠發揮短期效益。不過，從對人、對團隊和組織長遠利益來看，要陪同整個團隊一起跑馬拉松，機會型的人就不見得是和組織攜手前行的對象，甚至會造成組織難以彌補的傷害。

忠誠度看來有著長期和短期的差異，短期的忠誠度建立在利益上，利益消退了，緣分就盡了，充其量只是一種交換關係；長期的忠誠，有如家庭關係，需要堅定、互信、奉獻、安全等重要元素，這才是忠誠的眞義。

在探討員工工作動能時，我們發現：眞實、長期的忠誠，是讓員工全心投入，義無反顧，而且不以爲苦的主要因素。短期的相互依存關係，固然可以換得短暫忠誠，並獲得一時的成效，但其中的關係是脆弱的，只要內部破壞力大一些，外部吸引力多一些，關係結構就會遭受破壞。

相逢只是偶然，能攜手走向未來，才叫緣分。人際關係如此，工作關係何嘗不然？

員工無心，怎麼救？

難道我願意這麼瘦？

企業經營者和主管，經常會有一種名為「管理者沙文主義」的毛病，當組織有問題時，先認為別人有問題；當部門內有問題時，都認為是員工出問題，絕對不是自己的問題。大多數的經理人，都認為員工不積極努力工作是一種墮落、不上進，甚至根本就是不赦的罪惡。

王永慶先生年輕時有一段收購瘦鵝，經過得宜飼養後出售獲利的經驗。他以撿拾來的廢棄高麗菜根與粗葉，配合碎米與稻穀，混合起來製成鵝飼料，將原本只有兩斤的瘦鵝，養成七、八斤重的肥鵝，為他帶來新的財富。王永慶先生說：「瘦鵝之所以瘦，問題不在鵝，而在飼養方法不當所致。企業經營的道理也是一樣，企業經營不善，問題不完全在員工，主要還在老闆管理方法不當所致。」沒有不會打仗的士兵，只有不會帶兵的將軍；沒有不可用的人，只有不會用人的主管。

這就印證了品管大師戴明（William Edwards Deming）博士所說的：員工不能全心全力投入工作，組織要負九四%的責任。

戴明博士如何得出以上推論，我們無從知曉。縱使不迷信權威，我們也可從邏輯上判定此說為真：整體來說，員工不能全心投入工作，應該會有三層結構：一是大社會環境，包括經濟、社會與文化，其二是組織內部，第三就是工作者個人。組織既然要負九四%的責任，代表大社會環境和員工，只佔了六%的責任。

我們當然無法排除少數員工可能真有問題，但只要回答兩個問題，就可說明「絕大多數員工是無辜的」：

- 讓員工進入公司的是誰？——當初應該是「對的人」，才會被挑選進入組織；如果將「錯的人」找進組織，是誰的錯？員工自己嗎？
- 既然是「對的人」，爲什麼在組織裡待久了，變成「錯的人」？責任在誰？

答案顯然都是「組織」，責任確實就在組織。就像瘦鵝，不是鵝自己願意瘦的，是飼養不當的問題；員工工作投入不足，也不是他們從一開始就設定的態度和行爲模式，組織和大環境要負起更多的責任。

曾有人問北歐航空的總裁卡爾森：「你如何扭轉乾坤，讓一家每年賠七、八千萬美元的航空公司，轉虧爲盈？」他回答說：「我只做了一件事情：提高每一個員工的工作熱忱。」四兩撥千斤的說法，卻也是直指核心的回應。我們要探究的正是：如何提高員工的工作熱忱？

「我這是何苦呢？」

有一家營利狀況良好的科技公司，某位員工在一次團隊共識營中寫下感想：「大哥說：『搶糧，搶錢，搶女人』，可是搶到都是他的！」他引的是電影《投名狀》裡的對白，老闆希望員工一起打拼，可是打拼到後來，似乎成果都歸老闆獨享。

與此形成對比的，是另一家經營狀況並不好的企業，有主管質疑：「如果這艘船要沉了，我需要和這艘船共存亡嗎？」他心裡滿是躊躇矛盾，情感與理智正在天人交戰。

當老闆的心裡想的總是：我的員工爲什麼不能像我一樣拼命？爲什麼他們不多努力一些？他們沒有想到的是：老闆自己努力工作的回報，是薪資加上紅利或經營利益；而員工努力工作所得到的，往往就只有薪資。不同的回報反映在不同的投入程度上，所以，老闆期望員工像自己一樣努力，不是很矛盾嗎？

員工心裡想的，是像老闆一樣獲得回報──「等值」當然絕無可能，至少符合「比例原則」吧！

一家地產開發公司董事長，帶著很誠懇的心情告訴我：「我們家大概是上輩子燒了許多好香，才能找到一群好夥伴和我一起打拼事業。在我人生最低潮時，他們還是不離不棄，挺我到底。忍受低薪不說，幾乎把公司當自己的家，自動加班，廢寢忘食，不領一毛加班費。他們其實在市場上都很有行情，至少其中兩個人有自行創業的實力，不過都留下來了，我才有今天這個局面。」

我說：「光靠燒好香，就能有這群始終追隨的夥伴，也眞不容易，您肯定也做對了一些事情！」

實際上，他做了哪些「對」的事情，他本人一定比我清楚，員工的眼睛總是雪亮的，沒有人會長期追隨一個沒有理想、沒有能力、又不講道義的老闆。

如果工作者感受不到工作本身的價値和意義，如果老闆總是高高在上或只不過是泛泛之輩，而自己永遠卑微地賺取血汗工資，任何聰明的工作者都會思考：「我爲了什麼？」（What's In It For Me?）這種稱爲「WIIFM」的心理會強烈左右工作動能：

「那對我有什麼意義？」

「做好了又怎樣？」

「拼了命做，結果又如何？」

「那關我何事？」

當員工有了WIIFM的想法，工作絕對不會帶勁。WIIFM像是組織癌細胞，它會呑噬正常細胞；它又像流行性感冒，帶有高度傳染性。這種想法的員工愈多，組織愈沒有動力，沒有士氣，產品沒有品質，當然也不會有競爭力。

健全的組織環境，對於這些偶發的病毒及壞細胞，都有正常的免疫功能和自我療癒能力。但如果不幸，組織環境本身就不健康，甚至問題叢生時，將沒有足夠的白血球和免疫功能來抑制這些病毒和癌細胞擴散的。

總是有些人會對工作抱持百分之百的投入，創造超出他人想像的成果和貢獻。組織裡，我們經常看到許多態度正面積極的工作者，無論是私營企業或公部門，總有人兢兢業業、努力不懈，無論資源是否充足，環境如何惡劣或不公平，他們都能堅守崗位，使命必達，甚至超出預期地提供他人協助。日後，他們也都能在眾多平輩者中脫穎而出，成就高人一等。

然而，他們心裡的WIIFM是什麼？

我們可以想到宗教及社會志工團體的工作者：很多人都看過二人一組，穿著白襯衫、黑長褲，騎著腳踏車的美國年輕摩門教徒，穿梭在大街小巷傳教，他們絕大多數都有大學以上學歷，也花了許多時間學習中文，為什麼他們願意投入寶貴的時間，到海外從事宣教工作？

此外，無國界醫生組織（Doctor Without Borders）、慈濟、佛光山等慈善志工，門諾醫院、嘉邑行善團等醫療及社會志工在資源不足情況下，仍然願意一步一腳印，點點滴滴的努力，成就許多難以置信的功德。他們難道不能從事其他換取更高商業價值的活動嗎？他們不懂商業經濟嗎？

當然不是。但是，這其中的工作動機又來自何處？

他們的「WIIFM」又是什麼？

「使命感」是一個合理的解釋。在他們心中，對於生命價值的體認已經超越了世俗的商業價值和物質享樂。不過，比起全部的工作者，這些人的比例眞是太小。我們在這裡提到他們，不是要頌揚他們的情操如何偉大，而是在組織中有無可能「複製」這種使命感——除了宗教信仰，除了濟世救人，組織當中有無其他的「合理正當性」，讓大家義無反顧地投入？

找出這樣的成功模式，例如讓人生活更健康、更快樂——雖然不見得如同宗教般崇高偉大，但也足夠務實，務實到能儘量切中工作者的個人私利，用大部分個人私利的滿足，來成就組織的利益。

當工作者眞心想完成一件事情，他會想出一百個方法來達成目標；當他不想做那件事情，他可以編出一百個理由來逃避。只要工作者心中存在使命感和正當的目的性，就會有燃燒不盡的動能，組織協助工作者找到它們並加以複製，就是正解！

只剩口號的「當責」

二〇一二年第三季，某家工具機廠商提出一個課程需求，希望顧問公司爲該公司的銷售團隊，進行銷售技巧培訓。原因是感受到經濟不景氣，銷售團隊成員普遍覺得公司產品愈來愈難賣，也抱怨公司研發部門所設計的產品速度和成本，都不能符合客戶要求，導致他們銷售無力。

「景氣好的時候，我們被客戶追著跑，坐在辦公室，訂單就接不完了；現在好像跑得再勤快也沒有用。」公司人資主管和銷售部門主管異口同聲地表示。

「可是，市場上還是有需求，只是我們銷售人員已經不習慣從『拉動式』銷售轉爲『推動式』銷售，所以想要對他們進行銷售培訓。」

聽到他們這麼說，顧問試探性回應：「你們認爲以上所提的現象，在銷售團隊成員中，心態的問題比較大？還是銷售技巧占的成分大？」

遲疑了約幾秒鐘，銷售經理承認：「還是心態問題，至少占了八成。」

人資經理聽了，接著說道：「那麼，是不是上『當責』課程，激發他們工作動機比較重要？」

「問題是經過『當責』課程培訓，大家的工作動能就能提振起來嗎？」顧問繼續探討：「目前是不是銷售目標和計畫都是經理訂定，團隊成員按責任區執行，經理每星期都追蹤考核，可是成效不彰，盯得很辛苦，銷售團隊還覺得是經理目標訂得太高，不切實際？」

銷售經理看著顧問，點頭同意。

「要不要先換個方式試試看？你只要根據公司要求，和團隊夥伴們討論出年度總目標和季度目標，至於客戶、機型和時間，都讓他們自己掌握。」顧問建議，「不過，您要向公司爭取一定比例的銷售獎金，他們目前做好和沒做好的獎勵差異不大，激勵性確實不足。」

這家公司在顧問的建議下，變更了原來的思考及操作方向，改從制度上調整，在目標不變的前提下，讓銷售團隊自己決定工作計畫及任務分配方式，達成目標的獎勵也與團隊成員明確溝通。

經過這些結構調整和一些細節規劃，這個銷售團隊的主動性和積極度都提高了。到了次年第三季，累計銷售成績已經比去年同期增加了二八％，他們對於第四季的銷售，也充滿信心，認爲絕對可以比去年好很多。

所以，不要再一廂情願了！只規劃「當責」課程，是無法改善工作動能的，那頂多是一個起點。要提升工作動能，請從根源著手，對症下藥，才能收功見效。

很多成功學及勵志書籍都不斷提醒工作者如何設定目標、面對逆境、遠離抱怨、積極努力和樂在工作。我們非常認同這些觀點，很多工作者也願意接觸這些訊息，但是能夠在讀後眞正認同，從而改變態度者很少，這是非常令人惋惜的！

組織環境是否正向健康，決定工作者的工作動機與態度。某些陽光照射不到的死角，如果不徹底翻開，永遠難見天日。最好的方法就是翻轉結構與體制，讓陽光照進來！

組織的問題，要用組織管理的方法解決！接下來的篇章，我們將一起探討如何檢視自己組織裡的員工是否具備工作動能？員工工作動能的牽動因素是哪些？若是動能不足，問題出在哪裡？要優先改善哪些問題？改善的重點在哪裡？

第二章 攻擊力，生命力，回復力

本章重點

1. 讓數字和證據說話，針對組織員工工作動能加以檢測，如同對自己的身體檢查一般，從得分對照表知道組織的整體健康狀況。
2. 從安培指數的年度縱向比較，了解組織有無逐年進步，同時和其他組織做橫向比較，知道自己的問題是否比較嚴重。
3. 員工工作動能直接牽動顧客滿意和獲利，工作動能如果提升一〇％，推算組織財務獲利可提升四二％，為了提升財務獲利，從工作動能切入是關鍵路徑。

提升工作動能

計算核心能力的數值

線上電子遊戲是很容易讓人沉迷，我兩個兒子也不例外，從小到大，除了考試前，幾乎沒有一天不玩。只是從小學起，一直到考大學前，我和內人都明確規範每天打電動遊戲的寬容時間，包括平日一小時、假日兩小時的限時，以及大考前一週的不碰觸禁令。另外就是只能使用電腦，避免用手機「手遊」，在我看來，那畢竟太傷眼力，也可能損害頸椎。

兩個兒子都上大學後，基於自主管理的精神，原則上我讓他們自己控制打電玩的時間。尤其老大畢業專題就是製作遊戲軟體，老二要進入資訊工程學系就讀，似乎都理直氣壯地取得「研究」電玩的尚方寶劍，我只有關心，不想多加干預。

有一天，我聽到兄弟兩人的對話，只聽到「她三圍很強」、「很有power」，我猛然想到，兒子畢竟長大了，開始對女生的三圍感興趣了。可是再怎麼說，這麼明目張膽，毫不遮掩地討論，品味似乎不夠，也不符合我們的家風。

於是，我走到他們房間，隨口問道：「你們在說誰的三圍？」

沒想到兩個兒子很有默契地倒打一耙：「爸，你想到哪裡去了？」、「你才在想人家的三圍！」

知道自己可能跳進「代溝」裡，再質問下去可能被恥笑，我急踩煞車：「那，什麼是三圍？」

老大說：「攻擊力、生命力、回復力！」

老二接著說：「神魔之塔裡角色的能力數值。」

看得出他們還是很想笑，我自覺有點跟不上時代。

「沒禮貌，下次要先跟我解釋！」這不算訓誡，只是自己找了個台階下。

電玩遊戲之所以吸引人，因素非常多，其中一項就在於數據的變化，無論是打敗敵人或過關時的分數累積、自己的能量或血液的存量、所剩餘的時間……如果沒有數據，輸贏很難論斷。

數字能呈現事實，所以人們常說「數據會說話」。當我們描述一個組織失去工作動能，員工工作不帶熱情與活力時，不能只用形容詞和抽象描述，而必須信而有徵地提出數據證明：組織裡，員工工作動能究竟高到什麼程度？糟糕到何種情況？必須建立在數量化的基礎上，以數值加以描述，才能進一步分析及提出對策。

管理科學實務的基本原則是「無法量化，就無法管理」。因此，專家學者就設計了各種各樣的「指數」，例如經濟性的GDP（國內生產毛額）、股價指數或攸關健康的血壓、肝功能指數等。

有了指數，就方便我們呈現事實情況，可以進行時間序列的追蹤和優劣勢比對。比方說，為了有效管理組織、部門或個人的績效，組織往往設定了績效指標（Performance Indicators），指出在某一目標責任範圍應該交出的成績單，它可能是數量或金額的「多」、速度或交期的「快」、品質或服務的「好」、或成本及費用的「省」。總之，我們先訂出指標名稱，說明它的意義、計算方式和要求程度，然後根據數據來追蹤、計算並要求改善，這會讓管理更透明，更容易與員工溝通。

凡是稱為指數的，都必須涵蓋幾個特點：

一、指數構成的項目，必須儘可能周延　考量因素必須完整涵蓋要探測的範圍。比方說，海岸污染的指標包含工業污水、事業廢棄物、人工化及海洋廢棄物等四項，進行農產品價格調查時，要包括蔬菜、水果、雜糧、特殊農作與花卉等，避免遺漏主要項目。

二、指數構成的項目，必須具備互斥性　項目的概念不能重疊，例如「事業廢棄物」和「人工化」應有明確定義與區分，不可混淆；又如，已經將蕃茄、草莓計算在蔬菜類，那麼，在調查水果價格時，就不應該再重複計算蕃茄及草莓的價格。

三、必須經過科學化的統計處理與分析　數據必須根據因素項目的定義，採用標準化的取樣方式、一致性的無效樣本認定，不可輕易變動，並以可信的統計方式計算與分析。

四、要建立有效的「常模」標準　所謂常模，用通俗的概念說，就是具備一定數量基礎的樣本，在實際量測後，所得到的數據分佈。在往後個別調查或施測時，這樣的數據分佈可以做爲參照與比對的標準。

對於組織裡員工的工作動能，我們需要有一個統計性的指標，做爲組織自我檢測的工具。此一工具必須有嚴謹的構成因素、有一致性的統計處理程序、有標準常模可資比對。工具建立之後，可以了解員工工作動能的現狀，在檢測後，根據得分高低，回溯原因所在，從組織面及管理面進行提升員工工作動能的各項努力。

本章探討員工工作動能如何量測，包括其中的邏輯架構、程序方法、工具及試測結果。對於行爲科學量測沒有興趣的讀者可以略讀或跳過這一章，直接閱讀第三章，並不會影響對工作動能驅動因素的理解。不過，如果想要知道後面各章所提到工作動能的高低強弱，究竟代表何意，是怎麼計算出來以及如何設定進步區間，就不能略過這一章了。

衡量自己的工作投入度

每個人都有多重角色，在家庭裡，是兒子、女兒；結婚後，是丈夫、妻子，有了孩子以後，是父親、母親。除了這些家庭角色，我們也是許多人的朋友，是公司內外部社團的社員或幹部，我們也可能是業餘攝影師、旅行家、美食饕客、業餘廚師……。總之，我們的角色多元，生活中也不可能只有工作而無其他面向。

只是，每個人的時間、精神和心力有限，這些工作有些可以互補、相輔相成，例如參加公司外部社團，廣結人脈，增進業務銷售及組織公關能力，或因爲業餘廣泛閱讀，見多識廣，增進未來的職業發展。但更多可能是零和、互相排擠的生活選擇，比方說，因爲照顧生病家人，無法兼顧工作；也可能熬夜打電玩，結果睡眠不足，影響了第二天的上班上課。

有一位女同事，工作認眞負責，績效優異，曾多次獲得包括最佳新人、服務貢獻等獎勵。她在結婚後半年辭去工作，應徵進入一所私立大學的學務處服務，其後的四年多裡，她生下了兩個健康活潑的女兒，在二女兒滿周歲後，她辭去學校的工作，進入一家大型工程公司工作。

她當初離開公司是因爲想要有孩子，也想到懷了寶寶後，恐怕無法繼續高效能地投入工作，所以找個環境和內容相對穩定的工作，按時上下班，也不必把工作帶回家做，可以安心帶孩子。

她一切按計畫進行，待時機成熟後便「重出江湖」，再度投入高度競爭的民營企業，承擔高張力的職責。她到大學裡工作，環境和工作內容相對平穩，卻未改變對自己負責、對工作專注執著的態度。

許多人碰到類似的狀況時，選擇的可能是「打折扣」的工作投入和產出。換言之，工作投入可能只有先前的一半，產出效率可能也跟著減半。這樣的折扣表現可能是短暫的過渡，但也有人就回不去了，無法重拾以往的工作熱情與效能。

對於受薪階級而言，選擇怎樣的工作？分配幾分心力在工作上？目前的工作值不値得投入更多時間、精神與體力？這成了每個工作者的智慧與良心選擇。組織和領導人可能看得出來，也可能感受不到；主管知道這些狀況與問題時，可能縱容、接受，可能設法調整，也可能根本不知道要如何應對。

不同的人投身於工作上的態度與行爲有不同層級，從消極到積極，從厭倦、逃避到全身心投入（圖表二・一）。

圖表二・一中，最高的第十級，顯然是以「志業」精神投入工作，無怨無悔地將工作視爲生命及生活中的唯一重心，救災救難活動中的志工及消防員當可歸屬這一個層級。第九級帶有強烈使命感在

工作，也視爲生活中的優先事項；第八級強烈體認工作價值，務必體現自己的價值，這兩個層級都以「事業」精神在工作，把一份受薪工作看作自己的事業在經營。

第七至第五級都可謂在從事一分「職業」，不過，積極度高的工作者希望獲得肯定，期望工作過程與結果對自己有利；消極工作者重點只在獲得報酬，從沒考慮產出與貢獻。

第四、三、二級工作者都視工作爲畏途，是生活中無法擺脫的夢魘，差別在於是否接受任務，好一點的忍著做、拖著做，等而下之的根本不做。

最低一層工作者，根本認爲工作是「業障」，大家都對不起他，每件事情都在找他麻煩，到處散播不滿與怨氣，有這種工作者，是組織最大的負擔與損失。

對照圖表二．一，請看看自己究竟在哪一個層級？您的同仁大多數又在哪一個層級？然後想一想，爲什麼會落在這個層級？有無可能提高層級？

這個對照表簡單明確，每個工作者都可以用它來自我檢視，但這只是一種主觀的名目判別，不免會有誤判，更精確的方法是檢測工作者面對工作的態度與行爲。透過全體成員或抽樣方式，進行問卷調查，組織以更科學、更有效的方法，了解成員普遍的工作熱情與投入度。

工作動能方程式

每個人的行爲都是接收環境訊息後的回應，這是一個「刺激─個體─反應」（S─O─R）的行爲模式。比方說，我們碰到熱鍋，會迅速將手縮回，這時候，高溫的鍋子就是「刺激」，人是「個體」，將手迅速縮回則是「反應」。大多數情況下，人或動物對相同事物會有非常接近的行爲反應，例如爭奪、躲避、逃跑等。不過，相同的「刺激」在不同的個體身上，往往有不同的反應，這就牽涉

圖表 2.1　工作者有多麼投入工作？

層級	特徵	工作範疇與品質	工作投入狀態
10	無我忘我	任務是生活唯一重心，超越要求	無視個人安危與利害，務必達成目標，甚至超越目標與期望
9	全心投入	任務優先，力求效能極大化	願意犧牲自己的方便與生活品質，將所有任務與工作做到最好
8	認真負責	主動積極，樂於助人，圓滿達成任務	對組織負責，也對自己負責，願意承擔責任，將事情做到最好
7	盡力而為	做好分內工作，不被批評	盡力做好分內工作，行有餘力就多做一些，可以配合，絕不出頭
6	劃清界線	計較評價、利益與得失	依照本分，照顧好自己的工作，其餘的事，要對自己有利才做
5	交差了事	完成交辦工作，不考慮成效	能交出最低門檻成果，至於有沒有作用、有無效果，從不考慮
4	得過且過	勉強交出成果，品質不符要求	事情有做，品質低劣，別人必須收拾，造成成本負擔
3	依賴寄生	最小程度的工作量，不求貢獻	不求貢獻，濫竽充數，自己不動手，靠別人的努力生存
2	消極逃避	不作為，逃避任務	能閃就閃，能推就推，能拖就拖，拖不過就打混
1	負面攻擊	不作為，負面效用	受害者心態，散播負面情緒，破壞團結、工作成果與組織聲譽

到「個別差異」。

組織裡，某種環境或某項決策，會造成大多數成員相當一致的行爲反應。當組織希望營造良好、正面的群體行爲反應時，首先要有立意良善的出發點，透過適切的工具方法、正確的時機、優秀的執行者……，當這些因素組合起來，組織內必然會產生認同與呼應，這就是其中的化學反應，這些反應能達到我們想要的效果。

我曾經與一家廣告公司一起工作，採用一個我們稱之爲「小太陽」的日常激勵方案——從總經理到班長，每一位主管每個月都有小太陽的配額，比方說，總經理有兩百個小太陽，班長有二十個，每位同仁有三個。當同仁有值得肯定的事蹟時，任何一位主管及同仁，可以將自己手上的小太陽送給那一位同仁，並簡要說明是獎勵他哪些事蹟。自己手上的小太陽用盡或數量不足時，還可以向上一級或其他主管推薦該同仁的事蹟，請求支援授予小太陽。

每月、每季及年終時，人力資源部統計每個員工的小太陽數量來給獎品，從餐廳折價券、旅遊住宿券，到泰國或新加坡雙人來回機票。

這個方案公布後，同仁爲了爭取、累積小太陽，紛紛熱心公益、樂於承擔任務，大部分員工的工作品質和工作速度也都有所提升。小太陽計畫雖然動用了預算，但提供非常實際的誘因，對於員工熱愛環境、關心公司營運的熱情發揮了強大的帶動作用。

激勵因素帶動了工作熱情，從而發生良性化學反應。這個SOR過程可以用圖表二・二來解釋：員工必須被有效激勵或自我驅動（Motivated）；驅動後，他就能投入工作熱情（Passionate）；一個對生活和工作有熱情的人會勇於承擔任務（Accountable），甘願做出承諾；行爲上，他更願意負起責任（Responsible），也較能交出成果。

這個關係可以這樣來表示：

工作動能＝有效驅動＋展現熱情＋勇於承擔＋交付成果

等號以下與其說是加總關係，不如說是程序關係。程序裡，「有效驅動」就是第一個開關，足以啓動工作熱情。只不過每個人、每個工作，驅動因素可能都不相同，它可能來自財務報償，也可能是非財務性的，例如使命感、成就感、被尊重或工作本身的樂趣。對組織而言，找到驅動因素就是開啓工作動能的第一把鑰匙。

圖表 2.2 工作動能結構關係

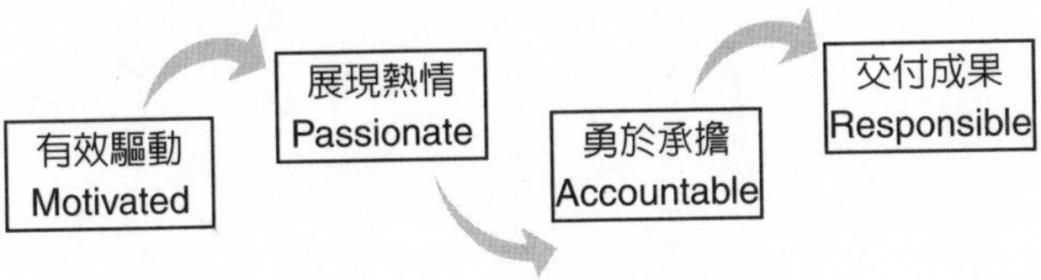

有效驅動 Motivated → 展現熱情 Passionate → 勇於承擔 Accountable → 交付成果 Responsible

安培，不只是電流

有了驅動因素，工作熱忱（Passionate或Enthusiastic）這道門就被打開，這時候，工作者的心開始暖起來，眼睛亮起來，手腳也活絡了；此刻適時給予工作任務，或鼓勵他勇於承擔（Accountable）是一個管理要點；最後，對於工作產出給予應有的重視，肯定其工作表現，或對於不足之處，給予改進指導，是確保工作者對成果負責（Responsible）的關鍵。

驅動（Motivated）、工作熱情（Passionate）、勇於承擔（Accountable），願意負責（Respon-sible），把這四個元素的第一個字母排在一起，就是MPAR。爲了便於記憶，容易朗朗上口，我們把順序調成「ARMP」，取其諧音，溯其意涵，命名爲「安培」。

「安培」是電學名詞，是電流的計量單位。意指「單位時間內，通過導線某一截面的電荷量」。在相同的電壓下，通過的電流愈大，產生的能量自然愈高。用電流強度，來形容一個員工或整個公司是不是精力充沛、活力旺盛，抑或死氣沉沉、奄奄一息，眞是再貼切不過。大家期望看到的，是在組織環境下，員工的工作活力強、效能高，就像電流一般，不斷流動，不斷傳輸能量。

ARMP代表了許多意義，可用來詮釋工作動能：

- Accountable——勇於承擔，使命必達。代表「主動承擔，捨我其誰」的氣魄，和縱使付出一切代價，也務必達成任務的承諾。也有人把它翻成

「當責」或「問責」，似乎不容易懂，我們寧可說是「承擔」（承諾與擔當）。

● Responsible——貫徹執行，提供效益。指的是負責到底的態度和執行行動，包括工作績效的自我要求、不斷追求品質、持續改善，務必使他人滿意，是承諾與承擔後的效益產出與實質貢獻。

● Motivated——有效驅動，自我激勵。說明一個人具備強烈的工作價值認知，期望在工作中或工作完成後，藉由工作的內在價值滿足或外在有形、無形激勵，達成組織的期望與目的。

● Passionate——熱情工作，快樂生活。意指工作者自信、正向、樂觀、不抱怨，對未來充滿期待，積極追求目標，並不斷散播陽光般的正面能量，持續感染與帶動他人。

若是以一個英文來詮釋「工作動能」，最貼切的應該是「engagement」。

許多學術論文將 engagement 譯爲「敬業度」，根據《韋氏辭典》，engagement 指的是約定，是情感上的「融入與承諾」（emotional involvement or commitment），也代表「從事與致力」於某項工作，所以它不僅是一種認知和心理層面的態度，更有進一步的行動與行爲。知名諮詢顧問「合益」集團（Hay Group）將「employee engagement」定義爲「激發員工工作熱情，並將其導向組織成功的結果」。

近年來，國際知名的顧問公司，多傾向以「employee engagement」取代員工滿意度，作爲組織診斷的工具，更用以預測顧客滿意度和企業營運績效。翰威特顧問公司二〇〇五年的調查指出：「高績效的企業具有比平均水準高出二五%至二九%的敬業度」，其後的學術研究也有類似的發現。

在中文意義上，光談「員工敬業度」或「工作熱情」都嫌靜態，不足以涵蓋行爲與成果。所以我們將「employee engagement」譯爲「工作動能」，指從工作動機被驅動、產生工作熱情、願意全力承擔工作、承諾交付成果的過程。

檢測組織工作動能

工作動能指數化

將抽象概念以數值計量，是科學家的專業。物理科學家將聲音用「分貝」計量，將光線以「照度」或「流明度」來呈現。這麼一來，聲音與光線也可以顯示其強弱程度，進而可以量測、探討、交流，也可以管理了。

社會科學所採取的計量方式，也是同樣的道理，所謂「幸福指數」、「荷馬壓力量表」都是對於看不到、摸不著的抽象概念，予以量化的指標與專業手法。

這也是最能溝通與理解的方式。

爲了讓管理者易於理解、計算、說明與管理，對於組織員工工作動能的高低強弱及變異情況，我們設計了一個量表，作爲量測的基礎。量表中包含了ARMP四個構面，在構面下設定了八個指標，如圖表二·三。設定指標的目的，是更明確指出構面的組成要素，例如「Accountable」光指「承諾」還不夠，必須要求承諾可靠，以連接後續行動。因此，在「Accountable」這個構面下，再區分「勇於承擔」和「使命必達」兩個指標。

在這四個組成構面和八個指標下，我們用了十八個題目構成了「工作動能量表」，這裡摘錄其中

圖表 2.3　ARMP 工作動能量表的構成

組成構面	指標	代表的行為特徵
Accountable 承諾可靠	勇於承擔（A1）	「我願意！」、「除了我，還有誰？」——對任務的主動承擔意願與氣魄。
	使命必達（A2）	「說到，一定做到！」、「即使付出代價，也要完成！」——對任務、職責及承諾全力以赴，務必讓人滿意。
Responsible 負起責任	貫徹執行（R1）	「有做、做完，而且做好！」——貫徹執行與實際管控，追求工作績效與工作成果。
	持續改善（R2）	「我還要更好！」——不斷要求改善與突破，對作業產出或服務不斷學習、持續改善與創新。
Motivated 有效驅動	內在激勵（M1）	「這工作有意義！」、「每次完成工作都很有成就感」——對工作意義、趣味性、價值感的覺察與認知。
	外在酬賞（M2）	「環境佳，主管好，待遇高！」——對財務報償、被他人肯定或職場環境等因素的覺察與認知。
Passionate 展現熱情	正向態度（P1）	「未來會更好！」、「不同的聲音與意見是可以理解的」——包容、善解及樂觀看待事情的程度。
	熱情活力（P2）	「不必等別人，從我開始！」、「Just do it，做就對了」——展現對於生命及工作的熱情，能影響或帶動他人。

一部分，請見圖表二．四，量表中有隱含測謊題，用來檢測信度不足的無效問卷。量表施測得出的結果，以平均分數表示，就是「員工工作動能指數」，稱爲「安培指數」（ARMP）。

在過去三年裡，我們針對安培指數量表進行了一次試測（Pre-test），參加的對象爲海峽兩岸十四家公司及其子公司，有效抽樣調查了一，五八九人。施測的結果，安培指數量表的總體檢驗信度 Cronbach's Alpha 值達到〇．七五三，表示這份問卷具備高穩定度和一致性，假設組織環境和受測者組成沒有重大改變，隔一段時間再進行施測，結果會非常接近。

組織還剩多少電？

大家可以對組織成員進行安培指數的問卷調查，了解目前組織裡的成員工作是不是快樂？是不是充滿熱情？是不是很想把工作做好？能不能經由目前的工作對未來充滿期望？

表 2.4　安培（ARMP）指數量表問卷摘錄

編　號	題　目
一	上班、賺錢是一件不得已的工作，有機會我要早一點脫離，過自己想要的生活。
二	工作中，我喜歡學習新事物，並且嘗試新方法。
三	工作中的我，總是充滿自信和樂觀。
四	只要對公司有意義而且在能力範圍內，我都願意承擔，不會計較。
五	目前的工作充滿成就感，我喜歡這分工作。
六	我能夠從工作中獲得許多樂趣。
七	我會主動提出一些看法或建議，不只是等待長官指示。
八	照目前這樣繼續工作下去，我的未來肯定會更美好。
九	我喜歡面對困難和有挑戰性的工作。
十	我的工作壓力很大，會讓人喘不過氣。

施測所得分數就代表組織的工作動能，也就是組織的這組電池裡，還剩下多少電力可用。

量表中每一個題目最高是五分，最低一分，五分至一分的程度等級界定如下：

五分：非常同意（題目的敘述）
四分：基本上同意
三分：中性，談不上同意或不同意
二分：不太同意
一分：非常不同意

量表中有些題目是負面敘述，回答的分數愈高，狀態愈不理想，所以必須在評分和加總時做反序處理。

舉例來說，當第一題「上班、賺錢是一件不得已的工作，有機會我要早一點脫離，過自己想要的生活。」你的答案若是五，代表您對於目前這份工作其實是在「忍耐」狀態，一有機會脫離，絕對會拂袖離去，這時候選擇一反而是對於目前的工作有更多的眷戀和熱情，所以計分時對於選項一要計爲五分，選項五則要計爲一分。

爲了了解目前的工作動能，所以在回答這份問卷時要用最近和最直覺的感受來面對。比方說第二題「工作中，我喜歡學習新事物，並嘗試新方法。」就有人問過：「我原本都是這樣呀，可是碰到現在的主管，我一點都不想這麼做！」正確的作答態度是：現在怎麼想？怎麼做？那就怎麼回答！問卷不是要受測者回答「理論上或道德上應該怎樣做」或「以前怎麼做」，而是要誠實面對現在的狀態。因爲問卷主要是爲了協助個人及組織了解目前工作動能有多少，從而找出問題，對症下藥，如果僅是回答「認知」層面，那似乎是在考試，不是問卷施測的原意。

如果管理者要在組織裡做這一類測試，應特別留意：組織成員會不會有疑慮，擔心主管看到自己的答案，因而「報喜不報憂」，不願意誠實作答？縱使是透過人力資源管理部門或人事人員進行測試，也常因同仁認定人資部門屬於組織裡的管理與幕僚角色，因而不敢將自己眞正想法塡入，這就會造成相當程度的失眞，也就是行爲科學中所說「信度」不足問題。

要解決此一問題，採用不記名問卷是絕對必要的。無論紙本問卷或電子檔問卷，都可以做到無記名問卷施測，但是紙本的問卷除了浪費紙張，還要耗費相當多人力加以整理分析，問卷催收上也是障礙；電子問卷是符合時代潮流與環保趨勢的作法，可是受測者往往擔心郵件回傳過程中，暴露自己的身分，因而不敢放心、從實作答。

最好的方法，就是透過具有公信力的第三方進行調查。我們開發了一個雲端施測網頁，組織只要透過聯繫，我們就可以開放這個平台。組織裡的成員只要依據我們給的帳號及密碼登入，即可上線塡答。塡答後的資料處理，將由專業人員在設定完成的系統裡快速運算，除提供個別組織的數據外，還可提供常模（其他規模相近的組織，甚至是相同業別）數據，以供參酌比對，對於組織及每一位塡答人的塡寫資料，在這個系統裡也都受到嚴密保護。

你有多投入工作？

工作動能量表題目，最高得分是五分，換算爲百分制，相當於滿分一百分，假設你個人的平均得分是四點五分，那麼，換算下來就是九十分了。

你能得幾分？能達到九十分、八十分？或是更低？

看起來一百分似乎不太可能，是不是？

其實，正好可以問問自己：「爲什麼不是一百分？」

如果不是一百分，就代表自己有所保留。就以圖表二．四第四題來說吧——「只要對公司有意義而且在能力範圍內，我都願意承擔，不會計較。」如果你的選擇不是代表五分的「非常同意」就表示你會因爲一些原因，對於完全的工作承擔持保留態度。姑且不論這是不是人之常情，總之，心有罣礙、有其他選擇，就已經不是原來的自己了。

只要不是一百分，就不會無條件、百分之百的投入。就如同英國作家溫特森（Jenette Winterson）所說的：「每當你做出一項選擇，另一個自己，就活在被你放棄的選擇裡。」那麼，另一個自己是什麼？是「眞正的」自己嗎？又爲什麼放棄了應有的堅持？

或許有人會說：「我原本就不想百分之百的投入。我的生活裡，還有其他許多重要的事情呢！」

這個論點似乎言之成理，不過還是有「偷換概念」的嫌疑！

「將工作視爲生活中的百分之百」和「工作時百分之百的投入」是兩個不同的概念。生活中顯然不會只有工作，那太貧乏且無趣，許多「過勞死」的案例都是這一型的工作者，這顯然不符合我們的主張。可是，在工作中就要全心全力投入，否則怎麼可能把事情做好？在這個競爭激烈的時代，全心全力工作，都不見得能夠勝出，不盡心盡力，又怎能有生存空間？

可能大家都是認為一百分是絕對高標，實在強人所難。不過，在工作上表現非常傑出的朋友（未必是企業家）施測之後，九十四分、九十五分大有人在，九十分應該是臨界標準了，低於九十分，我就要問他出了什麼問題？這也是擔任高階主管教練時，非常好的切入工具，先測試後，就可以順勢和他聊一聊工作中的狀態、問題，再提供處方──當然，那不是在一次對談中就完成的，通常要經過多次談話，從建立互信開始做起，處方也不見得是針對個人，有時候是受測者身旁的人，或是整個組織。

當一個工作者不是全身心投入工作狀態時，代表在工作時，將時間與心力配置在他認為值得、或必須關注的地方，那可能是自己的身體健康、財務金錢、愛情友情、子女家人、休息放鬆，甚至只是空思冥想或無所事事，反正就是不放在工作上。組織以工資購買他的智慧、勞務與時間，但員工「恍神」的時刻，組織買到的可能是「空集合」，甚至是負向價值──當其工作狀態影響組織、其他工作者、產品、服務或客戶時。

將這些「精神脫鉤、態度出軌、狀態外行為」的現象，儘可能降到最低限度，是管理者永無止境的挑戰。

「安培指數」在組織裡的呈現，與個人層面又有所不同。公司或機構都是人的組成，無論是幾十個人，甚至上萬人的組織，都可以讓全員接受測試（在非紙本的網路施測裡，受測者人數完全不是問題），也可以在組織裡進行抽樣調查。不過此時，我們看待分數，應該是一個平均值和常態分佈的概念，這時候當然還是有九十五分、九十四分的高得分個人樣本，但極端狀態下，也可能有那種四十分、五十分的低分個案，這都是所謂常態分佈（如鐘型般的中間高聳、二端低平的∩型分佈）的兩端，所以就平均值而言，能夠得到八十分以上的組織，已經算是表現相當優異了。

圖表 2.5　安培指數四構面調查結果的差異性

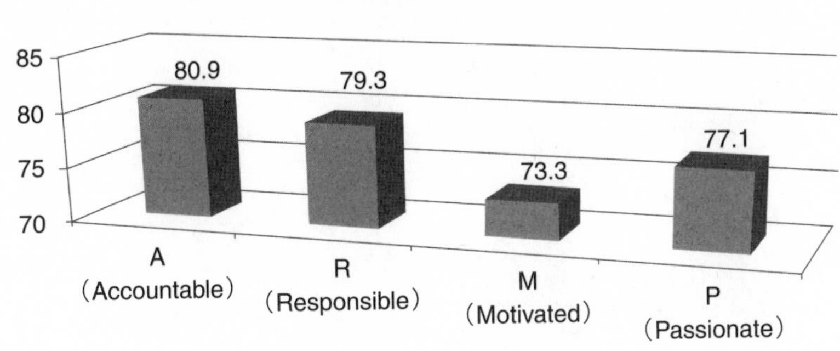

多少能量沒有發揮？

在二〇一一年進行的安培指數量表試測中，受測者安培指數平均值爲七七．九分，大部分（一個標準差以內，亦即六八％）受測者分數介於六七．八至八六．四，企業施測得分介於六五至八二分。

七七．九分，可眞不是一個漂亮的數字！這表示組織裡，員工工作動能的保留成分還相當不少，距離「滿載運轉」還很遙遠。

參加試測的組織，絕大多數都是過去數年裡，曾經接受顧問公司輔導或進行人員培訓的企業，算是對組織發展有所體認或著墨較多的組織，他們的得分甚且如此，其他大部分組織，可能還沒這個成績。

如果以構面來看，得分最高的是「承諾可靠」（Accountable），最低是「有效驅動」（Motivated），次高與次低分別是「負責」（Responsible）和「熱情」（Passionate）（圖表二．五）。

爲什麼代表「有效驅動」的分數會最低？爲了探究這個問題，我們先將圖表二．三的八個指標的得分一併呈現（圖表二．六）。

從圖表二．六來看，「熱情活力」（P2）是得分最低的指標，然而，同樣代表「展現熱情」構面的「正向思考」（P1）分數卻很高，所以，高低互補而中和了此一構面的得分。看來，「正向思考」的價值觀與認知層面，要跨越到具有行爲傾向的「熱情活力」，還是

圖表 2.6　試測對象在工作動能量表八項指標的得分

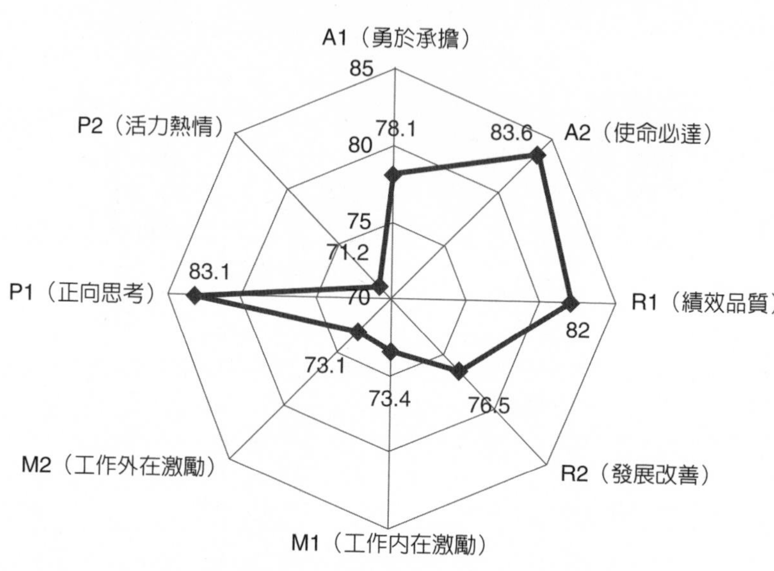

有不小的落差。

「工作內在激勵」（M1）和「工作外在激勵」（M2）是得分次低的兩個指標，這兩個指標都屬於「有效驅動」構面，是員工對於攸關工作動機因素的評價，例如待遇高低、工作環境、工作成就感等，這些因素多屬於認知層面，組織和工作本身能否給工作者這樣的感受，是非常實際的問題。

同屬「承諾可靠」構面的「勇於承擔（A1）」和「使命必達」（A1）」兩個指標得分都不低。不過，「使命必達」的得分仍高於「勇於承擔」，這可以解釋爲：儘管某些受測者在工作中未必願意多所承擔，可是職責任務一旦交付到他們身上，還是願意全力以赴。

「負起責任」構面得分略低於「承諾可靠」構面。我們看到，「績效品質」（R1）」分數高於「發展改善」（R2），顯示「把目前的工作做好」的優先度和重要度在「未來的學習、改善與發展」之上。有時，能把手邊的工作做好已屬不易，要

圖 2.7　ARMP 指數區間及代表涵義

分數	等級	代表意義
84 以上	S+	員工工作動能處於非常理想狀態，絕大多數成員都能樂在工作，勇於承擔任務且使命必達。
81.5-83.9	S	員工工作動能狀態令人滿意。「樂在工作，勇於承擔」是組織成員主流價值，行動貫徹力良好。
79.5-81.4	A+	員工工作動能狀態良好。多數人能夠「樂在工作，勇於承擔」，行動上也能顯現。
78.0-79.4	A	員工工作動能狀態尚佳，工作熱情及動能基本良好，但行動貫徹力略有保留。
77.0-77.9	B+	員工工作動能狀態屬中性水平，不同部門、不同員工、不同時期、不同事件下，員工的態度和工作行為會有較大差異。
75.5-76.9	B	員工工作動能狀態不夠理想，組織病徵在醞釀當中，員工態度和工作行為在不穩定狀態，易受內外部事件影響。
73.5-75.4	C+	員工工作動能狀態不理想，組織病癥已較明顯，容易發現有些混日子且影響組織的同仁。
71.0-73.4	C	員工工作動能狀態相當不理想，組織病癥非常明顯，混日子的同仁不在少數。
<71	D	員工工作動能狀態非常不理想，組織病癥已達明顯且嚴重狀態，同仁混日子已是常態。

求發展與改善，是行有餘力後的事情了。

我們參照先前的調查結果，發展了一個安培指數區間涵義對照表，從組織的得分，可以知道目前員工工作動能的狀態。（圖二．七）

財務績效如何增加一〇%以上？

大衛．麥斯特（David Maister）在《企業文化獲利報告》（Practice What You Preach）（江麗美譯，經濟新潮社出版）指出：「財務績效」是每一個企業追求的目標，但是「品質與客戶關係」與「財務績效」存在強烈因果關係，一旦品質與客戶關係提升或降低一五%，可以「導致」財務績效（利潤）上升或下降一〇四%——從正向說，那等於是超過兩倍的財務績效，負向的話就只剩不到二分之一了。在這個令人震撼的數字背後，直接影響品質與客戶關係的因素，來自「員工滿意度」

圖 2.8　ARMP 指數區間提升目標

等級	ARMP 指數現狀	三年提升總目標	分年提升目標（%）			財務績效可望提升
			一年	二年	三年	
S+	84 以上	3%	1.4	1	0.6	12%
S	81.5-83.9	4.5%	2	1.5	0.9	18%
A+	79.5-81.4	6%	2.7	2	1.2	24%
A	78.0-79.4	7.5%	3.4	2.5	1.5	30%
B+	77.0-77.9	9%	4.1	3	1.8	36%
B	75.5-76.9	10.5%	4.7	3.5	2.1	42%
C+	73.5-75.4	12%	5.4	4	2.2	48%
C	71.0-73.4	13.5%	6	4.5	2.5	54%
D	<71	15%	6.7	5	2.7	60%

及「高標準」，因果係數分別達到四〇．四%及二七．七%。

依據麥斯特的研究，從乘數效果來說，只要員工滿意度提升一〇%，可以帶動品質與顧客關係四%，從而提升組織財務績效四二．〇六%。

組織只要設定目標，找出問題，努力改善，將會看到員工工作動能明顯提升，也會改善組織的財務績效，甚至改善幅度高達二位數！

爲了協助讀者設定目標，我們根據組織的ARMP指數得分區間，設計了一個指數提升目標建議表，其中財務績效提升目標係套用麥斯特企業獲利模式架構（圖表二．八）。

我們以先前施測的平均分數七七．九（B+等級）爲例，建議設定三年的提升目標爲九%，預期三年後的財務績效可提升三六%，而三年內ARMP指數的分年提升計畫爲四．一%、三%及一．八%。

跳高選手要從一米八進步到一米九，難度絕對不同於從一米七進步到一米八。組織成員的ARMP得分要從七十進步到七十三分比較容易，要從八十拉升到八十三分就難得多。

圖表二．八所列的區間改善計畫，是根據「低表現／高成長」及「高表現／低成長」原則所編定，安培指數得分較

低代表成長空間較大，也需要進行較大幅度的改善；如果組織的得分較高，問題相對較少，指數不太可能大幅提升，因此設定的安培指數提升目標比率較小。

我們把改善的週期設定爲三年，是因爲組織及管理改善並非一蹴可幾，而且效果會有累積與遞延作用，第一、二年的改善，可能要到第三年，才會在客戶端及財務面看到成果，因此須有中長期持續推動改善的決心。第一年到第三年的改善幅度逐年遞減，而不是等比例改善（三年達成總體目標，是乘數關係而非加總關係）。如果第一次檢測發現改善幅度未達目標，第二年的改善措施及執行力度就必須增強，改善目標也必須上修，才能切實達成三年總體目標。

第三章　工作動能完全攻略

本章重點

1. 員工工作動能和「文化」、「制度」與「領導」三個組織面向有密切的關聯。
2. 「工作意義與價值」、「未來性與方向感」、「認同感與歸屬感」及「和諧而有活力的環境」是員工工作動能的驅動因素。
3. 「公平對待」、「流程順暢」及「權責分明」是制度流程面牽動員工工作動能的因素。
4. 領導關係的三個面向，是「信賴關係」、「傳承關係」和「夥伴關係」。同樣地，這與員工工作動能有著高度關聯。
5. 進行驅動因素認同度調查，以了解工作動能得分高低背後的因素，然後設定進步目標，一步步改善，員工必定有感，工作會更有勁。

軟體、硬體與韌體

從泡茶領會管理之道

我在服預官役時認識了徐恩，一位職業軍官，也是個有品味的文人雅士。徐恩寫一手好書法，離開職場後一直在宜蘭開班授徒。我當年有幸跟他從篆書、魏碑體開始學書法，養成了我對書法藝術的喜愛。只是我慧根不夠，又不用功，字從來沒寫好過。

徐恩喜歡喝茶、下圍棋，也幫茶藝協會的朋友編刊物，對於茶道，自然有一番見解。

前一陣，我和徐恩碰了面，沏一壺好茶，擺上一盤圍棋，我們也暢談了一個長長的下午。

徐恩從他離開軍伍，到退休前工作的不如意，談到現今職場百態，我分享了一些想法：「職場文化與環境氛圍不對勁，員工『不想』做事；制度不合理，員工『不敢』做事；領導無方，員工『不願意』做事。」徐恩認為完全符合他當時的工作狀態——公司前景不明、制度混亂、主管仗著是老闆的親信，霸道、不講理，訂了規矩自己又不能以身作則。

徐恩有感而發：「就像泡茶，要泡出一壺好茶，茶葉、茶具、水質和泡茶火侯，缺一不可。員工就像茶葉，當然有好壞之分，但是碰到不適合的茶器、不良的水質和差勁的泡茶人，再好的茶葉也是枉費。組織是一個載體，就像茶具；制度流程是運作體系，好比是水；掌握火侯的泡茶人就是主管了，不懂泡茶的粗人，縱使給他好水、好茶具、好茶葉，泡出來的茶可能難以入喉！」

嗯，眞是絕妙的譬喻，老子《道德經》說「治大國如烹小鮮」，看來，管理組織和領導部屬也眞像在泡茶。

在探討組織工作動能和安培指數的量測之後，關切的重心會很自然移轉到「哪些因素和員工工作動能有最密切的關係？」換句話說，哪些狀態是阻礙工作動能的元兇？而在什麼樣的條件下，員工最能全身心投入？

愛因斯坦曾說：「我想瞭解上帝是如何創造這個世界的？我對現象不感興趣！」得知員工工作動能的狀態只是探討了「現象」，接下來的重點是找出問題點及原因所在，關鍵點還在於付諸改善行動。

問題點和原因在哪裡？每個組織應該都不相同。「文化與環境氛圍」、「制度合理性」與「領導效能」是其中三個最主要的層面，幾乎組織所有的問題點都在其中。

「文化」、「制度」與「領導」三者的關係非常密切，又相互牽動，對員工工作動能產生決定性的影響。其中關聯可用軟體、硬體和韌體（Firmware）來解釋，如圖表三．一。

對於家電及電子通訊產品，許多人都聽說過軟體、硬體，可能比較少聽到「韌體」。所謂的韌體就是介於硬體與軟體之間，一種本身具備程式碼的硬體裝置，將程式碼或是資料（軟體）燒錄在唯讀記憶體（Read Only Memory, ROM）內就稱為韌體。透過韌體的控制與運作可以「執行」硬體的設定，甚至查詢、升級與調校硬體的運作狀態，它最常見到的就是在遙控器裡。

以組織運作而言，組織結構、權責劃分、職位設置、機制規範是有形的、外顯的，類似硬體。組織使命、願景、核心價值及組織氛圍等文化層面是內隱的，雖可用圖文做為載體，但基本上是無形的，相當於軟體。至於各級主管的領導，則是附屬在組織當中，負責監督、指揮、指導、調派、培育及激勵，透過部屬的作業讓組織硬體動起來，機能運作起來，這就是韌體的作用。

組織文化氛圍、制度流程和領導關係確實深深牽動工作者的工作動能。當一切合理、公平、順暢、有意義、有發展、有溫暖、有激勵，工作者當然全力以赴，一旦哪個環節脫落，問題就來了。

圖 3.1　組織的軟體、硬體與韌體關係

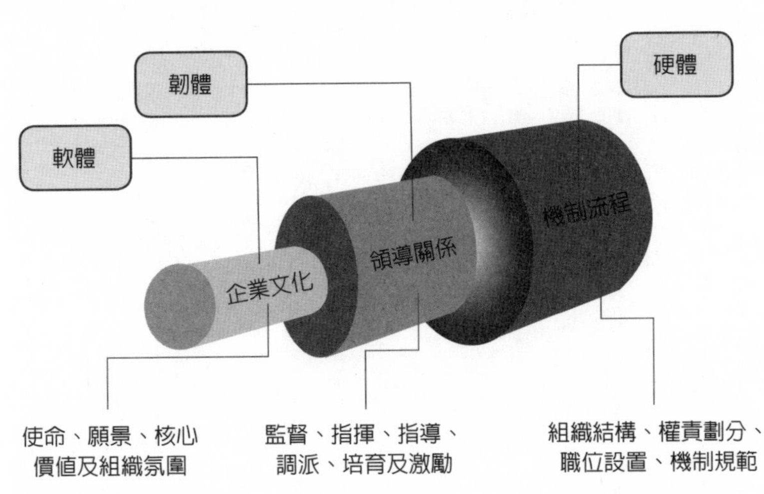

讓靈魂跟上來

據說有一個西方探險隊到南美進行考古探勘，他們請了當地印第安土著擔任嚮導，行程的前五天，他們翻山越嶺長途跋涉，雖然辛苦但也發現不少珍貴文物，無論拍照或採集樣本，可說收獲滿行囊。第五天晚上，他們來到一處平原，心想明天起應是一段坦途了。

第六天清晨，正當大家整裝待發，沒想到嚮導對領隊說：「今天我們留在此處，不要行動。」領隊和團員不免一臉狐疑：爲什麼如此風和日麗，大家體力充沛，又是好走的平路，竟然不走？

「會不會這些土著要求加給小費？」團員說道，也請領隊和嚮導交涉。

領隊於是走過去，對嚮導說：「請問，今天爲什麼不走？需要我們加一些費用給你們嗎？」

這時，嚮導正色告訴領隊：「我們不是坐地要錢的人！只不過祖先告訴我們，『在山林野地穿梭五天之後，第六天務必停留休息，讓靈魂跟上來！』」

原來，在印第安習俗裡，當人跋涉在山野中，靈魂很容易脫落，因此必須讓靈魂重新回到身體裡，才能重新出發。

這個故事的背後有文化，也有生活智慧——我們是不是整天忙東忙西，長年下來也讓自己的靈魂脫落了？

黎巴嫩詩人紀伯倫說過：「有時候我們走得太遠，以至於忘記當初為了什麼出發。」當我們忘卻初衷，偏離本心，靈魂當然就不在了。魂不附體不會有熱情，支撐不了生活的各種挑戰，當然包含工作。

太多人輕忽組織文化，特別是從事實體生產製造者，他們總追求標準化，認為企業經營就要務實，不要搞一些看不到、摸不著、不易衡量、沒有標準答案的東西。

但是看不到、摸不著不代表不存在，「聲音」就是一個例子，後來科學家用「分貝」為單位測量出聲音大小，甚至以音頻來測度聲波的長短及高低，用科學的方法解決了看不到、摸不著與難以計量的困擾。

已故的前行政院長孫運璿先生是許多人尊敬的前輩，對台灣經濟建設貢獻鉅大，包括推動七〇年代台灣十大建設、催生工業技術研究院，被尊為「工研院之父」。他政績卓著，一生清廉，至今仍讓人懷念。孫先生到晚年對於他「經濟掛帥」的政績所留下的後遺症，一直深感遺憾。

楊艾俐撰寫的《孫運璿傳》裡有一段孫前院長的告白：「我的長處是工程師，短處也是工程師。對建設東西，我了解；對社會科學我不了解，對文化復興是外行，對許多準備工作、轉型期的許多問題我外行。身體裡沒有這些，不發自內心，我力量就差得多，推動力就差。」

孫前院長遺憾的是：對於台灣，當年在專注經濟建設之餘，沒有多花一些心力，推行文化建設，使得台灣社會無法擺脫三十多年來的文明病、富貴病等病症。所以，一窩蜂、理盲而濫情、罔顧社會大眾利益現象，從政界、商界、學界、新聞媒體一直蔓延到民間。儘管社會上有更多人力挽狂瀾，可是百分之八十努力不懈的人，往往敵不過百分之一的攪和者和百分之十九跟在他們身後的愚昧簇擁者所造成的破壞。

如果我們在四十年前，就開始進行社會文化建設，這些年，社會無須付出這麼多的代價，改善工程或許不像今天這麼浩大而艱難。

同樣的道理，你的組織目前是否只想專注營運發展，不考慮文化建設，十年、二十年後再來後悔？到時候，再耗費更大心力，痛苦地進行組織變革？

根據我們顧問團隊十幾年來對於各類型組織進行的二十多次組織診斷、員工士氣、工作滿意度調查的資料與經驗彙整，員工對於「組織環境」的期望重點在於：

- 工作有意義、有價值
- 工作有前景、有希望
- 是非與對錯，善惡分明
- 和諧的人際關係和跨部門合作的團隊
- 有活力，而且有創造力

這正是反映對於「工作意義與價值」、「未來性與方向感」、「認同感與歸屬感」和「和諧而有活力的環境」的基本訴求。

保護自然環境對於居住空間和人類健康的重要性一般，組織環境對於工作者的工作動能也有巨大的影響。空氣、陽光、水質和土壤是自然環境的組成要素，在四要素齊備且不受污染情況下，人類和物種才得以繁衍興盛。

工作者對於組織環境的四個訴求，有如生態環境四要素：

一、工作意義與價值——水 「我的工作除了賺錢，有沒有其他意義？」這個問題在工作多年之後重要性與日俱增，有智慧的工作者會反思這個問題，尋找答案以追求工作的成就感，甚至體現生命的使命感，它像流水一般汩汩流著，流得愈遠，韌性愈強。價值感有限的工作水流很短促，很快乾涸，一乾涸，工作動能就停了。

二、未來性與方向感——陽光 工作者需要有前景、有目標，才不會在組織的密閉空間裡迷失方向，不知道自己在做什麼或是做什麼都無所謂。植物有向光性，動物則需要日照，組織提供工作者的願景和目標就像陽光。陽光是能量的來源，能讓工作者充電，儲存動能，隨時可以發動。

三、認同感與歸屬感——土壤 每個人都需要家庭的扶養關愛、休養生息、滋養心靈，得到自我認同。組織必須提供工作者實體面的庇護功能、情感上的歸屬和心靈上的認同。組織的核心價值及經營理念就是讓大家認同及歸屬的心靈土壤，土壤豐厚肥沃、清靜無毒，工作者自然可以在那片土地上盡情發揮。

四、和諧而有活力的環境——空氣 組織行爲學裡有一個名詞，稱爲「組織氣候」（Organization Climate），指一個單位或部門所存在的群體氣氛，包括人際關係、領導作風和心理相融的程度等，是組織內部的小環境。當組織開明正向、人際和諧、團隊互助，員工會產生向心力，提高士氣；反之，不良的組織氣候會令員工心態疏離而導致績效不彰。組織氣候如同空氣，你看不到，卻在其中呼吸與生存，空氣清新或污濁缺氧，你馬上感受得到。

組織文化氛圍的這四個方向，正是在回答四個問題：

- Who we are?——我們是誰？這牽涉組織和個人使命定位（Mission）。
- Where are we going?——我們要往哪裡去？組織需要以願景及目標（Vision & Goal）回應。
- What we believe?——我們相信什麼？這是源自核心價值（core value）的經營理念（Philosophy）。
- How we behave?——我們的共通行爲是哪些？那些體現在組織氛圍，從經營理念轉化過來的文化行爲（code of conduct）。

我將在第二篇的第四至第七章分別探討這四個主題。

使制度與流程運轉順暢

接下來，我們談組織的硬體層面——制度流程。

相對於組織文化的宏觀與抽象，制度流程面較爲具體，是非對錯比較明顯，比較剛性，偏向理性層面。

組織裡的流程，從營運九大循環的相互銜接、各功能的作業流程、各部門的作業程序及規章制度，小到各項標準作業程序及工作方法。它們有可能是個別、獨立作業，但通常都是首尾相連，互相牽動的系統關係。

所謂「不以規矩，不能成方圓」，現代專案管理中說專案團隊的形成先要有norming（規範）才會有 performing（績效展現），一再說明制度規範是組織發揮效能的先決條件。

《平衡計分卡》（Balanced Score Card）將「流程構面」視為「顧客構面」的前置因素（領先指標），代表組織必須先理順流程，才能贏得顧客，乃至於創造財務績效，因此對於生產製造、產品銷售、顧客服務各面向都要有條理，有標準，才能看到績效。

《執行力》的作者包希迪和夏藍更明確指出「策略流程」、「人員流程」和「營運流程」是執行力的根源所在，書中的「流程」，並不僅限於營運和作業面，還包括策略布局的章法和人才選、育、留、用的正確規範。

流程與制度，就是組織做事情的章法，當問題發生時，解開其中關鍵點，提出方案加以修正，然後檢核方案的改善成效，最後將方案形成新的經驗法則，提供後來的工作者遵循並形成紀律，就能讓運作上軌道並加速進行，這足以啓動良性循環，也帶動工作動能；反過來說，當組織的運作漫無章法，不公平、欠缺合理性、缺乏一致性、沒有程序邏輯可言，工作者不知道組織要求什麼，更不知道應該如何工作。

這讓我想起白老鼠的科學實驗：當小白鼠在幾次經驗後終於學會——藍色門後就是爆米花等犒賞品，而紅色門後就是一次惱人的電擊，牠總算學會辨識顏色，可是下個星期，當規則逆轉，紅色代表犒賞，藍色代表懲罰，小白鼠會陷入極度的迷惘與惶恐。

流程與制度對於經營管理重要性無庸贅言，其制定與維護當然是管理者的基本職責。規章、制度與流程的涵蓋面很廣，從研發、生產、行銷、業務、財務、會計、人資、總務到公關，可是，在工作者眼中最重視的制度流程是：

● **工作報償和資源分配是否公平合理？**——認爲公平合理，工作者才認爲值得投入與付出，也才會用心盡力。勞動關係是一種交換關係，這種交換當然要讓工作者覺得是一筆公平的交易，否則他一定打折扣交付。

● **權責是不是清晰明確？**——從組織權責、部門分工到職務責任都要明確。哪些事情應該由我承擔？哪些不該是我？應該交出什麼成果？這些疑問當然要有清楚答案，才能把事情做好，甚至超標準完成。

● **工作環境安全、流程順暢？**——工作場所的安全和衛生當然是安心工作的基本門檻，再來就是工作流程安排是否流暢？如果工作屬性並非個人自主工作和自由發揮，那就要有可遵循的標準作業流程。

有關組織制度流程和員工工作動能相關的問題，將在第八至第十章中探討，這裡說明爲什麼我們重視這些議題：

一、公平對待

一九六二年，美國心理學家約翰・亞當斯（John Stacey Adams）與羅森鮑姆合寫的《工人關於工資不公平的內心衝突與其生產率的關係》論文中，提出「公平理論」，重點爲：一個人如果認爲他的投入所獲得的回報（投入回報率），不如他人，那麼他將停止或降低自己的投入程度，直到他認爲達到平衡的狀態爲止。

對工作者而言，規章制度與流程的首要課題，絕對是「公平合理性」，這是工作者判斷是否留在組織和是否願意全力投入及貢獻的重要因素，其中包含「分配正義」和「程序正義」，簡單講就是：

- 資源分配，特別是員工切身的薪資、獎金及福利等權益及培育發展機會，是否符合公正原則？
- 形成決策的依據，有無依照既定的規章、制度、流程？形成決策的過程是否尊重、考量員工意見，有沒有體諒部屬的立場？

組織的公平與正義固然與形而上的經營理念有必然關係，那是出發原點，代表組織在核心價值上是否重視公平原則。再來就是在設計制度和分配資源時，必須從組織不同層級、不同功能部門，甚至不同背景成員的角度進行檢視，目的性先站得住腳，在執行程序上，也必須禁得起考驗。

就組織管理者而言，維持組織正義是一件重要且優先的事情，員工一旦認爲組織不公平，他通常會採用自己的方法，將它平衡回來，最明顯的就是打折扣給付勞動價值。

二、流程順暢

錯誤的流程讓組織多付出一倍以上的人力與物力，卻只有一半的效能。組織資源就在這些看不到的地方流失了。

錯誤、不合理、不順暢的流程往往搞得工作者疲累不堪且挫折不斷。如果制度流程不合理，員工對於工作中的標準化和一致性，經常會產生懷疑或無自信，不確定所做的事情、所提供的服務或產品，是不是正確有效？當所做所爲不是發自內心，無法根據基本認知判斷工作，就會覺得「不合理」，自然無法全力施爲。

當工作分配合理，流程順暢的時候，組織運作井然有序，工作者也都在軌道上，按部就班執行工作；可是當組織分工不當、流程不合理、工作者心裡不踏實，很快地，工作動能就跟著降低了。

曾經有某家公司客服人員對我說：「我們公司顧客抱怨的原因，百分之九十都是產品品質問題，公司一時無法解決這些問題，卻要求我們必須說服顧客接受產品——絕對不能被退貨。更扯的是，還要用『顧客滿意度』考核我們的成效，這對於我們根本是不可能的任務。」

「這很像小貓追著自己的尾巴，永遠追不到，很沒有意義，很好笑。」那位客服人員如此說道。她說「好笑」，是口頭語，從她表情看來，一點都不好笑！

貓追尾巴，至少牠還覺得有趣，可是工作者面對無能爲力的組織現狀，像迷失在深邃幽暗的山洞，不知何時能見天日？做這種工作當然快樂不起來，也很難有成效！

三、權責分明

與薪酬公平關係密切的是工作量及權責體系，組織裡最常見而讓員工難以接受的，就是勞逸不均、權責不明，對於積極任事的人，往往只給一句「能者多勞」，算是一個稱讚或是安慰，但次數多了就顯得諷刺了。組織正義的關鍵在於「能者多勞」的後面，應該再加一句「勞者多得」，並且體現在體制上，形成權、責、利三者對等的關係。

閩南語有句俗諺：「做好無賞，打破要賠。」反映在組織裡，就是「多做多錯，少做少錯」的不合理現象，到後來員工只能以消極的「不做不錯」來回應。

權責體制的梳理要從幾方面著手，組織在以下事項都要有章法，有具體解決方案：

- 縱向權責關係：上下的分權與授權必須明確，避免高階降級做低階的事或低階承擔高階的職責。
- 橫向分工：避免部門疊床架屋，有些人沒事做、有些事沒人做或製造爭功諉過的模糊空間。
- 專案和臨時性任務的分派：專案的任務分解如何能夠明確而有效率？臨時性任務指派如何讓工作者口服心服？
- 績效要求：績效管理就是要達到「期初設定、期中推進、期末改進」目標，避免工作者抓不到重點，做錯方向。
- 利益平衡：對於職責輕重和工作量多寡，如何給予適當的差別對待？這除了體現在薪酬報償，還在於培育發展與升遷調派，而且是在一個透明、合理與一致性的機制當中，組織所有工作者都非常明白，沒有疑問。

讓A咖來領導

文化環境和制度流程之外，「領導關係」是影響員工工作動能的第三個關鍵要素。

蓋洛普管理顧問公司曾經做過一個非常有影響力的調查，他們指出，六五%的離職員工，其實是想離開自己的上司。下屬懶散及無心工作，多半也是因爲他們的主管。報告顯示，員工離職及無心工作的五大原因排行是：

- 不受尊重
- 沒有決策的參與感

- 意見被輕視
- 付出與回報不相符
- 薪資問題

仔細觀察這份清單，可以發現：排名最前面的三點，都要由直屬主管負起最主要的責任。部屬是人，凡是人都有需求，也有渴望，在滿足一定的經濟需求後，每個人都希望能獲得足夠的尊重，都想獲得一些工作上的成就感。

就像富比士專欄作家梅耶特（Mike Myatt）所歸納的「A咖員工離職的十大理由」，其中沒有一項與薪水太低有關，反而是對企業是否認同、是不是被重視、工作有無挑戰性才是考量重點。

多年來，我對於組織人才的去留，有一個重要的觀察：**員工因為理性因素進入組織，卻因感性因素離開組織**。

除了遭受嚴峻失業威脅，或不具備競爭條件的謀職者，在尋找工作時，哪個人不是考量過薪資、福利、交通、家庭照顧、公司前景、個人前途、學習成長等因素？直到選擇對自己最有利或最適合的工作。

可是一旦進入組織，因爲其他客觀事項都已經有了答案，他們的關注重心，就移轉到是不是被組織所接納、有沒有被關心、能不能發揮和有沒有受到尊重等感性的因素。如果這些需求不能得到滿足，心理落差必須得到補償，當薪資等理性因素，無法補償他的失落感時，員工還是會選擇離開，暫時無法離開的，工作動能肯定低落。

在所有感性因素中，最直接且最重要的，當然是直屬主管，因爲直屬主管通常是工作產出的接收者或評核者，也是最直接的資源分配者，負責監督、指揮、調派、指導、激勵的，正是直屬主管。美國職場霸凌學會曾經進行職場霸凌調查，顯示三七%的人曾在職場上被欺負過，而其中七二%來自上司，儘管調查數字可能會略有差異，但主管的霸凌行爲在世界各地都是普遍現象，並非美國職場的特例。

在《好老闆，壞老闆》一書裡（天下文化出版），蘇頓（Robert I. Sutton）引述佛羅里達大學研究人員的發現：有惡質直接主管的員工比一般員工更可能故意放慢進度或犯錯，其比例爲三〇比六；他們比起其他同仁更會隱瞞事實、託病請假，比例約爲二八比四；因此，他們更不會盡全力在工作上，比例是三三對九。

蓋洛普另一項調查也提供了相似的結論：惡劣的主管，是讓五六%員工上班漫不經心的主要原因。

平庸組織裡的好主管是員工心裡的守護天使和最後救贖，讓員工在一個不甚令人滿意的組織裡還有一份革命情感，爲了這份情感，員工的工作投入和熱情仍然可以維持。

如果在這個平庸的組織裡不幸有一位不值得尊敬的主管，員工必定認爲在這裡前途無望，工作提不起勁，甚至想及早離開這個組織，這位主管勢必成爲壓垮駱駝的最後一根稻草。

最後救贖？最後一根稻草？這一線之隔，都在主管身上。

我另一個職場觀察心得是：**一流人才很難為二流主管工作，二流人才也不容易為三流主管工作**。所謂很難，指的是長期且高忠誠度地工作，三國時期諸葛亮願意衷心輔佐少主劉禪（阿斗）的故事，在現代職場幾乎不可能發生。

一流人才視野佳、格局大、能力強，當他發現領導他的人視野、格局及能力都不如自己，一流人才自覺處處受限或發現正在浪費生命，必定良禽擇木而棲，另尋高就。

維基百科解釋所謂領導，就是「影響他人，獲取支持，以達成所追求目標的過程。」究其原意，領導者必須讓他人願意追隨，能夠糾合群力，從而創造成果，達成目標。

「讓人願意追隨的主管」具備哪些條件？我們不妨從歷史觀到現代觀，從不同時代的觀點做個鳥瞰，可以發現其中的脈絡。

《尚書》的〈周書．泰誓篇〉裡有這麼一段話「天佑下民，作之君，作之師……」這是古籍裡的君王之道，縱使在封建時期，一個賢明的國君，除了「作之君」，還要「作之師」。可見，領導者並非自古以來就高高在上——從事人民的教化與培育，本來就是領導者的責任與義務。

後來，在談到領導關係時，有人在《尚書》這一段話後，再加上「作之親」，說明要以慈愛的心來領導，才能贏得人心。這裡的「作之親」，或許還有以上對下的父權思想，不過，重點是關愛、傳承與啓發，是否以上對下，並不重要。進一步說：新時代的以上對下，已不再是「賞你一碗飯吃」的傲慢、高壓模式。

晚近的領導思想裡，許多人從成功的運動團隊中，發現教練有著非比尋常的作用與貢獻。這些教練在「作之君、作之師、作之親」外，還體現一項非常重要的特質，就是「作之友」，他們甚至比朋友更了解這些運動員。卓越的教練發展與運動員之間的「夥伴關係」，尊重他們、了解他們，協助排除他們在生活、生理與心理上的障礙，運動員才能創造良好的成績。

二〇一〇年，一本名為《僕人：修道院的領導啓示錄》（James Hunter 著，商周出版）的暢銷書，更將「僕人」的身分帶入領導著的角色，書中以一位曾經在華爾街叱吒風雲的僧侶所引導的課程，諄諄啓發領導者應以人際關係、關懷、服務與奉獻為出發點，真誠支持部屬，以獲致團隊、自己及家庭

圖 3.2　領導關係的三個面向

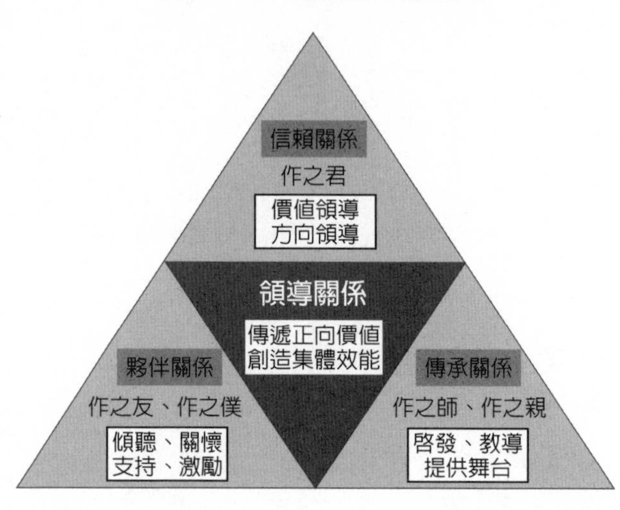

等各方面的成功。從這個角度看，領導的角色甚至擴大到「作之僕」。

我們整合領導的歷史觀點直到最新見解，用一個體系圖來呈現。（圖表三．二）

讓人願意追隨的領導者，在「因」的部分是以傳遞正向價值爲核心；在「果」的方面是以創造集體效能爲目的，這是優秀領導者的核心意象。領導關係的三個面向，即是「信賴關係」、「傳承關係」及「夥伴關係」，信賴關係要塑造的就是「作之君」形象與角色，傳承關係所展現的是「作之師」和「作之親」，而夥伴關係所要傳遞的訊息則是「作之友」和「作之僕」。

在「傳遞正向價值」方面，我們發現，所有談論領導的大師們眞正關注的不只是聆聽、溝通、激勵等領導技術，他們更關注領導的心態（mindset）。杜拉克談論「使命與領導」時引述一位智者的話「我選拔領導人時，思考的是我希望自己的兒子在這樣的人底下工作嗎?」玫琳凱（Mary Kay）認爲「你願意他人如何帶你，你就應該如何待人」是領導的黃金準則；達賴喇嘛說：「領導者首先要以開放精進的心，培養『正觀』與

『正行』，秉持正確的動機，選擇做正確的事。」他們都將端正心念與心態，當做領導第一要務。

在「創造集體效能」方面，最普遍的體認是領導者必須承擔組織賦予的使命，承擔領導任務並交付成果。很顯然，領導者不可能在各方面完全勝過部屬，何況部屬不只一人，因此，領導者的主要條件不是專業上勝過所有部屬。在此狀況下，如何讓部屬心悅誠服，受其領導？其實，領導者只需要具備領導力，就足以彌補自己在視野、格局、能力或技術上任何一方面的不足。一個最明顯的例子就是漢高祖劉邦。

根據《史記・高祖本紀》記載，漢高祖劉邦打敗項羽取得天下後，在洛陽南宮召開酒宴慶功。觥籌交錯之時，回顧長達十年的楚漢之爭，劉邦把自己的勝利歸結於善用「三傑」——張良、蕭何與韓信。他說：「規劃計謀、制定策略、運籌帷幄以決勝千里，我不如張良；治理內政、安頓百姓、後勤支援前線、確保糧草補給，我不如蕭何；統領百萬之軍、戰無不勝、攻無不克，我不如韓信；這三位人才，願意爲我所用，是我能夠取得天下的根本原因。」

不只是兩千年前才有這種成功領導案例，現代領導者同樣不必在專業上獨占鰲首，卻必須是整合團隊的第一人！

在現代職場中，主管如何在正向價值及集體效能上有效領導決定了他的領導關係。此一領導關係與「信賴關係」、「傳承關係」與「夥伴關係」三者相輔相成，互爲因果，信賴、傳承與夥伴關係是領導關係中的三個主要構面，也是三個必修學分，學分修得好不好，高度影響部屬的工作動能。

領導關係與員工工作動能的關聯將在第十一至第十三章中探討。

圖 3.3 工作動能關聯因素：三維度與十構面

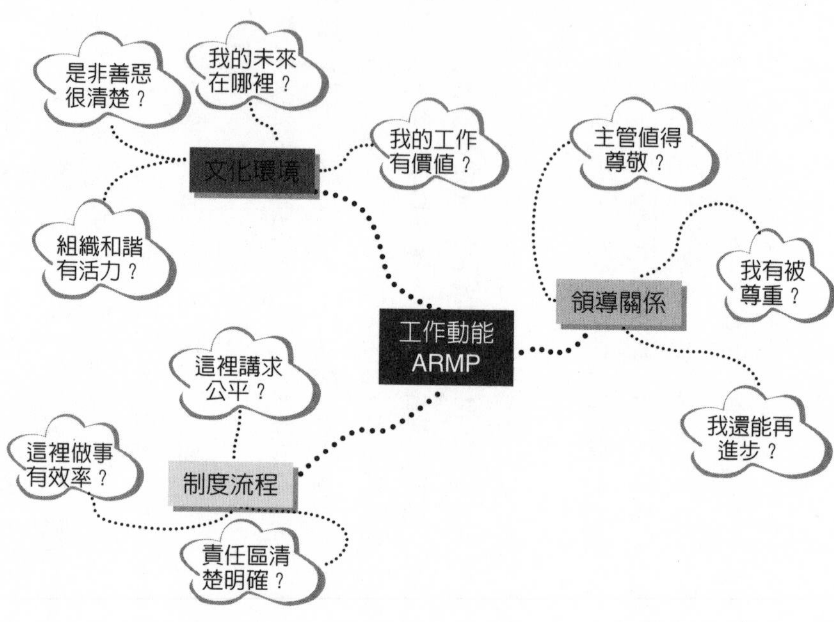

十個推進組織的引擎

經由前面的說明可以了解，整個組織工作動能的關聯因素是由組織環境、制度流程和領導關係三個維度的十個構面所組成，這形成了一個關聯體系。（圖表三．三）

想像一下，你的組織有十個推進引擎，每一個推進引擎都負責驅動員工的工作動能，十個驅動引擎都要能正常運轉，只要任何一個推進引擎出問題就會影響組織的運作，因此，維持驅動因素的健全才能讓組織正常運作，讓員工喜歡工作。

組織希望提升員工工作動能，應該抱持探索精神在十個驅動因素構面中找出問題點，然後誠實面對自己，虛心檢討改善。組織每改善一個問題，員工都會敏銳察覺，總會做出良性回應，工作熱情與動能也逐步提升。

十個驅動因素構面的含意，以圖表三．四呈現：

圖表 3.4　工作動能十個驅動構面涵義

維度	構面	涵義
文化環境	工作價值	我們的組織所從事的事業有意義？ 我的工作有價值？有人重視？
	方向目標	我們的組織有前景？目標明確嗎？ 我有未來？可以有發展嗎？
	認同歸屬	組織的是非善惡很清楚，接近自己的價值觀？ 這些理想與核心價值正在落實推動？
	和諧活力	組織開明、正向、長保活力？ 人際溝通及跨部門合作順暢無礙？
制度流程	公平合理	所投入的工時、努力與回報具合理性？ 考核、升遷、培訓及工作分配具公平性？
	流程順暢	規章、制度與流程清晰明確，可以遵循？ 組織處理問題有章法邏輯，流暢且有效？
	權責明確	工作者的職責清晰明確，績效要求合理？ 縱向分層負責、橫向的部門與職位分工明確？
領導關係	領導風範	主管有優越的見識與指揮能力？ 主管的風格讓人樂於追隨？
	關懷激勵	主管對我有足夠的重視？ 主管給予我支持和關心？
	學習發展	主管讓我有學習成長空間？ 主管讓我有歷練發展機會？

在員工工作動能體系中，我們根據以上十個驅動因素編製了驅動因素量表，每個組織只要採用量表對員工施測，從員工的評價中即可知道這十個驅動因素構面是否得到員工的認同，員工認同度愈高，工作動能就愈強勁。

誠實面對組織的問題

看完體檢報告之後……

第二章中，我們曾推論：員工工作動能的安培（ARMP）指數如處於較高水準，連帶財務績效也會有好表現，反之亦然。

身爲經營者與管理者必然關切的是：十個驅動構面和安培指數之間是否也存在高度關聯？如果答案爲肯

圖 3.5　工作動能驅動因素與組織財務績效關聯假設

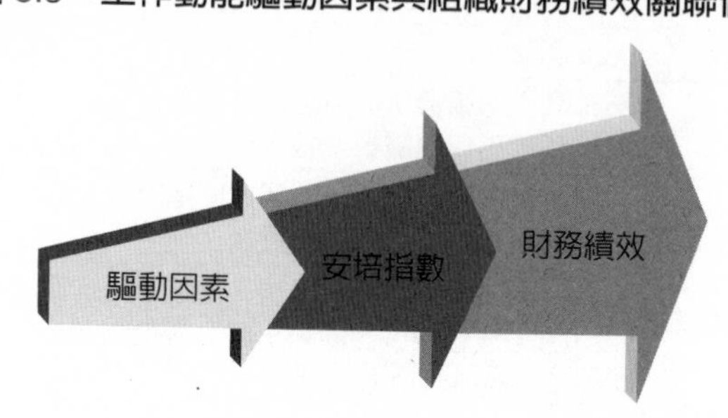

定，就代表驅動因素將間接關聯到組織的財務績效。也就是圖表三．五是個值得驗證的假設。

圖表三．五是一個「投入—過程—產出」的邏輯假設，安培指數和財務績效之間的關係已在第二章說明，此處要驗證的是驅動因素與安培指數之間的關聯。

根據我們先前在十四家企業，抽樣一，五八九個員工樣本的調查研究顯示，安培指數和「組織環境」、「制度流程」和「領導關係」三個維度下的十個構面的員工認同度都存在高度的關聯性。

安培指數和十個驅動因素的相關係數，最高的項目是「工作價值」，相關係數達〇．六〇四；最低的是「權責區分」，相關係數爲〇．二六三，在樣本數超過一千五百的條件下，十個驅動因素都達到統計學上信賴區間九九％的「高度相關」水準。也就是說，員工對於驅動因素的感受與認同度，和他們的工作動能有強烈的關聯。

看到工作動能十個驅動因素得分時，每個組織都可以發現，自己的組織在各構面得分高低有別。這代表員工對於組織在該驅動因素健全程度評價的高低，分數高代表較爲認同，分數低代表不認同。問卷是以五點量表施測，經過計算後以百分制換算。圖表三．六是驅動因素得分高低的意義說明。

讀者或許發現，圖表三．六和圖表二．七的結構及表現方式相近，但

圖表 3.6　工作動能驅動因素得分意義說明

分數	等級	代表意義
82 以上	S+	卓越的表現。組織的投入與表現得到同仁超高度肯定。
81-81.9	S	優秀的表現。組織的投入與表現得到同仁高度肯定。
79-80.9	A+	表現良好。組織的投入與表現得到員工普遍的認同。
77-78.9	A	表現還不錯。組織的投入與表現，得到員工基本的認同。
74-76.9	B+	表現尚可。組織的投入與表現，得到員工中性的評價與差異性的認同，建議適時改善。
70-73.9	B	組織的表現讓員工有些疑慮。應針對得分較低的項目，從低得分群組進行研究改善。
66-69.9	C+	組織的表現讓員工有許多質疑。應立即針對整個構面從低得分群組進行改善。
62-65.9	C	組織的表現令員工感到不滿意。應立即針對整個構面進行全面性專案改善。
未達 62	D	組織的表現令員工非常不滿意。應立即進行徹底、破壞重建式的變革。

數值有所差異，以下有三點說明：

一、圖表二．七表達的是安培指數的區間及代表意義，圖表三．六則呈現工作動能各驅動因素的得分區間及意義。

二、數值的區間與分佈，是根據前測的數據所建立的常模來設定標準，並非憑空設定。

三、驅動因素直接涉及員工對於組織各管理構面的認同度及評價，覺察及認知成分居多，分數變動較為敏銳（個別組織的構面最低分可能到六十分，甚至更低）；安培指數是一個綜合指標，情感因素所占成分更甚於覺察與認知，因此較為鈍化，數值較為趨中（安培指數在七十分左右已屬嚴重下限）。

受測企業在工作動能十個驅動因素的問卷調查，平均得分顯示如圖表三．七。這十四個組織施測所得結果是樣本數足夠的基礎常模，產出的數據相當具有參考價值。

根據試測階段十四家企業的調查結果顯示：

十個驅動因素的得分差距——

圖表 3.7 試測對象在工作動能十個驅動因素的調查平均分數

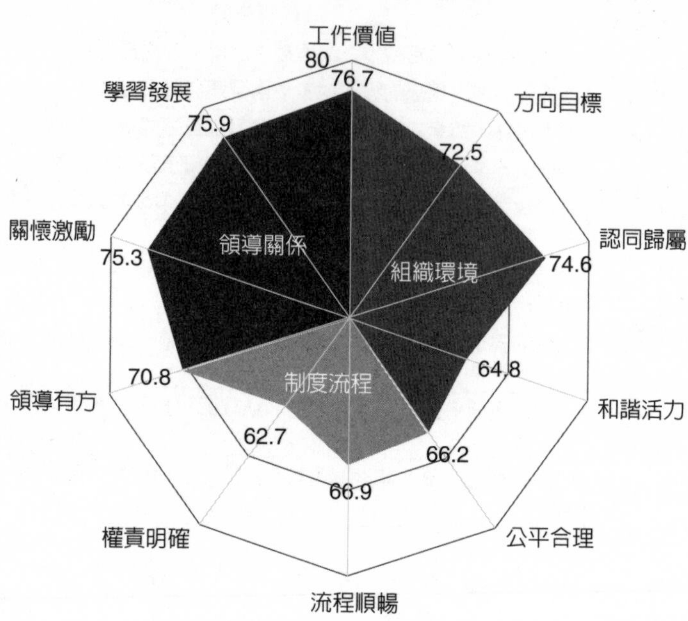

- 最高者爲「工作價值」：七六．七分
- 最低是「權責明確」：六二．七分

三個維度的平均值——

- 「領導關係」最高，達七四分
- 「組織環境」居中，七二．二分
- 「制度流程」最低，僅六五．三分

以上的數據讓我們看到，先前參加試測的十四家企業，在有關「公平合理」、「流程順暢」及「權責明確」等制度流程方面是比較需要優先改善的。此一施測結果在不同企業中是比較接近的。

你應該更會關注自己的組織在十個驅動因素表現的高低優劣，也不妨做個檢測，然後與常模進行比對，以清楚自己組織的優劣之處。

這裡，我們以參加試測的C公司爲例，

圖表 3.8　C 公司在工作動能十個驅動因素與調查常模的比較

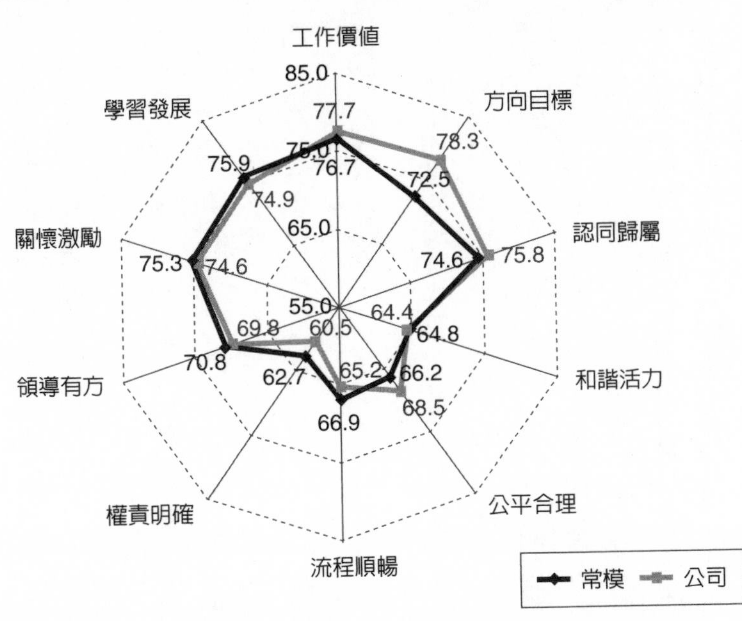

說明如何與常模進行比對，如圖表三．八：

以C公司爲例，面對調查結果得分表時，應注意兩個得分關係：

一、各構面得分高低的差異：十個驅動因素就像十根手指頭，必有長短高低，如從絕對數值來看，C公司在「方向目標」、「工作價值」及「認同歸屬」是分數最高的三個構面，前兩者達到等級A，後者達到等級B+；至於得分最低者，爲「權責明確」、「和諧活力」及「流程順暢」，第一項「權責明確」落入得分六二分以下的等級D，這是必須送進加護病房緊急救治的項目，後兩項歸列於等級C，也是必須動手術治療的項目。

二、與常模的差異：某些驅動因素，自己組織的得分或許不低，但比起其他組織，這個分數可能並不突出，甚至低於常模平均數，例如「學習成長」看似得分不低，實則低於常模，爲相對弱勢項目。而「公平合理」在十個構面中，得分排序第七，算是比較低的項目，可是，當與常模分數比對，還算是相對優勢的構面。當然，這其中落後常模最多的「權責清楚」及「流程管控」特別需要改善。

由於所有的管理改善都必須投入決心與資源，組織不容易同時、多面向啓動改善，因此應該集中精力重點改善。這是基於管理上「二八法則」，如此方能聚焦資源與關注力，較有效率地達到改善目的。

綜合絕對弱勢項目及相對弱勢的分析結果，我們建議C公司應優先改善「權責清楚」及「流程順暢」，其次改善「和諧活力」，這是分別從相對較低項目及絕對最低項目得到的結論，C公司應該以專案型態責成專案負責人、訂定改善目標與工作計畫並實際推動執行。至於「公平合理」、「學習發展」和「領導有方」等項目暫時列入日常管理改善即可。

設定目標，採取行動！

在完成工作動能調查或類似的員工滿意度調查後，組織應該由經營團隊成員以審慎而謙卑的態度面對，共同探討。從策略分析的角度看，這就是SWOT分析當中的「組織分析」該做的功課，再配合流程分析、財務分析及核心能力分析即可明確掌握自己的優勢與劣勢。

每一個組織在員工工作動能十大驅動因素得分必有高低不同，管理者除了檢驗這些得分外，也應審視這些得分與常模的差異，特別要關注那些得分最低，且與常模落差較大的項目。如果你的組織調查得分普遍高於常模，當然只要從得分最低項目著手改善即可。

從持續改善的觀點，我們建議的改善目標如圖表三．九。

面對十個驅動因素的調查結果，建議先辨別該得分是在常模平均分以上或以下，如果同一得分，

圖表 3.9　工作動能 10 個驅動因素得分改善建議

分數	等級	一年內改善目標（提升%）	
		未達常模平均標準	已達常模平均標準
82 以上	S+		維持
81-81.9	S		
79-80.9	A+		1%
77-78.9	A		2%
74-76.9	B+	4%	3%
70-73.9	B	5.5%	4%
66-69.9	C+	7%	5%
62-65.9	C	8.5%	6%
未達 62	D	10%	

已在常模之上，代表具有相對優勢，改善幅度可相對縮減。圖表三．九採取「低得分，高改善；高得分，低改善」的相對關係，得分低者，改善空間本來就會大些，而落後時加快速度迎頭趕上，也是事屬必然。

在組織內進行相關構面的管理改善時，除了整體性改善外，還可針對調查中得分較低的群組，進行重點改善。這裡所謂的群組，可能包含：性別、部門、年齡、年資、職位階層等，讀者可以先檢視一下，究竟哪一個群組的同仁，在某一構面評價特別低？這有利於追查原因所在，從而對症下藥。

請別忽視這些改善的目的，他們主要都是著眼於改善組織的體質，不只是爲了員工工作動能的片面處方或現象解。因爲各驅動因素與工作動能間存在高度相關，只要這些問題得到改善，工作動能必然得以提升。

我還記得某次走訪一家光電公司，與高階經營團隊進行工作動能調查專案結論簡報及討論後，總經理當下宣布將編訂預算，於次年進行結構性改善時，某位資深協理舉手發言：「總經理，既然我們知道公司現況如何，也知道問題可能出在哪裡，爲什麼不立刻著手改善？爲什麼還要等到明年？」他的焦慮、急迫感和其他高階主管的附議，促使總經理決定提前採取一連串的改革措施。

你的組織在ＡＲＭＰ調查驅動因素得分狀態如何？背後代表何種意義？是不是應該採取改善行動？從哪裡開始著手改善？

以下十章，將分別針對各個驅動因素構面與讀者共同探討。

第2篇

組織環境

第二篇把焦點放在組織環境：

包括「工作意義與價值」、「未來性與方向感」、「認同感與歸屬感」和「和諧而有活力的環境」。

這四個構面都和工作動能有著密切關聯，也是工作者對組織環境的四個基本訴求。

我們針對四個主題，各以一章來探討。

每一章都先指出現象與問題，其次說明量測方式，最後提供改善和操作建議。

在進入主題之前，我們先用圖表1來呈現組織環境四個構面的關聯。

圖表 I　與工作動能密切關聯的組織環境構面

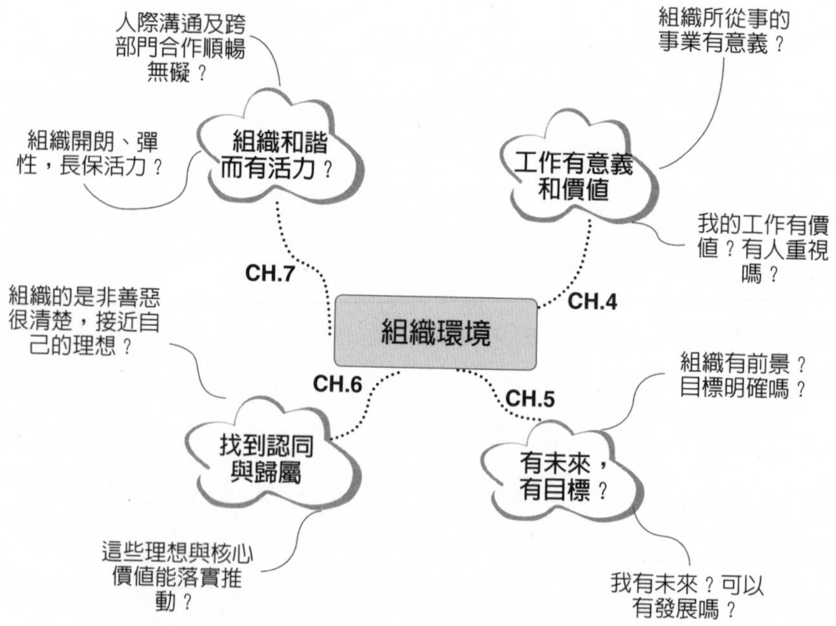

第四章　我的工作有價值

本章重點

1. 員工對工作價值的體認來自於「覺察組織有存在的價值」和「體認個人的工作有意義」。組織管理者的任務，是擴大認同區，縮減成員對於組織使命定位和自身工作價值的不理解或不認同。

2. 金錢報償只是維持因素，真正驅動工作熱情的是工作的意義與價值，以及從中獲得的成就感與滿足感，別讓員工認為公司只在乎營利，他們才不會認為自己上班只是為了賺錢！

3.「外在酬賞」主要回應低階需求，內在酬賞較能對應高階需求。內在酬賞主要決定於「使命感和成就感」及「工作樂趣」。

4. 建議成立團隊探討組織的使命定位，用一句話簡潔地說明組織存在的目的，連結員工的工作價值。

5. 協助員工找到工作價值，盡可能讓他們自己當家作主，考慮導入ROWE的管理哲學與運作機制。

做這些事有意義嗎？

看錶下班的日子

寫過《非理性的年代》、《組織寓言》、《從大象到跳蚤》、《你拿什麼定義自己》等著作的韓第（Charles Handy），是許多人心中的世界級管理大師。

我之所以欽佩韓第，除了他提出像是「組合式生活」、「酢漿草組織」、「S型曲線」等概念，影響當代管理實務甚大，也在於他的職業歷程：從第一份工作在皇家殼牌石油（Royal Dutch Shell），後來在倫敦商學院任教，四十九歲那年決心脫離大型企業（即《從大象到跳蚤》一書中所指的大象），做一個獨立工作者（跳蚤），目前身兼自由作家、廣播節目主持人、教授三職。

我的職涯歷程也是從大象到跳蚤；我在職涯的中段之後，同樣從事管理教學及諮詢服務工作，對於韓第的觀點，自然有一份特殊的親切與熟悉。韓第在《你拿什麼定義自己》這本書中，透露了一段自己年輕時的工作故事：

韓第於牛津大學畢業後，隨即進入殼牌石油，並被外派新加坡、馬來西亞和婆羅洲，待了六年後，殼牌石油將他調回倫敦總公司。

外派時有一流的居住環境、配有管家服務的優渥生活，調回英國後，簡直就是「從天堂打入凡間」，馬上墜入倫敦南區地下室，只有兩個房間的出租公寓。但韓第更在意的是工作本身。他的新職銜是「地中海區石油行銷總聯絡」，其實工作內容就是殼牌石油地中海區各公司遞來請求，由他分送給各管理層級中適當的收件人，簡單說，就是個郵局。他沒有權力做任何決定，不能去拜訪所服務的地區主管，各地經理來倫敦時，韓第也不能與他們見面。

「這是我第一次，也是最後一次，成為看錶等下班的人。」

「那是我首次經歷工作量過少、責任太輕的『壓力』。這份工作我不喜歡，而且老實說，我並不擅長。」韓第說道。

有一天，韓第接到一封郵件，是殼牌義大利分公司提議的一項投資計畫，他們希望在拿坡里興建一座煉油廠。韓第的責任是將提議轉交負責的委員會，但是他認為，在拿坡里灣蓋煉油廠會破壞景觀，所以就私下「吃案」，根本就沒將文件呈交上去。

對於那一天的行為，韓第並沒有感到自豪，可是他卻因此了解：為什麼一些有志難伸的員工，會以負面的行為來破壞自己的組織。

在現實職場環境中，這種反組織、反惡質領導的報復現象確實存在，只不過程度有別，從消極懈怠到暗中破壞，都可能發生，也都會造成組織的損失，這種報復，未必是受到欺凌或冤屈才有的反應。

光領錢，不做事

曾經有組織行為學家，針對一群受測者進行了一項實驗，他們讓十位年輕且有專業能力的人，應徵進入企業，並且在試用期間，每天都能支領日薪一百美元。

他們每天到了公司，就獨自待在一間小辦公室裡，不指派他們任何工作，也不讓他們閱讀任何文件或書籍。剛到公司人生地不熟，也無法四處去溝通閒聊。第一天下來，他們覺得很奇怪，「為什麼什麼事情都沒要我們做？」但領錢時又覺得錢賺起來輕鬆愉快，問了一下管理人員，只得到回應：

「目前還不會有工作，要等到公司確定某些事項後，才能明確。」

第二天，狀況依舊，雖然大家都認爲，難得只領錢不必做事，但已經感覺悶得發慌。

第三天，有兩位受測者辭去工作。其後幾天，質疑與抱怨每天都在增加，每天都有人退出這項實驗（雖然他們不知道那是實驗），第二個星期一傍晚，所有的受測者都辭掉工作。

這個實驗說明了：光領錢不做事，對於事業抱有憧憬的年輕人，是無法接受的。可能有些人剛開始覺得挺好的，可是絕大多數進入職場的人，都身懷一技或數技之長，也有事業理想，沒有人願意忍受空洞、無前景的工作，每個人都還是希望有所發揮與貢獻。

所以，一般人常說「沒錢，免談」（No money, no talk），只說出一部分事實，有時候錢還眞不是萬能；眞正的關鍵還在於 No meaning, no work. 感受到工作的價值與意義，才是眞正的動力支撐。

組織裡有些工作者，例如商品銷售人員、第一線客服人員，通常能夠透過銷售或服務過程，與顧客互動，傳達訊息與情感。在這個過程中，他們接收到顧客需求滿足的訊息，比較容易直接感受到商品或服務帶給顧客的價值。汽車銷售人員看到顧客買了公司的車，坐上駕駛座，快樂地將車子緩緩駛出交車中心，這些業務人員往往能感受到顧客的快樂，也自覺在做一件帶給他人快樂的事情。

至於生產線上的員工及後勤支援人員，工作過程通常不會和顧客直接接觸。工作的投入只是最終成果或產品的一部分，甚至是看不到的部分，這些工作難以直接感受到顧客的感動或滿足，所以來自被服務對象的情感回饋不多，工作的價值感受不是那麼直接。同一家汽車公司的製造部門，工人面對的是冷冰冰的汽車零件，較難從冷硬的機械接觸中得到工作的價值感。

這些員工的工作價值往往必須經過兩道程序的演繹：

一、覺察到組織的存在有價值

當組織所經營的產品或服務對社會有貢獻，當工人明確體會汽車帶給人們的便利、舒適、安全、尊榮與邁向成就，他們就能感受到自己工作的價值，此一價值經常來自社會或顧客的肯定與滿意，屬於由外而內的工作價值。

二、體認個人的工作有意義

個別工作的意義，來自於「工作自主性」、「專業成長性」或「完成工作的成就感」。有價值的工作必須至少符合三者之一。例如，汽車工人看到透過自己與團隊的努力，將原本粗糙、零散的組件，整合成具有美感、質感和工藝精神的現代科技精品，他享受的是那個從無到有的製造過程，這是由內而生的工作價值。

對於「組織的存在價值」，管理學上以「使命定位」視之；後者「個人的工作意義」，則是工作者對於個別職位工作價值的詮釋。

這兩道程序像是兩個檢測點，最理想的狀態是，成員充分體認組織具有崇高、有價值的使命，而自己的工作，又有高度意義；最壞的狀況是，組織成員既不認同組織使命，又感受不到自己工作的意義，認爲工作毫無價值可言。

擴大黃金區

在圖表四．一中，最佳組合是右上角的A區，組織使命認同度高，工作價值體認高，可視爲「黃金區」。

黃金區，代表組織能讓員工理解其成立的目的及存在的意義，並取得認同，同時員工也對自己的工作抱持強烈的價值感。最明顯的例子是許多社會運動的參與者，儘管財務利益並不明確，或完全談

圖表 4.1　組織使命認同與工作價值認同關聯

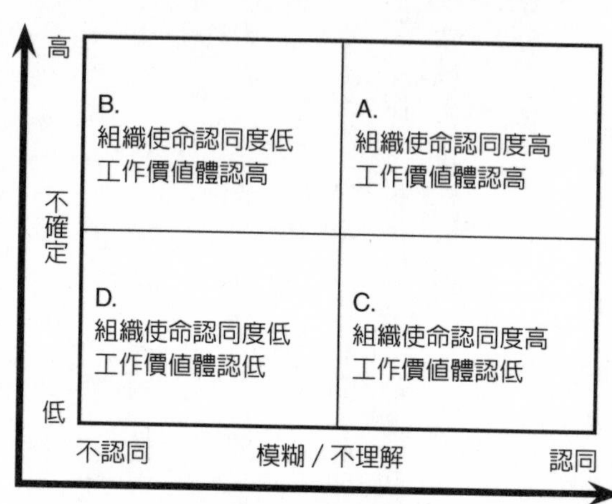

不上利益，卻經常熱切投入自己認同的「神聖」使命。

優秀的營利或非營利組織，也在創造如此積極的氛圍與狀態，其中的工作也不見得都是位高權重的工作。我們在溫布頓網球賽看到場邊的小球僮，不過十三、四歲，蹲在球網左右兩邊或在底線後端，撿球、送球、遞毛巾，工作再簡單不過。他們的任務就在確保球賽順暢地進行，使球員得到應有的便利服務。這些球僮的活力熱情，是大家都可以明顯感受到的，他們在一場舉世矚目的比賽中，扮演一個最「細微而關鍵」的角色。

次佳的狀態是左上角的B區，組織使命認同度低，工作價值體認高。這種狀態是，組織的使命定位模糊不清，甚至讓員工無法認同，但員工對於所做的工作，仍然覺得有其價值，依然堅持不懈。許多經營不善的公司，在最後階段還可以看到有部分員工力挺公司和老闆，希望力挽狂瀾，就屬於這個狀態。

當年即將沉沒的鐵達尼號上的哈普爾牧師，也是一個例子。當鐵達尼號的船體開始傾斜時，人們看見他衝上前去，對著慌亂、絕望的人群喊道：「基督徒站出來，讓婦女、兒童和還沒得救的人上救生船！」他告訴基督徒：「我們已經準備好上天堂，把機會讓給尚未得救的人！」許多基督徒果眞讓出來，並把機會給了別人，然後牧師帶領大家一起禱告。這是一個「組織無望，個人盡力」的典型。

第三種狀態，右下角的C區，組織使命認同度高，工作價值體認低。指的是組織使命定位明確，員工也毫不質疑，可是由於種種因素，例如高資低就（高資歷從事低階職務）、流程混亂、職位設計不良、員額浮濫、欠缺目標或目標值過低等，導致工作內容不夠扎實，工作無挑戰性、無趣味性和無意義、無價值感。韓第在倫敦碰到的就是這種狀態，這是大多數組織面臨的問題，也是亟需克服和解決的狀態。

第四種狀態最不理想，是左下角的D區，組織使命認同度低，工作價值體認低的狀態。組織使命從來沒有被思考過、被提起過，或是根本沒有使命感，員工體認不到工作意義，完全處在一種「遊魂」的狀態中，除了等下班，等領薪水，沒有感受到這份工作的意義。

在一個夕陽產業或完全失去競爭力的企業裡，許多工作者都有這種感受：商業模式不對、產品沒有競爭力、無人能力挽狂濤，無論做什麼都很難扭轉頹勢，工作的價值感幾乎消失殆盡。對於大多數工作者來說，他們可能不懂商業經營，只會感覺到目前這份工作像是雞肋，食之無味，棄之可惜，既然自己無力跳脫現狀，只有窩著，反正好死不如賴活。

組織管理者的任務，是擴大黃金區的範圍，從「水平」和「垂直」雙向擴大認同區，縮減組織成員對於組織使命定位，和自身工作價值的不理解或不認同。也就是將圖表四．一當中的十字線，向左及向下推移，形成圖表四．二的狀態，這個調整，有一部分是透過實際上經營層面的努力；另一方面，則是改變組織工作者的心智模式，讓大家體會到：組織的存在有意義，自己的工作有價值。

這不僅是期望，應該還有策略、步驟及章法。找到方法，員工的工作動機就容易被激發出來，在

圖表 4.2　擴大高使命認同與高工作價值的黃金區域

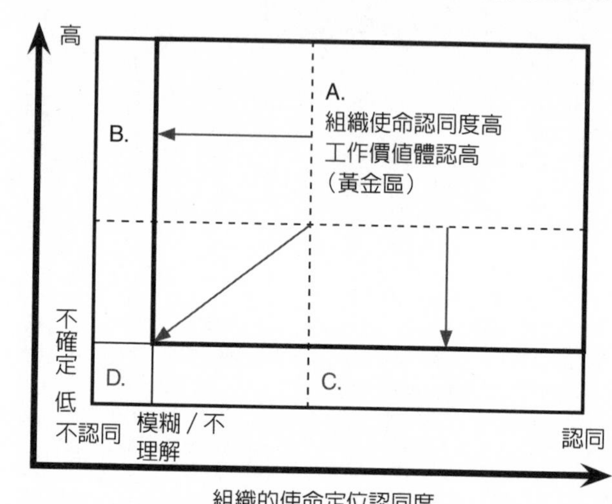

第二節裡我們將與讀者一起擴大這個黃金區。

賺錢之外，還有什麼？

沒有錢的富有人生

印度電影《窮得只剩下錢》是一則發人深省的現代寓言。它透過新德里一位嘟嘟車（三輪摩托車）司機——阿默的奇遇，和一個富裕家庭的遺產風波，交織出殘酷的社會現實，對比著貪婪欺騙和真實樸拙的人性。我們可以從阿默知足的眼眸，看見最謙卑的心靈、最富有的生命；也從富翁兩個兒子和律師之間的勾結，看到只剩利益而失去人性的空洞靈魂，除了有錢，他們真是匱乏至極。

這部片子對組織領導人和主管階層，也是很有啓發的。無論經營狀況良好與否，組織是否具有使命感、理想性？能否從社會利益出發？決定了組織存在的價值。如果只是對社會強取豪奪的黑心事業，組織將難以凝聚人心，無論對外部顧客或內部員工，這個道理都是一樣的。

我在帶領企業的使命思考共識研討時，總會詢問台下的主管，組織存在的目的是什麼？得到的答案十之八九都是「盈利」、「爲股東創造收益」，少數主管或許提到「爲員工創造福利」，答案雖然都不離譜，卻誤解企業眞正的存在意義。如果眞如他們所解讀的，那麼全世界的企業的存在價值全都相同，就沒有企業使命這回事了。

所謂「企業使命」，是指企業在社會和經濟發展中所擔當的角色與責任。它說明了企業的根本性質、界定了經營領域、指導了經營思想，爲企業目標的確立與策略的制定，提供了基礎。

一位領導者成立組織的目的如果只是賺錢，他心中不會有「使命」這回事。只要是在一個「正確」的產業，碰上「對」的時機，或多少擁有一些核心競爭力，這樣的組織也可以生存，甚至盈利；可是，一個沒有使命感的組織，當外在環境變動、競爭利基日久質變之時，還能不能繼續盈利，就要打上很大的問號，更不必說持續成長了。

彼得．杜拉克曾說：「一個企業並不是由他的企業名稱、各項規定及公司章程等所定義，而是由企業使命所定義出來的。只有明確定義組織的使命，才能使企業的目標明確而清楚。」杜拉克在一九九〇年代提出了發人深省的組織五問：

- 我們的使命是什麼？
- 我們的顧客是誰？
- 顧客在乎的是什麼？
- 我們追求的結果是什麼？
- 我們的實踐方案是什麼？

杜拉克認為：這五個問題是探索組織存在價值的關鍵命題，也是組織永續經營的五大力量。

建立企業使命的共識

聯邦快遞公司（FedEx）的廣告詞是「使命必達」，他們的使命是：「務必在約定的時間之內，將貨主所託付的貨物，安安穩穩地交到收件人的手中。」迪士尼（The Walt Disney Company）的使命則非常簡明：「讓人們快樂！」這兩家企業實際的經營方向和營運表現，也完全符合他們所標定的使命，取得普遍的肯定與市場上的成功。

默克藥廠（Merck & Co., Inc.）的使命宣言很具有代表性和參考性：「我們總是記住，藥是為患者生產的，藥是為人而生產的，不是為了利潤，但只要我們這麼做，利潤總會如期而來，我們對這一點記得越牢，利潤就越大。」

這段使命宣言在社會責任和利益價值上，取得了絕佳的平衡，無論對於顧客、股東、員工，都極有說服力。他們強調組織的價值創造，足以引起工作者的共鳴。在那裡工作的員工，除了賺取工資外，很容易帶著一種社會公民的超然成就。員工在製造產品、面對市場和客戶，甚至執行後勤支援工作時，心理上和行為上也有了無形的指引。這是相當具有典範作用的使命宣言，它既強調了企業的社會使命，卻又不致於一味地唱高調，忘了股東投資的意義和企業營利的經營本質。

許多公司都曾經發生這樣的衝突：有人主張應該提升商品產製速度，加快佔領及擴張市場，不必過度追求品質；也有人主張企業必須提供完善的產品，藉以打造良好的品牌形象，腳步太快，會損傷品質形象。兩種意見都各自成理，不能相互配合，削弱了組織對外的一致性及行動力。這大多是因為組織一開始就沒有形成使命共識，所以關鍵成員之間從使命、經營理念到策略主張都難以整合。

爲了避免組織裡存在「道不同，不相爲謀」的局面，唯有一開始就做對，將「使命共識」的建立，當作重要且優先的工作，免得同床異夢，走得愈久，分歧愈大。

國際知名的博思企管顧問公司（Booz & Company）曾發表過一篇文章，文中提到「擁有持久優勢的公司，往往具有強烈的使命感」。策略管理大師麥可．波特（Michael E. Porter）也說：「企業的使命感和社會責任不是股東的額外負擔，那是結合社會需求的一種組織資產，擁有使命感和社會責任，只會讓組織更爲富足。」他們提出這些論點，都是建立在實務和數據的基礎之上，而不只是宣教式，一味倡導倫理和理論教條。

朱熹的《白鹿洞書院學規》引用漢朝儒學大師董仲舒的「正其誼不謀其利，明其道不計其功」做爲處事要務，認爲君子處事不能利字掛帥，不能過於現實，而要以「義」與「道」爲出發點。這樣的理想，在以理學爲主體思潮的宋朝，引起了廣大的迴響與社會教化作用。不過，時至今日，就資本主義時代意義而言，這樣的處事要務顯得悖逆人性，太過高調而不切實際。

從賦予企業使命定位的認知來說，時代已經翻轉了董仲舒及朱熹的觀點：「正其誼，方能謀其利；明其道，始可計其功。」此一翻轉，不是否定董、朱的觀點，而是發揚其思想，也就是組織要能創造社會價值，出發點正確，才可能長久營利，方能可大可久。

近年來國際間興起「B型企業」（benefit corporation）的概念，也就是兼顧獲利、公益與公平的企業經營，這是對於血汗工作、黑心產品及擴大貧富差距的惡質資本主義的反思與積極行動。在我看來，所謂的「B型企業」，也代表平衡（balance）的企業——在獲利與社會責任間取得適度平衡，持續創造社會價值，也長久獲利。未來的世界，只有這種企業能夠存活，也才值得存活。

別讓員工認爲公司只在乎營利，他們才不會認爲自己上班只是爲了賺錢！

工作意義與價值的源頭是什麼？

在組織使命定位之外，個人的工作是否具有意義，是否充滿價值，成爲另一個重要課題。心理學家弗蘭克（Viktor Emil Frankl）曾說：「人如果能發現生命的意義和責任，就永遠不會憂鬱、焦慮、空虛和墮落。」工作當中的意義和責任當然是工作動能的重點。

前面章節曾提到「工作意義與價值感」驅動「工作熱情」，「工作熱情」帶動「工作動能」，最後達到「期望目標」的邏輯程序。可是，「工作意義與價值」的源頭又是什麼？

六十年來的管理理論發展，將工作的動機區分爲「內在酬賞」與「外在酬賞」。前者指「工作本身」所帶來的價值，包括工作趣味性、學習成長性、成就感與自我實現等的覺察和認知；後者指伴隨工作、由組織或主管、顧客給予的薪資、獎金、福利、職銜和工作環境等。組織在實際運作時，必須同時考量工作者這兩方面的需求，包括：設計有意義的工作內容、實施財務和非財務的激勵。

心理學者馬斯洛（Abraham Maslow）曾經提出著名的需求層次論（hierarchy of needs），說明每個人天性都會先尋求生理上的溫飽、其次追求日後的安定、再來就是需要朋友和社會關係，比較高層次的需求包括被肯定、被尊重和自我實現。可以看出，「外在酬賞」比較回應低階需求，「內在酬賞」比較對應高階需求。

「外在酬賞」對於從事機械式、操作性及例行性的工作者，比較有激勵作用；「內在酬賞」則對於需要創造性、整合性、無單一答案的心智工作者，比較有效。對於這些心智工作者而言，財務性獎酬愈高，有時甚至愈降低他們的表現，因爲那反而造成無謂的壓力，限制了心智工作者的發揮。

美國普林斯頓大學的克魯茲柏格（Sam Glucksberg）教授曾經做過一個實驗，他將受測者分爲二組，讓他們解決一個需要利用創意突破的難題，他對其中的A組成員說：「你們解決這個問題的時間，將會計入平均數，作爲量度解決這個問題的時間標準（常模）。」對B組成員則說：「解決問題速度在前二五%的人，可以得到五塊美元，最快的人，可以得到二十塊錢。」這個獎勵不能算小。

令人驚訝的是：A組的解題速度竟然比B組要快三．五分鐘，這個實驗在四十年來不斷被重複操作，甚至在第三世界國家也實驗過，卻從來沒有例外。這說明了一個事實：在需要創造力與整合思考的工作上，內在酬賞重要度高於外在酬賞。（見YouTube「Dan Pink談『叫人意想不到的激勵科學』」）

看到這個實驗結果，相信許多人不會再堅持「有錢能使鬼推磨」了?!

答案在終點，也在過程

外在酬賞有「不患寡，而患不均」的基本原則，第八章將探討分配與機會不均所造成的影響，此處先聚焦在工作的「內在酬賞」。

簡單說，內在酬賞來自於「使命與成就感」和「工作樂趣」，可說是兩把鑰匙，足以開啓工作者價值感的大門。前者在工作或任務的起始階段就存在，不過要到最後，工作產出與成果階段才開花結果；後者主要在於工作過程中一直存在的覺察與認知。（圖表四．三）

一、使命感和成就感——這是承接工作任務時的覺察和完成工作時的認知，包括：解決問題、創造福祉、超越對手或超越期望，都牽涉到工作的目的和成果。

二、工作樂趣——指工作當中的自主性、多元與變化及不斷提升，主要在於工作者對於工作過程的感受。

使命感和成就感原本是不同概念，通常使命感在先，成就感在後，當使命實現的同時，必然也都會帶有成就感。將使命感和成就感分別界定，或許有學術上的意義，不過這裡視爲連結概念，不強作

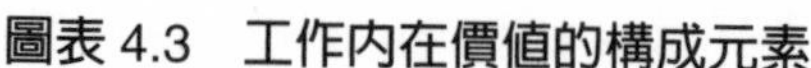
圖表 4.3　工作內在價值的構成元素

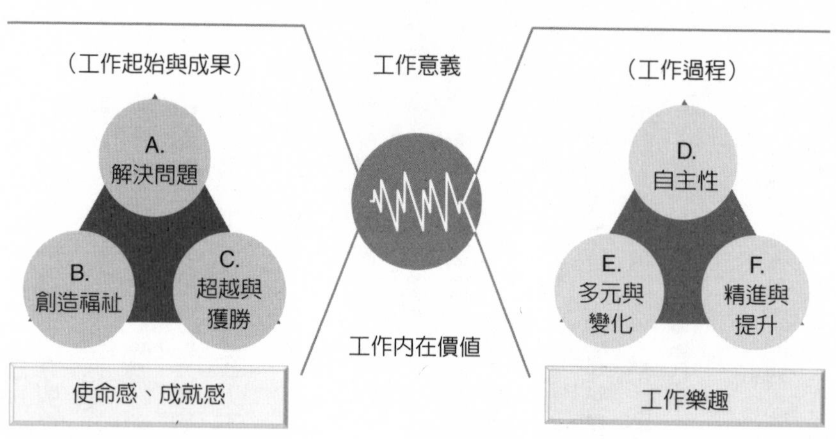

區分。圖表四・三中有六個圓圈，分別代表使命成就和工作樂趣的三個內涵。

A. 喜歡解決問題是人類天性

組織面對環境和任務目標，爭生存，求發展，總有著大大小小、裡裡外外的問題。無論是服務社會、研發產品、開拓市場、設計系統、管理組織。組織就是將任務分配到各個部門，賦予各職位擔任人處理事務的權責，他們自然會去面對問題，解決問題。這方面，如果存在障礙，使得工作者不願意面對問題，通常是組織犯了一些錯誤。組織必須避免的錯誤是：

- 把職位權責窄化到幾乎不必處理問題，員工上班不用大腦。
- 主管凡事都不放心，以爲部屬都是傻瓜，自己跳下來幫部屬解決問題，久而久之，工作者的武功就全廢了。
- 員工解決問題時，組織未能給予必要的資源與支援，包括培訓與指導，導致員工孤掌難鳴，巧婦難爲無米之炊。
- 問題解決後無法眞正納入正常運作，無法從錯誤中學習，導致問題重複發生，問題甚至有如病毒般養成抗藥性，導致難題愈來愈多，愈來愈難處理，員工從有氣做到無力。

B. 創造及滿足他人福祉

一般來說，工作的價值，往往經由商品或服務提供的過程，從購買者或消費者的語言、表情或行爲中感受到，例如，醫治病人時，從病人的感謝或稱讚中，醫師可以得到價值回饋；甚或無需病人開口，他就能從病人痛苦得到紓解的神情中感到快慰。不能感受到這種服務價值的面對面工作者，不會具有熱情，也做不好工作，醫師如此，計程車司機、銷售人員、教師、餐飲服務人員等，無一例外。

至於並未直接與外部人員接觸或仍需服務內部顧客的工作者，只要自覺或透過啓發認知「組織是價值鏈當中的一個環節，個人是服務流程中的一部分」，依然可以體會自己是一個貢獻者。洛克希德（Lockheed Martin）飛機製造公司，除了讓生產線員工知道自己所製造的零組件會裝置在飛機的哪個部位外，每年的懇親會還會讓同仁家屬前來公司，參觀飛機實體，展示的飛機機身旁就列有每個部門的貢獻者名單，同仁都很能感受到自己的工作價值，並以自己的工作爲榮。

C. 超越和獲勝帶來成就感

成就感的另一個元素是「超越與獲勝」。從事高度競爭職業的工作者和完全競爭市場的經營者，「競爭獲勝」就是他們的維生素。就像耐吉的企業使命——讓顧客體驗競爭獲勝的心情。這樣的競爭有許多面向，可能是與對手廝殺，可能是跟紀錄對抗，也可能是和自己相比。競爭獲勝就像是強力興奮劑，刺激人們繼續過關斬將或攀登另一座高峰；就算落敗也絕不屈服，重新整軍，力圖再起，「不服輸」的信念，爲再次戰鬥提供源源不絕的能量。

D. 工作喜歡自己作主

在家庭關係裡，有許多緊張的親子關係，都是由於父母親過度干預，對於子女原本就要做的事情，不斷嘮叨：不要晚睡、多穿衣服、不要抽菸、不要上網咖、要用功讀書。沒完沒了的叮嚀，導致子女反感，反而不願意遵從或故意反其道而行。

組織裡主管的過度干預和過度指導，也會換來同樣的結果。主管太能幹，事必躬親，員工就自動變得無能，最後落得所有的事情都得自己做，包括所有細節責任，自己一個人承擔，無法從事更有價值的工作；自己累趴了，部屬反而樂得輕鬆，落入「事情愈來愈多，效能愈來愈低」的惡性循環。

谷歌（Google）的內部管理中，有一個有趣的規定：他們發揚光大了源自澳洲知名軟體公司阿拉斯安（Atlassian）的一項創意管理──每個員工有二〇%的時間是自由工作時間，可以從事任何事情，只要不是平日的工作就好。他們可以自行決定自由工作的時段，還可以選擇工作的地點和工作方式，團隊作業或個人工作都可以。

當然，這不是變相休假，阿拉斯安和谷歌都會定期舉辦發表大會，讓員工發表這段時間的工作成果。你知道嗎？谷歌將近一半的產品，例如 Gmail, Google 新聞等，都是在這五分之一的時間裡創造出來的。

E. 多元與變化讓大腦有氧

很多人都聽過「機艙症候群」：在飛機經濟艙內，經過五小時以上的長途飛行，乘客坐在狹窄的空間裡，由於缺乏活動，很容易腿部靜脈血液回流受阻，造成靜脈血管內出現血栓室，嚴重的話甚至可能致命。

醫護人員也提醒我們：辦公室的工作者不宜在同一姿勢下工作過久，必須經常變換工作姿勢，避免相同姿勢的久站、久坐，否則也有深層靜脈栓塞的風險。

從醫學及人體工學角度，專家提出了健康的提醒與建議，對我們的身體保健十分有益。不過，就精神面而言，還有許多工作者必須面對長期一成不變的工作內容，每天重複機械式的作業，雖然這可能不會造成靜脈栓塞，但你不認爲，長期從事這種工作會失去新鮮感，喪失熱情與動能，腦袋會「缺氧」嗎？

F. 追求完美的「工匠精神」

不斷提升是工作者對於現狀抱持「建設性」的不滿意，因此持續精進學習，進行不斷改善，以求突破現狀，這種態度和工作表現發揮到極致時，被稱作是「工匠精神」。

在中世紀的歐洲，從「學徒」逐步歷練到「工匠」的過程中，養成了他們的堅毅執著。人類從物質文明和精神文明的不斷演化中，福祉不斷提升，其中很重要的一部分就來自工匠精神，這也是人們追求卓越的天性，創造了一頁又一頁的輝煌歷史。

經營實務上，「追求完美」和「成本效益」之間的折衷點，是「持續不斷改善」。儘管「追求完美」不容易做到，但「追求卓越」卻是經營上的必然。對許多工作者而言，可以將事情做得更好時，卻因爲受限成本、迫於交期，而必須割捨某些堅持，工作熱情是很容易被澆熄的，可是如果能夠推動所謂的ＰＤＣＡ品質循環，計畫（plan）、執行（do）、檢查（check）、改善（action），產品及服務不斷提升，個人不斷在成長，市場和客戶不斷給予正向回饋，工作的樂趣自然就在其中。

圖表 4.4 「工作意義與價值」認同度的檢測問題

編號	題目
1	本公司讓同仁清楚了解公司存在的使命和意義。
2	我們的產品／服務可以為顧客創造高度價值，滿足他們的需求。
3	現在這分工作，經常讓我覺得很有成就感。
4	我能夠從工作當中找到一些樂趣。
5	除了能夠賺錢謀生外，我所從事的工作很有意義。

「工作意義與價值」認同度的量測

量測所採用的問題

無論組織是否有著明確的使命，並使員工認同，或是否盡力讓員工覺得工作有意義，組織都可以檢驗目前員工的認知與承諾。

透過問卷調查，我們可以得知員工對於組織使命及個人工作意義的體認。這很像是身體檢查，經過檢驗後得知自己的健康狀態，然後採行必要的行動。

對於「工作的價值和意義」的認同，我們設計了五個問題（圖表四．四），實際檢測的「工作動能驅動因素量表」題目即從當中選取，這是整份問卷的一部分．如果你的組織是政府機關或非營利機構，只要把公司改爲本局、本協會……和其中相關用語即可：

試測結果所建立的常模

根據我們在台海兩岸十四家企業、一，五八九名員工樣本的調查結果顯示，受測企業員工在「工作意義與價值」的得分爲七六．七分，在全部的十個工作動能驅動因素（平均數七〇．六分）中，得分最高，顯示整體而言，「工作價值」是多數組織較能獲得員工認同的管理項目（圖表四．五）。

圖表 4.5　「工作價值」認同度與其他驅動因素調查結果比較

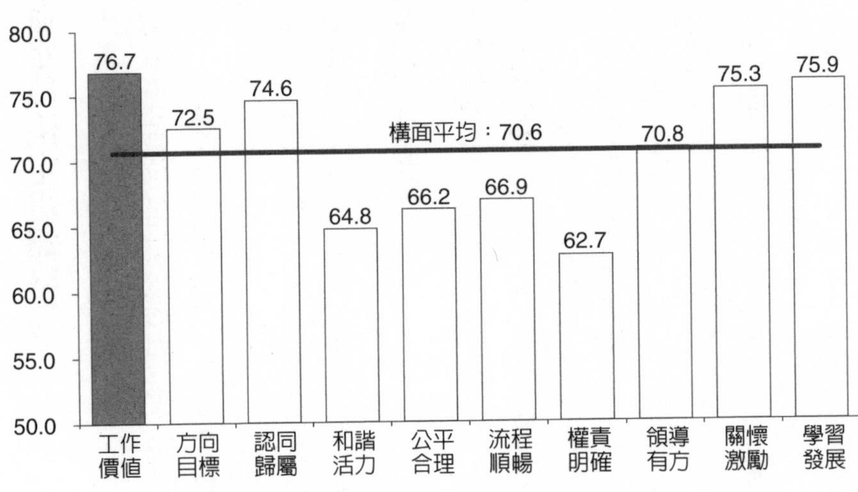

七六・七分不是值得驕傲的分數！它代表組織在這方面「表現尚可，組織的投入與表現得到員工中性的評價與差異性的認同，仍需適時改善」（請參照第三章圖表三・六「工作動能十個關聯構面得分意義說明」）。

如果，組織使命和工作意義能夠說服工作者的程度只有七十六分，代表將近四分之一的情況下，工作者在工作的價值上感到徬徨，有時候還會有「這麼努力，眞的值得嗎？」的懷疑。這當然會在關鍵時刻削弱工作動能。

「工作的價值和意義」與工作動能安培指數之間的相關係數達〇・六〇四，對應將近一千六百分樣本，統計學上稱這樣的相關程度「非常顯著」。也就是「對於組織的使命和個人工作上的意義認同度愈高，工作動能愈強」，如此判斷的準確率（統計學上的說法是「信心水準」）可達到九九％。

使命定位決定組織格局

組織需要定位自己，以面向社會、客戶、股東、供應商、內部員工以及經營團隊本身。當組織定位清楚，很清楚自己爲何從事這個行業，要創造什麼價值給社會和客戶，才可能感動顧客並從內在驅動員工。

如果經過調查研究，發現同仁在工作價值認同的得分偏低，代表組織必須在使命定位和工作意義上加強建設，這時候，組織團隊、形成共識並訴諸溝通宣導都是必要的路徑。

成立諾亞方舟團隊

許多組織領導者很重視「組織使命」這回事，他們將這個問題在心中縈繞甚久，幾乎有一段時間是日夜都在醞釀、苦思冥想，其後可能是靈光乍現，振筆疾書，自覺渾然天成；也可能是一字一句細細淬煉，改了又改，自認爲字字珠璣。然後，寫好組織使命宣言的第二天，第一件事情就是交給祕書繕打，然後請人力資源部門立即公布實施。

如此產生的使命宣言，無論思路如何清晰，詞藻再怎麼華麗，還是很難感動員工，效用很有限，或很短暫。原因很簡單：那種產出不是共識，對同仁而言，感覺不像是自己的孩子，情感有限。組織使命若非經過共同探討，不是集體智慧的產出，就欠缺共同的情感，影響力有限，願意全心全力爲它付出的人是不可能多的。

組織的核心成員絕對有必要參與組織存在價值的認知思考。這個負責訂定組織使命的團隊，可稱爲「諾亞方舟團隊」。環境遭逢劇變時，組織領導者爲了伺機再起，必須保留實力並組成一個菁英團隊，成員基本條件是了解並熱愛組織，對於職業生涯和事業經營抱持熱忱的人。如果這樣的人能帶有一些基本的哲學思考和辯證能力，就更理想了，使命定位畢竟得帶些哲學觀。

連接組織與個人

使命定位的思考，建議「由外而內」和「由內而外」，進行雙向思考。只從外部顧客（包括消費者、政府、社區民眾、供應商等）角度切入，可能欠缺主體性；純粹由自身角度看事情，又太過本位主義，淪於「只緣身在此山中，不知廬山眞面目」。所以，雙向思考和交互印證，往往最爲可行。

「由外而內」的方法，是從社會需求及市場定位開始。可參考「顧客定位」的STP的原理——區隔（細分）市場（segmentation）、鎖定目標市場（targeting）、和定位市場及客戶（positioning），確認組織的客戶。特別需要注意的是這些客戶的特質和屬性，這稱爲「顧客輪廓」或「消費者輪廓」。

下一步，就是組織對顧客所負的責任，以及這些責任所代表的意義。

哈佛大學商學院「企業CEO管理課程」裡，提醒企業在構築使命時要思考的問題是：

- 假如公司關門了，會影響到誰？
- 哪些顧客會最懷念我們公司，爲什麼？
- 要多久才會有另一家公司遞補這個市場空缺？

企業面對這三個問題，都要能找出具體而有意義的回答。如果公司無法影響市場和客戶，沒有人

圖表 4.6 目的性價值觀參考項目

● 生活安定與保障 ● 對他人有影響力 ● 崇高名望與地位 ● 金錢與財務富足 ● 心靈平靜祥和	● 獲得知識與智慧 ● 人格獨立自主 ● 發揮個人專長 ● 創新創造 ● 人際和諧圓滿	● 對社會做出貢獻 ● 被肯定，受尊重 ● 自由自在 ● 健康平安 ● 協助弱勢人群

會懷念，而且立即有其他公司可取而代之，那麼，存在價值真的有限，這時只有重新找尋新價值，否則，當自己都無法說服自己時，又如何能感動顧客？

「由內而外」的思考可以利用「目的性價值觀」的聚焦手法，利用「腦力激盪」(brain storming)，尋求與會者「在人生中希望實現的終極目標是什麼？」的最大共識。假設，健康平安、金錢與財務富足和協助弱勢人群項目，是團隊成員最終聚焦出來的結論，就代表組織應該朝這些方向尋求答案，透過經營運作，來實現這些目的。

所謂「目的性價值觀」可參考圖表四．六所列舉的項目：

經過內、外雙向的思考後，會議主持人必須能夠帶領成員，綜合整理所得出的價值元素，再形成精簡有力且具有意義的論述。

簡約見精華

找出共通的價值元素後，接下來的工作即是撰寫使命定位──用簡短數語生動地說明「我們是誰？我們要爲這個社會做些什麼？」

這樣的使命定位描述，要儘量求其精簡有力，就像彼得．杜拉克所說的：「使命應該能印到T恤上。」唯有如此，才能容易將其「烙印」在組織工作者心中，也才容易宣傳溝通。

就像前面所引述的默克藥廠的使命宣言──「我們總是記住，藥是爲患者生產的，藥是爲人而生產的，不是爲了利潤，但只要我們這麼做，利潤總會如期而來，我們對這一點記得愈牢，利潤就愈大。」其實他們另有一句簡潔有力的使命定位——「維持並改善人類生活」，這就符合杜拉克所要求的標準。

另一個例子是惠普（Hewlett-Packard），他們的使命定位也簡明扼要——爲增進人類福祉而做出技術上的貢獻。可是在此使命定位之下，另有一完整的描述：「惠普公司存在的目的是向公眾提供某些獨特的、有作用的東西，從而爲社會做出貢獻。利潤是我們追求社會貢獻目標的工具。」前者屬於使命定位，後者則可視爲使命宣言。

定位要求簡潔有力，宣言則要能觸動人心。無論如何，這些都不是文字堆砌，如果不是發自內心，絕對無法感動人心。

佳音醫院「三生有幸」

佳音醫院是中國大陸一家連鎖私立醫院，在重慶、新疆等地有四家醫院，院長黃衛東是生殖醫學的專家，在中國大陸試管嬰兒的領域裡，有超過三千個成功案例，據說是中國「做人」最多的醫師之一。佳音醫院的另一個經營主軸，是檢測和預防醫學，致力於一般的身體檢查乃至於VIP級的私人健康管理。

黃院長本身很重視醫院裡的組織文化，從他們先前的員工手冊中可以看到「使命」、「願景」、「經營理念」及「員工信條」等的宣導。院長也說那是他個人花了很多時間思考和寫下的，不過幾年來，他覺得似乎大家逐漸淡忘或漠視，其中有些內容也確實值得再行商榷。

二〇〇九年九月，佳音醫院辦了一次企業文化共識營。在我的協助下，第一天，他們就進入組織使命的探討。經過顧客定位、顧客價值主張、核心能力定位等程序，團隊成員逐步聚焦到「檢測及健康管理」、「男科醫學」及「生殖醫學」三個領域的價值呈現。經過腦力激盪及逐步聚焦的程序手法，最後形成使命描述，再進行文字潤飾，最終產出的使命定位是：「佳音醫院存在的目的是爲民眾創造健康及人生價值，我們聚焦在提升健康保障，改善生活品質及帶來生命希望。」

爲了進一步闡釋以上的使命，他們增加了下述說明：

- 爲了提升健康保障，所以我們致力於預防檢測及健康管理。
- 爲了改善生活品質，所以我們致力於男科醫學。
- 爲了帶來生命希望，所以我們致力於生殖醫學。

我當時就說：「你們的使命其實包含了預防生存風險、改善生活品質和延續生命傳承三個領域，可以說是個『三生有幸』的事業。」參與共識營的主管都點頭同意。

這個「三生有幸」也成爲佳音醫院日後在企業識別（corporate identity，簡稱ＣＩ）方面的重要元素。

找到工作的內在價值

用觸動、啓發代替單向灌輸

「價值觀」是一種關於是非、對錯、好壞、美醜的基本信念，帶有判斷和比較的色彩，它非常主觀，很難強加於人，但不代表不能啓發。

透過事件或生活體驗，開啓自己的悟性，是體驗工作價值的最好方式。管理者如果希望員工能夠看重自己的工作，也可採取這種方式，而不是疲勞轟炸式的單向灌輸。對工作者而言，未能從內心領悟的資訊，通常都是雜音。

幾年前，我在上海浦東，黃浦江邊一棟設計新穎的大樓裡，向一家國際知名化學公司中國總部的十餘名招聘專員（recruiter）講授「有效的徵聘與面談技巧」，其中有一段過程和啓發職業角色認知有關。

爲了不使課程枯燥，我的教學一直採取互動和演練方式進行。在課程一開始的「破冰」階段有一個主題，是關於徵聘員的角色認知部分，這個主題如果採用講授的方式將會非常教條和八股，接受度也不高，於是我決定採用腦力激盪的方式進行，課程開始沒多久，就拋出問題讓大家思考與研討：

「招聘專員可以扮演什麼角色？發揮什麼作用？」

我們用的方法，是請學員將答案寫在便利貼上，每一個想法寫一張便利貼，數量不限，多多益善。

三分鐘後，學員們開始在教室前方的白板上發表。這一來，可眞是熱鬧非凡，看到的答案有：公司的守門員、照亮前途的燈塔、應徵者的生涯貴人、生涯諮商師、心理學家、面相專家、神經語言專家、企業形象代言人、企業公關人員、應徵者與公司間的橋樑……

沒錯，這些就是徵聘員可以扮演的工作角色。不過，還沒經過這樣的腦力激盪前，並不是所有成員都有這些體認。有幾項答案（例如守門員、燈塔等）是多數人都寫到的，有一、兩項則是少數成員的個別見解。

在發表便利貼的同時，學員也對自己所寫的角色提出簡要說明，這是一個角色認知的溝通平台，縱使自己沒有寫到的答案也可以聽到其他夥伴如何詮釋，達到彼此學習，相互交流的效果，老師只在最後做一個收斂總結，效果比起單向的灌輸要好得多。

讓員工自己體會，自己說出來的工作價值，才是眞的覺察與認知；如果是主管塡鴨式告訴員工答案，只是訊息，甚至是雜訊，不一定能進入員工的價值體系。

《賈伯斯傳》提到一個故事。有一天，賈伯斯走進研發麥金塔作業系統的工程師肯尼恩（Larry Kenyon）的小隔間，向他抱怨麥金塔的開機時間太長了。

肯尼才剛開口解釋，賈伯斯就打斷他的話。「如果開機時間快十秒，能救人一命，你會不會做？」肯尼恩說：「或許會吧！」

接著，賈伯斯走到白板前，計算給他看。如果全世界有五百萬人使用麥金塔電腦，每天開機能快十秒，每年總計可省下三億分鐘，相當於十個人過一生的時間。

肯尼恩覺得賈伯斯的話很有道理，於是埋首鑽研改善之道。幾個星期之後，他告訴賈伯斯，開機時間可以快二十八秒。

說故事，舉實據，啓發員工，是所有的老闆、高階經營者及現場管理者都應該修煉的功課。當然要這麼做的第一步，是個人要先「內化」工作的價值，自己先相信，才有闡述的能力。

自己當家作主的感覺

寶鹼公司（P&G）的核心價值是「寶鹼人」（P&G people），圍繞這個核心價值，他們提煉了幾項經營理念，其中一項就是「主人翁意識」（ownership），強調每一位員工在自己的工作領域裡，都是主管，具有無上的權威和無可推卸的責任。此一原則在企業內行之有年，成效卓著，打造了寶鹼超強的競爭力，也塑造出寶鹼的卓越品牌。

近年來，在管理實務上，已經有一些組織開始推行「ROWE」概念。所謂「ROWE」指的是Result Only Work Environment（只看結果的工作環境），也就是工作者可以沒有固定的工作時間表、可以不必待在辦公室，甚至不需要參加公司的會議，喜歡來上班就來上班，何時上班？何處上班？用什麼方式上班？一概「悉聽尊便」。唯一的要求是：在指定的時間內，交出令人滿意的工作成果。

前面提到過的阿拉斯安和谷歌兩家公司所推行的「二〇%的自由工作時間」也是ROWE精神下的制度。

你可能會想知道：這種制度下的結果如何？有無可能失控？會不會天下大亂？

事實是：推動ROWE的公司，生產力提升了，工作動能（engagement）增強了，員工離職率也降低了。

ROWE成功的原理很簡單：讓員工自主工作，讓他們自己當家作主。這可以滿足某些員工想當老闆的企圖心或滿足當SOHO族的樂趣。不過，對於沒有眞本事，拿不出成果的人，這可不好玩，因爲推動ROWE的組織是「不管疲勞，不看苦勞，只論功勞！」，沒有人打混得下去。

推動ROWE有兩個注意要點：一是給予明確的工作範圍，也就是說明哪些事情是工作者的責任區，不要混淆權責。第二個是成果目標務必清楚明確，達成目標與否要容易認定。這兩個要點掌握後，剩下來的就是提供必要資源，放手讓他們去做了。

另外要提醒的是：ROWE不等同於外包。純粹的外包工作，對於組織的忠誠度和向心力通常較爲薄弱，因爲他們自覺不是組織的核心成員，沒有認同感，就欠缺歸屬感，組織在操作時，其實很容易察覺，當然也要避開。

當工作被賦予意義，職位與任務充滿價值感時，工作靈魂是甦醒的，甚至是帶著激情的。接下來，要弄清楚的就是工作的未來性和方向感了，也就是當工作者願意起步走了，甚至願意快步跑了，但究竟要走或跑向哪裡？下一章，我們來談這個問題。

第五章　許我一個未來

本章重點

1. 讓年輕人不徬徨，需要的是方向性與安定感，要讓他們看到組織的未來性和自己的可能性。
2. 願景是根據理性因素（資源和核心能力等）加上感性訴求，描繪一幅未來圖像，成為一股「信其可行」的工作動力。
3. 描繪願景要既大膽，又務實，「大膽」就是預先看到機會與可能性，「務實」靠的就是條件與實力。
4. 完成願景描繪後，接下來就是形成總體目標（goal）、制訂策略、訂定管理目標（objective），展開為工作計畫，然後形成自我紀律，忠實地執行。
5. 實現願景的過程，須將高難度目標分階段達成，用時間段分拆或用階段性目標做為里程碑都是可行做法，且應讓同仁清楚目標達成的進度。

能見度差，敢全力奔馳？

看得見，就不暈車

我的二兒子KD從小就有嚴重的暈車毛病，只要車子一轉彎、一個煞車、甚至自己低個頭，就覺得暈眩想吐。雪山隧道及國道五號尚未通車前，走九彎十八拐的北宜公路回外公家，對他簡直是酷刑，每次一聽到要去宜蘭，就開始害怕。一上車，車子還沒發動，就說頭暈，兩個多小時的車程，無論途中再怎麼平穩且慢速行駛，他還是要用掉好幾個嘔吐袋。

到了小學四年級，當KD個子高到可以繫上安全帶後，我就讓他坐到右前座的副駕駛座。自從他坐到前座後，情況就發生變化，一路平安來回，不再暈眩，不會嘔吐。他告訴我：「爸，我現在不暈車了，因爲我看得到路上的狀況，知道路是怎麼繞的。你要左右轉、要減速、或要煞車，我都可以看到，頭腦有了準備，事先反應就不會暈了。」

KD坐到前座後，常常幫我過濾手機來電、設定GPS導航、長途駕駛時遞送點心茶水、貼心提醒我該準備下交流道等，成了一個稱職的幫手。

「頭腦有準備，事先反應，就不會暈了。」眞是重要的生活體驗！

許多原本會暈車的人也認爲，自己開車就不會暈車，搭別人的車，就容易暈，特別是坐後座，一定會暈。

我從小兒子暈車的經驗體悟到：組織的領導者就像個駕駛，員工則是乘客，許多員工因爲不知道組織前景在哪裡，不知自己的工作要如何搭配組織的目標，以至於盲從跟隨，不是聽命行事、毫無主見，就是渾渾噩噩、不省人事。某種程度說，這就是員工在「暈車」，要讓他們不暈車，必須讓他們看到組織的未來和方向，甚至讓他們在某些時候當家作主，自己掌握方向盤。

對於年輕工作者而言，看到未來有多少可能性，可以給予他們方向感與安定感，重要性不下於給他多少薪酬待遇。因爲過了今天，還有明天，更有下半輩子，對於一個三十歲上下的年輕人，如果永遠看不到未來，就像矇著眼睛坐在別人開的車子上，很難不暈車。

就開車的人來說，在濃霧迷漫、能見度不到十公尺的公路上，他絕對無法加足油門、全力衝刺。看不到未來，對於想要掌控自身前途的人而言，是一種徬徨、無力，甚至掙扎的感覺。

讓年輕人不徬徨，需要的是方向性與安定感，這莫過於讓他們看到組織的未來性和自己的可能性。

如果組織領導者的心裡沒有那幅未來圖像，或是自己都不曉得、沒把握，那要如何說服年輕人「跟我們一起做下去，將來就有希望」？反過來，如果領導人有那幅圖像，卻不想說，或認爲沒有必要揭露，那就是心態問題，不認爲組織裡的幹部和員工是子弟兵，沒有帶他們航向彼岸的打算，那也不能怪員工心裡不踏實，隨時想找機會，隨時想逃跑了。

給予未來性和提供方向感，在管理上需要用到的是「願景」管理，那是組織裡大多數人所共有的夢想，想看到的未來圖像。

一九五七年十月四日，蘇聯的人造衛星史波尼克一號揭開了美蘇太空競賽的序幕。一九六〇年代初，美國眼見蘇聯太空計畫領先的局面，不由得人心惶惶，當時的總統甘迺迪決心扭轉局勢，於是設定了「十年內登陸月球」的願景。

在那個時代，人類對月球各方面的狀況所知有限，甘迺迪所依憑的，是美國人的拓荒精神，以及對於美國科研能力的信心。一九六二年九月十二日，他在萊斯大學（Rice University）發表演講時說道：「我們選擇在這十年內登陸月球，並完成其他的事，不是因爲它們很簡單，而是因爲它們很艱難，……我們願意接受這項挑戰，我們不願延期，決心要戰勝這場挑戰。」

這段演說對美國的民心士氣，起了很大的鼓舞作用，美國確實是一個活力十足、制度健全和人才齊備的國家，他們迎向這次的挑戰，在一九六九年七月二十日阿波羅十一號太空船的太空人阿姆斯壯，登陸月球的那一刻，甘迺迪總統的承諾終於實現。雖然甘迺迪在一九六三年遇刺身亡，來不及看到他所勾勒的圖像實現，但這個願景和目標的設定，以及其後的成就對於美國乃至全世界的影響，卻無比深遠。

設定組織願景，是領導人責無旁貸的責任。這個願景不是領導人的「個人願景」，而應該形成團隊共識的「組織願景」。當組織領導者和所有成員都有共同的夢想、有了方向性，組織的成功，便有機會加速且加倍實現。

勾勒組織的畫布

所謂願景（vision）指的是組織成員對於未來的共同期望，它是一幅未來的發展圖像。願景必須具備三個要件：

- 是人人心中所想，希望獲得實現的
- 有可能實現，或非常接近那個境界
- 能夠振奮人心，激勵人們願意爲其奮鬥

願景概念在最近二十年來已被廣泛運用，有所謂國家願景、城市願景、組織願景等。因爲願景是所有成員共同的期望，所以又被稱爲共同願景（shared vision）。

在績效良好的組織裡，員工比較可以根據組織的發展，構築自己的夢想，這樣的組織通常也會提供員工美好的未來；不過，對於營運績效尚未彰顯，或還在艱苦奮鬥的組織，員工比較看不到組織的未來，對於自己的前途也會比較茫然。

這時候，根據理性的因素（資源和核心能力等），加上感性訴求，描繪一幅未來圖像，「許員工一個未來」是絕對必要的，不能因爲組織還小，或經營績效尚未上軌道，就認爲不需要建立願景。其實，正因爲起點低，很容易看到進步與成長，新企業及績效尚未彰顯的企業提出的願景只要務實可行就好，不必訂得過度膨脹偉大，反而可以獲得振奮人心的效果。

如同國家願景與社會願景一般，組織如果建立明確而有實現可能的願景，同樣可以振奮人心。《富比士》（Forbes）二〇一三年世界富豪排行第八名，香港及大中華地區首富——香港長江集團董事長李嘉誠，分享他的事業經營哲學時說到：「願景是我們最強大的力量，它一直以來都是我們思想的力量來源，讓我們看見未來，洞悉未知。」

卓越的組織，願景必然清晰且聚焦明確，它要能回答員工三個問題：

- 我們要往哪裡走？
- 我們要如何才能抵達那裡？
- 爲何我們可以成功？

如果，你的組織是藉由共識程序，凝聚共同願景；如果，這樣的願景描述可以回應以上的問題，接下來要問的就是這個願景可行嗎？我們對它有信心嗎？唯有具備信心，才可能有熱情。

帶把傘上教堂吧！

「望梅止渴」和「畫餅充飢」這兩句成語，說的都是從事虛幻不實的行爲。形塑願景的過程，最不希望的就是淪於空洞的幻想，看似美好，卻無法達成，也無意義。

願景和宗教，有一點很像：心誠則靈。且看這一段故事：

義大利中部有一個小鎮很久沒有下雨了，造成當地農作歉收，於是神父把大家集合起來，準備在教堂裡，開一場祈雨禱告會。

有一個小女孩也來參加祈雨禱告會，但因爲個子太小，幾乎沒有人看得到她。

就在這時侯，神父注意到小女孩所帶來的東西，在台上很堅定地指著她，說：「那位小妹妹很讓我感動！」於是大家順著他手指的方向看了過去。

神父接著說：「今天，我們一起禱告，祈求上帝降雨，可是，整個教堂中，只有她一個人帶著雨傘！」大家仔細一看，果然，她的座位旁，掛了一把紅色的小雨傘；這時，大家都靜默下來，緊接著，是一陣熱情的掌聲，許多人眼眶中泛著感動的淚水。

與其說她未雨綢繆，還不如說她堅定信仰，相信祈願的力量，衷心信其可行，這種態度才能眞正影響所有的人。

只要秉持正確心態與作法，形塑組織願景不是一件太困難的事。比較具有挑戰性的是：這個願景有多少人相信？而且，這種相信是一時的激情？還是不得不然的順從？

組織裡如果有更多工作者像這個帶著雨傘來參加祈雨禱告會的小女孩，這個願景的力量就不僅止於文宣品或網頁上的一段話，它會成爲一股「信其可行」的工作動力。

形塑共同願景也不是集體取暖的過程或熱鬧一時的嘉年華會。

我曾看過某些組織構築願景的方式，是在內部發動類似徵文比賽的活動，這在激起全員參與的氛圍而言，還不算離譜；當作資料和訊息蒐集也可謂正確；可是，如果操作得像動物園的貓熊命名活動一般，最終選擇最多人寫出的文字，或選出描述最生動的圖像，就變成作文比賽或集體吹牛，這樣選出來的願景，無法讓人打從心裡相信，縱使能夠朗朗上口，也不具備執行力和可持續發展。

前瞻性與全局觀

全錄漏接大未來

幾乎每一家成功的公司都有開闊的願景、明確的策略目標和高效的執行力，但是也有更多的公司徒有漂亮的願景描述，卻缺乏市場洞察力，策略方向和願景脫節，導致願景成空，接下來是人心渙散，優秀成員流失，當優秀的關鍵人才離開後，公司更無力推動願景，進入惡性循環，公司也失去競爭舞台。

由盛而衰的全錄（Xerox）是一個鮮活的例子。

《漏接未來》（Fumbling the Future）說明了全錄興衰的來龍去脈，這本書的副標題是「全錄如何發明過，又自我否定了全世界第一台個人電腦？」（How Xerox Invented, then Ignored the First Personal

Computer?）

當年，全錄的願景方向是「全錄將成爲全球市場的領導者，提供加強企業生產力的文件服務，生產與成長的方向，皆賴員工積極主動，而達到客戶高度滿意的全球模範公司。」

看來還不錯，不是嗎？

不過，全錄的經營層，似乎都狹隘看待文件處理，對辦公室領域的未來發展從不在乎。當研究人員興奮地告訴他們產品前景，並將成果呈現在他們的面前時，得到的往往是冷漠的表情，甚至冷嘲熱諷。這些領導者的頭是埋進沙堆裡，看不到外面的世界，更無視於未來發展，無法將這些概念轉變成眞實商品，更缺乏轉化的機制。

所以儘管加州帕羅奧托市的研究中心（Palo Alto Research Center, PARC）每天都在創造願景，公司決策層卻無人認眞看待眞正的願景。

結果，率先發明的 Bravo 文字編輯器，後來成爲微軟（Microsoft）的核心產品——辦公室軟體 word；利用滑鼠來操作電腦的核心技術——「位元對映」（bitmapping）被廣泛運用於電腦週邊設備當中；「全錄圖形使用者介面」、視窗和位元對映顯示等先進技術，則被蘋果（Apple）的賈柏斯完整打包進入蘋果麥金塔電腦系統……

因此有人戲稱全錄的願景是「爲他人打造江山」，也難怪「出走創業」在 PARC 變成一個傳染病。而出走者也大多斐然成材，在各領域多有傑出表現，這也令人對於全錄所錯失的一切不勝唏噓。

這個例子裡，我們看到模糊了焦點的組織願景，會讓組織的優勢流失殆盡，直接或間接導致菁英出走，投入的資源，變成爲他人做嫁，等到發覺時，再回首已是百年身。

另一個類似的案例是柯達（Kodak）公司，他們發明了全世界第一台數位相機，卻因爲罔顧數位化趨勢，害怕衝擊自己在全球市佔率第一的膠卷市場，而將研發成果束諸高閣，當競爭對手富士（Fuji）、尼康（Nikon）等將此一產品概念發揚光大後，柯達再回頭追趕已是時不我予，就像龜兔賽跑中熟睡的兔子一般，睡醒時已經局勢全非。柯達可說是敗亡在自己一手發明的產品上。

類似的故事每天在不同公司裡重複上演，願景如果不具備前瞻視野（時間軸線的延伸）和全局觀（範疇與地域的橫跨），或是執行策略自動限縮格局，終會犯下令人扼腕的致命錯誤。

要提醒的是：前瞻視野和全局觀通常不是公司決策層的專利，虛心聆聽團隊成員的聲音，形成集體共識，成為必要的成功要件。

遠離願景迷思

除了前瞻性和全局觀不足，組織在願景方面常見的錯誤還包括以下幾點，避開這些陷阱，願景就容易成功：

一、沒有明天：有些組織，領導者根本就沒想或不敢想到未來，在他們心中，根本就沒有那幅未來圖像，反正過一天算一天，存在就是目的。這裡頭原因很多，以下摘述以往訪談及觀察的結果：

- 認為願景是「虛」的東西，組織不需要。
- 領導者個性保守，不願意談論以後的事，或感覺經營變數太多，不敢想像明天以後的日子。
- 目前經營一帆風順，完全沒時間考慮願景，一時也似乎不需要。
- 組織還在生存奮鬥階段，只求先過了今天再說，來不及思考明天以後的事情。

以上這些理由，都是組織不願意勾勒願景的藉口。

當一個組織沒有夢想、沒有激情、沒有可以轉化爲長期行動的輪廓，就沒有方向感，工作就不會有太多動能。

有一句廣告詞說：「人類因夢想而偉大。」不過，偉大很難界定，我們比較確定的是：有夢想的人才可能成功！沒有願景，偶爾可以獲勝，卻很難長久卓越。

所以，無論今天過得怎麼樣，都必須想像明天，爲明天預做準備。過一天算一天，不叫務實，那是沒有勇氣。

二、不切實際：比起完全不形塑願景，稍好一點的狀態是試圖擬出一份名爲願景的文件，但企圖心明顯不足或顯然並未聚焦，寫出一些類似「爲人類生存和福祉做出貢獻」的空話，只是隔靴搔癢，無法凝聚共識和振奮成員。

不切實際的願景，還有一種狀態就是過分誇大，漫無邊際的編織夢想，執行能力卻沒跟上。

台灣當年提出「兩兆雙星」的政策願景（「兩兆」是指「半導體」與「影像顯示」兩項產業的產值在二〇〇六年時各自突破新台幣一兆元的目標；「雙星」係指政府推動「數位內容」與「生物技術」兩項產業，成爲我國未來具發展潛力的兩項明星產業），正因爲空有願景口號，而欠缺具體推動的能力，或是說定位根本錯誤，結果牽涉的企業，大多虧損累累，至今一蹶不振，所以被譏稱爲「兩兆傷心」，這是整個台灣都不忍提起的傷心往事，卻是空有願景，卻推動無力的活生生教材！

三、過於利益導向：組織願景如果過分利益導向或只提到利益而不考慮到社會、顧客或員工，是難以凝聚人心的。

面對諸如「營收破五百億、盈餘一百億、取得行業領導地位、市場散布五大洲、據點版圖擴及歐美、在美國那史達克（NASDAQ）股票市場公開上市」這類的願景，如果不能結合到員工個人的未來發展或財富增長，是不容易讓他們心動的，因爲「那些願景無論怎麼美好都是老闆的，與我無關」。

也就是說，企業儘管可以勾勒規模、版圖及財務願景，但千萬不要僅止於此，還要說明這樣的願景，對社會可以發揮什麼作用？對員工福祉會有什麼樣的效益？那才能眞正打動人心。

四、願景不具共識：願景如果不具共識，就只是組織領導者的個人理想，不是團隊成員共同願景。

這其中要注意兩個問題：一是願景形成過程，要取得「共識」，二是願景要透過適切宣導，取得「共鳴」。

由於願景塑造影響至深且遠，建議愼之於始，一開始就以團隊共識手法進行願景塑造，避免閉門造車。縱使組織領導者獨具慧眼，是眞正的產業專家，還是建議藉由一場或數場（可分階層蒐集意見）共識營，或經由討論形成方案的工作坊（workshop）交換意見，帶動共識，以形成組織的願景。

願景形成後，必須形成有效論述，經由組織領導者以適當的方式，將願景向主管及員工做必要說明，才能引起共鳴。

日本松下電器的創始人松下幸之助曾提到，一位中層經理一旦進入松下公司，就會被告知松下未來二十年的願景是什麼。公司首先要傳達的是：松下是一個有前景的企業；其次，要使這些人對這個遠景有信心；第三，使他們能夠根據整個企業未來的發展，制定自己的生涯規劃，讓個人生涯立足於企業的發展願景。松下的經營智慧帶領這家公司經歷一甲子以上的榮景，不是沒有道理的。

願景入雲，目標落地

願景的作用不光是激勵人心，更不只是提供想像空間。組織形成願景後，接下來就是形成總體目標（goal）、制訂策略、訂定管理目標（objective），展開爲工作計畫，然後步步踏實地執行，只要認眞務實推動下去，成功機率遠比沒有願景和目標的組織，高出許多。

對於目標，西元一世紀的羅馬哲學家塞尼加（Lucius Annaeus Seneca）說得好：「如果不知道要航向哪個港口，就沒有所謂的順風。」一個人如果沒有方向性，欠缺目標，每天怎麼過日子感覺都一樣，反正就是「殺時間」；組織如果不能給員工這種確定的方向感，員工沒有目標，工作上的激情將很難被驅動。

卡洛爾（Lewis Carroll）的《愛麗絲漫遊奇境》中有一段愛麗絲與貓的對談，讀來有趣，可以看到目標對於未來出路的影響：

愛麗絲：「請告訴我，我該走哪條路？」

「那要看你想去哪？」貓說。

「去哪兒無所謂，」愛麗絲說。

「那麼，走哪條路也就無所謂了，」貓回答。

沒有目標，當然就失去努力的意義！

成功人士和成功的組織，都是先有願景，然後設定目標，再根據目標訂定計畫。史蒂芬·柯維（Stephen R. Covey）博士在《與成功有約》一書中，談到成功人士的重要習慣之一，就是「以終爲始」——將終點目標設定爲起點，設定目標後，展開積極行動。

「願景→目標→計畫→行動」形成了成功者執行工作的主軸線，缺乏這條軸線時，工作沒有方向、沒有步調、沒有重心，落得每天四處飄蕩，想到什麼做什麼，看到什麼做什麼，發生問題才解決問題，甚至從來不知道眞正該做些什麼。

當一個組織欠缺眞正的願景、目標未定、計畫總是不明確，一切充滿不確定性，員工的工作熱情不容易凝聚，也不具備工作動能。

過去幾年裡，至少有兩家企業的總經理不約而同對我說：「我不喜歡談論組織願景，寧可專注在目標上。願景太過理想化，目標相對具體明確。」

從務實的角度說，這兩位專業經理人的見解並沒有錯，不過用這樣的觀點來否定願景的作用，還是有所偏廢。眞正重點應該是：有了願景，還要透過目標和工作計畫來付諸實現，光是「務虛」而不「務實」，就像唐吉訶德想要挑戰大風車，終歸遍體鱗傷，虛實相生才是王道。

「願景」通常沒有標準答案，所以是柔性的，意象偏「虛」；「目標」要求具體明確，較爲剛性，含意屬「實」。虛實必須互補，方能生生不息；剛柔並濟，才可長可久。

願景讓你看到未來的美好，目標教你如何實現願景。願景像「燈塔」，指引前行的路；目標則像是「里程碑」，讓我們能夠具體估算。有效管理，兩者有不同的意義與價值。

一般組織願景的設定，時間設定都在五年以上，雖說最長有看到三十年的，不過，我還是建議以十年爲限度，比較適中。

當組織願景描繪出來以後，除了在組織內外進行溝通與宣導外，第一步要做的，就是將它化身爲總體目標，這其中包括財務性及非財務性目標，也可以依照需要，區隔爲長期（三至五年）、中期（一至三年）或年度的總體目標。一般企業的目標與計畫只要從中程（三年以內）做起即可；環境變動快速、前景不明、競爭因素錯綜複雜的高、新科技產業，甚至只要做短期或年度目標即可；政府施政則不然，施政具有較高的一貫性、自主性和主導功能，所以設定五年爲期的長程目標是必要的。

「方向目標」認同度的量測

量測採用的問題

願景與目標牽涉到組織的未來，對工作者而言則是「方向目標」，他必須要看到自己的未來。

工作者對於組織未來性與方向感的認同程度，可以透過問卷調查方法加以檢測，從得分高低得知現狀，從現狀發現問題，再從問題尋找解決方案，這樣的科學程序對組織會有幫助。

圖表五．一的五個問題可以用來檢測「方向目標」的認同，當中有幾個題目進入整份「工作動能驅動因素量表」問卷，其中「公司」和相關措詞可以視組織的性質來調整：

圖表 5.1 「方向目標」認同度的檢測問題

編號	題目
1	本公司對於未來發展有一幅清晰的圖像。
2	本公司的未來發展願景對員工福祉有提升作用。
3	本公司未來願景有實現的可能。
4	本公司對於如何實現願景和目標有著明確的步驟程序。
5	本公司的願景目標與我的前途發展密切相關。

試測結果所建立的常模

根據先前的調查，受測企業員工在「方向目標」認同度的得分爲七二．五分，在全部的十個驅動工作動能的關鍵項目（平均數七〇．九分）當中得

圖表 5.2　「方向目標」與其他驅動因素調查結果比較

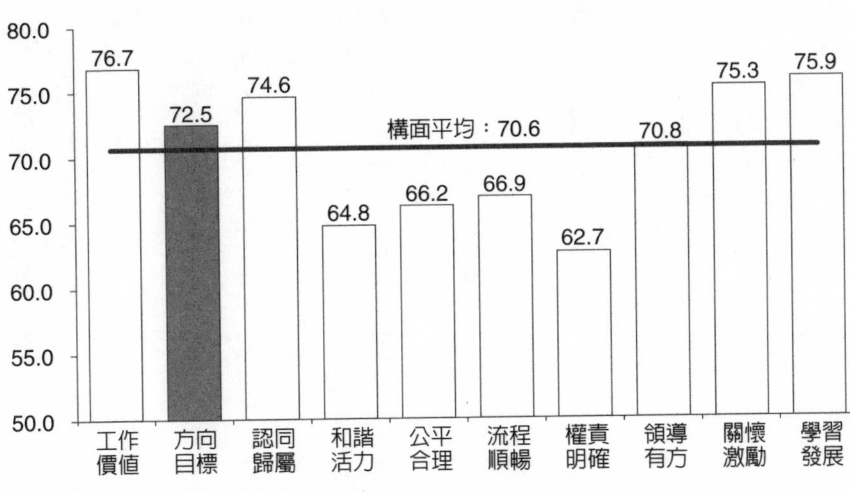

分居中，顯示整體而言組織的未來性與方向感不是員工很認同的管理項目，請見圖表五・二。

受測企業中最高得分爲八一・四分，最低得分爲六三・二分，落差較大，顯示不同企業的未來性和目標明確性，在員工的評價上，差異相當大。

從平均分數來看，七二・五分當然不算高，顯示組織在未來性與方向感上讓員工有些疑慮；最低的六三・二分甚至代表組織在「許員工一個未來」方面，表現令員工感到不滿意，工作上有時難免徬徨——這樣做下去，我的明天會更好嗎？

「方向目標」的認同度，與安培指數間的相關係數達〇・四九二，雖然不如「工作的價值和意義」與安培指數間的相關係數〇・六〇四那麼高，依然在統計學上達到「非常顯著」的相關程度。也就是「組織成員對於願景目標愈認同，工作動能愈強」，此一見解的可信度達到九九％。

如果員工在這項的得分不高，可能反映出他們對於組織的未來，和個人前途帶有不確定性與疑慮，這當然會影響他們的組織認同和工作動能。

組織又該如何面對這個狀態？

這個時候建議讀者更細膩、更深入一些，先看看問題出在哪裡：哪些題目得分偏低？哪些部門是低分群組？這些現象，是否表示：

- 組織缺乏明確的願景？
- 願景只考慮老闆和股東的利益，與員工無關？
- 願景不切實際，不具備實現的可能？
- 同仁們不了解公司有一整套發展藍圖和可行路徑？
- 公司所做所為，與願景所標示的是兩回事？

接下來，就要從原因尋求方案對策了。

發展未來圖像

胸有成竹的願景

「一鄉一特產」是經濟部中小企業處自一九八九年起推動的專案計畫。所謂「一鄉一特產」（One Town One Product, OTOP），構想引自日本「一村一品」（One Village One Product, OVOP）運動，這個概念是一九七九年由日本大分縣前知事（相當於縣長）平松守彥博士所提出，也就是每個鄉鎮結合當地特色，發展具有區隔性手工藝或食品特產的產業。

地方特色產業的「地方」是以鄉、鎮、市為主要範疇，所發展出的特色產品必須具有歷史性、文化性、獨特性或唯一性，該計畫所推廣的內容相當廣泛，從工藝品、食品到景點等都有，鶯歌陶瓷、新竹玻璃、大溪豆乾、魚池紅茶等都屬於特色產業。

整個計畫係利用特色產業為基礎，配合知識經濟概念，創造高附加價值的新型態群聚式經濟體，透過策略聯盟及系統整合行銷通路，吸引消費者至各個特色產業體驗其特色，並進一步將地方特色產品行銷至全台灣與世界各國。

「一鄉一特產」計畫其實就是台灣城鄉的一個新願景，也是為地方農、特產和人文產業，找尋未來性與方向感的新商業模式。即使這個計畫仍有值得檢討改進之處，但重點是它確實找到一些新出路，創造了新機會。它符合「未來發展圖像」、「有實現的可能」和「能夠激勵及振奮人心」等要件。有了「一鄉一特產」的方向，地方農、漁民、文創工作者、休閒產業從業者和地方政府官員，都會更賣力推出自己鄉鎮的品牌特色，更努力維持地方的形象，更用心經營產品和服務的品質，工作的目的性和積極性就更為強烈。這其中有很大的部分，就是找到工作的未來性與方向性。

在二十五年前還沒有此計畫的時候，我們有一個架構可依循，替台灣地方特色農產及人文休閒產業找尋出路？當初如果換做你是主事者，會有這幅圖像嗎？這樣精采的未來圖像又要如何產出？

豆干、植物染或原民編織，在當地人眼裡往往稀鬆平常，甚至不值一顧，但是在外地人眼裡，可能就是珍稀奇寶。唯有理解到自己是獨一無二的時候，才可能發展出願景，自卑自謙、自嘆弗如，是不能塑造願景的。看似平淡、平實的事物，也可以有耐人尋味之處，「當局者迷」或「身在此山中，雲深不知處」，往往就是願景的盲點。

大家都希望夢想成眞，不希望願景只是吹牛皮，所以會說「心想事成」，不過這終究是一句祝福話。「心想」和「事成」，就像矗立在山谷的兩端，眞想從「心想」抵達「事成」，要有一道橋，貫穿其間。牽引這道橋需要兩條索道，其中一條是「能力」，另一條就是「機會」，能力與機會必須同時並存，才能運行到彼岸。

「既大膽，又務實」是形塑願景的心智模式（mind set），大膽及務實非但不衝突，還要適度融合，「大膽」就是預先看到機會與可能性，「務實」靠的就是實力，所謂「天生我才必有用」，基於自身的優勢，就有了繪製草圖的本錢，然後再來上色，才能構築一幅美妙的圖像。

願景六型

在確認使命定位後，我們先要評估的是自己有什麼核心能力、資源或特點，哪些是別人難以模仿，無可取代的？就如同「一鄉一特產」的目的是爲各地農特產品尋找出路、協助農民和文創工作者謀求生路、開展事業前途。這時候，三義的木雕傳統藝術、花蓮的六十石山生態，各地的特色就是利基所在，選定這些利基點（包含最大的社會價值和經濟利益）開始聚焦，尋找最大的成功可能性和機會點，並依此構築未來的圖像，設定目標和行動計畫，整個計畫就活起來了。

願景塑造，主要有六種類型，如圖表五．三：

一、**規模型**：說明公司未來的營收、盈餘、規模、版圖擴張等，展現一定的企圖心。例如：五年後營收突破一百億，稅前盈餘達十億，在全世界二十個國家、三十個城市有銷售據點，美國紐約道瓊股票市場上市等。王品集團計畫「在二〇二〇年展店數達七百五十家，二〇三〇年達七千五百家」即屬規模型願景。

圖表5.3　願景的主要型態

二、價值型：價值型願景，往往和組織的使命緊密結合，勾勒想要創造的顧客價值。例如，微軟的願景是「讓電腦進入家庭，放在每一張桌子上，並使用微軟的軟體」；麗池卡爾登飯店（The Ritz-Carlton Hotel）的願景是：「麗池卡爾登飯店將會成為那些挑剔的企業界人士、旅遊者、會議主辦人、旅遊業合夥人和老闆的最佳選擇，全世界的旅館業將會公認：我們的服務品質是同業的領導者」；以製造捷安特自行車聞名世界的巨大機械的願景是「創造自行車新文化，分享騎車的喜樂」，訴求的都是以價值感來建立品牌地位。

三、標竿型：史丹佛大學立志要「成為美國西部的哈佛大學」即是標竿型的經典範例。這種類型因為有參考或對照實體，所以願景圖像很鮮明。不過，往下推動時最好再明確對焦，要學習（或超越）的是標竿對象的哪些元素？台北的昇陽建設在二〇〇五年就形塑企業願景：「成為建設開發業的賓士」，在我的協助下，他們更進一步定義「賓士」的關鍵元素，即是「三品一服務」——卓越領導的「品牌」、優雅獨特的「品味」、舒適可靠的「品質」和以客為尊的「服務」，接下來分別針對品牌、品味、品質和服務設定目標並逐步展開，一步步形成可實現的願景。

四、社會型：用更宏觀的角度闡明組織希望帶給社會的貢獻，包括環境願景、濟助弱勢族群、社區協助等，例如「共同打造一個零污染的生存環境」、「讓每一個孩子遠離暴力和虐待」、「創造人居和諧的藝文都市」。社會型願景不一定和組織的產品或服務有直接關連，也不一定寫入願景描述，它可以是公開宣示的企業政策。奇美集團許文龍創辦人說：「五百年後，這世界上或許已不見奇美企業；然而，奇美醫院和奇美博物館卻可能永續存在。」奇美集團一向將企業定位爲「追求幸福的手段」，相信對社會有所貢獻的企業方有其存在價值，他們的願景就聚焦於社會整體的進步與幸福。

五、競爭型：許多共同願景是由外在環境刺激而造成的，挑戰領先者就是一種常見的願景型態。例如，一九六〇年代耐吉聲稱：「擊垮愛迪達」，一九七〇年代本田說「我們要摧毀山葉」。國內也有許多在產業裡排名的老二、老三的企業激勵團隊成員挑戰老大的獨霸地位，「向老大學習並隨時準備超越」就是他們經營方向的寫照，挑戰目標接近時的刺激感，和願景實現時的成就感，就是他們最大的動力來源。不過，爲了避免鬥爭意味太濃或引起對手注意，這一類的願景通常只是組織內部版本，未必是眞正對外揭露的願景。

六、幸福型：眞正將員工視爲企業最重要資產和核心經營要素的企業經，常將員工福祉載入願景當中。國際快遞公司優比速（UPS）就明確揭示「我們要成爲備受尊重的老闆：注重員工福利，讓他們在一個公正、富有挑戰性、有益的、合作的環境中發展自己的才能，並提供升遷機會。」現在已有愈來愈多的經營者，主動將員工福祉的理念注入組織願景，也都逐漸看到員工的良性反饋，這股趨勢正在逐漸形成。

這些願景類型以「規模型」和「價值型」最爲常見，這是因爲「規模型」比較功利導向，最容易與長期目標相結合；價值型願景則直接訴求於市場和客戶價值，符合商業模式的源頭，也容易和個人價值觀及職涯發展發生良性連結。

對於「競爭型」願景，彼德·聖吉（Peter M. Senge）在《第五項修練》中提出警告：「如果目標只限於擊敗對手，僅能維持短暫的時間；因爲一旦目標達成了，心態常轉爲保持現在第一的地位便可。」持平而論，競爭型願景在階段性目標上是可行的，它通常帶有一種格鬥和挑戰的意味，能夠激發起員工同仇敵愾，超越對手的意念與行爲動機，近年來，鴻海董事長郭台銘不諱言打敗韓國三星（Samsung）的意圖，就是這類的願景。不過，當哪一天三星不再可怕，或已經被超越時，組織就要另外許下另一個願景、攀登另一座高峰，這才不致於落入聖吉所警示的保守心態了。

天長地久，還是與時俱進？

正如彼德．聖吉所提醒，願景設定要避免「一旦達成目標就消失奮進的目標」，關於願景，應該建立一個正確認知：某些願景可以百年如一，有些則需要與時俱進，這樣才能讓團隊成員永遠有追求的目標。

福特汽車在一百多年前，就強調要讓汽車進入每一個家庭，要製造「人人都買得起的汽車」，這個願景，直到今日還是可以沿用並珍惜。製藥公司宣示「要讓世人的疾病傷痛降到最低，且在最短的時間內消除痛苦」，也可以是個恆常不變的願景；但是，如果製藥廠的願景是要消滅ＡＩＤＳ或癌症，可能就是階段性的願景，當這些病症就如同黑死病一般，已被人類醫藥所控制或征服時，企業願景就要更新了。

波音（Boeing）飛機製造公司遠在一九五〇年代就誓言「成爲商用飛機霸主，並將全世界帶進噴射時代」，前面一句話（成爲商用飛機霸主）在面對歐洲空中巴士（Airbus）的強力挑戰下仍可堅持，後者就顯得已經過時而必須修改了。所以，波音公司在一九八〇年代後的願景就更新爲：「我們要成爲世界排名第一的飛機製造公司——同時在品質、獲利及成長方面成爲業內的領導者。」

De Beers 的廣告詞是這麼寫著——「鑽石恆久遠，一顆永留存」，大多數精品工藝確實是可以傳

圖表 5.4　願景落實步驟程序

願景 vision	總體目標 goal	策略 strategy	管理目標 objective	工作計畫 plan

世久遠的。雖說願景對於組織有著珍貴無比的價值，絕大多數的願景卻必須與時俱進，這就是為什麼我們建議組織願景以十年為時間週期，而不企圖採用不變的願景，因為遞延時日的願景不容易與時俱進，難與組織目標密切銜接，對於組織工作者也比較缺乏激勵作用。

這時候，套上另一句瑞士手錶鐵達時（Solvil et Titus）的廣告詞——「不在乎天長地久，只在乎曾經擁有」可能更為實際。再美好的願景，無論已經達成、即將達成或達成無望，都必須及時更新，重新提煉。

從雲端回到現實

願景畢竟代表一個方向，指出一幅未來圖像，也比較屬於感性訴求，眞正能夠連結工作成果的是「目標」，也就是願景必須透過目標加以落實。

提到「目標」，往往讓人迷惑的是：究竟目標是在策略之前？還是在策略之後？這個問題是對於所謂的「目標」範疇有所不知所致。目標有「總體目標」與「管理目標」之分：總體目標相當於英文裡的 goal，指的是宏觀的經營目標，例如「三年內產品打入歐盟市場」或取得「國家品質獎」榮譽；管理目標則是 objective，比較屬於計畫或任務下的操作性、管理面的要求，比方說，「儲備德、俄語人才各兩名」或「出廠良率達五個標準差」。

在實務上，企業落實願景的步驟程序如圖表五．四。

以美國ＮＢＡ職籃為例，這是全世界籃球高手的競技場，愛好籃球運動觀眾的最愛。所有的職業籃球好手莫不以生涯中能戴上一枚年度總冠軍戒指爲榮，「總冠軍戒」是每個球隊成員的夢想，因此是個「願景」；在這個願景之下，球隊在年度球季開始之前都會設定一個目標：「打進季後賽」——這是實現夢想的第一步，也是總體目標。

爲了這個目標，球團老闆既要留住陣中台柱球員，又要物色市場可交易的球星，或從大學、高中球隊中尋覓好手、留任或換掉球隊總教練，這都牽涉策略選擇。

在推動策略時，球隊在訓練和比賽必然會訂定諸如體能訓練、投籃命中率、失誤率、籃板球、助攻、阻攻等目標，這都是所謂管理目標。

目標執行，需要按照時程或里程碑管控，一旦偏離目標就要檢討改善，在團隊的管理目標下，還會有個人的目標設定，例如，湖人隊超級球星，綽號小飛俠的寇比．布萊恩（Kobe Brain）在球隊要求每天每人練習中距離投籃五百個的目標下，更自我要求爲每天「投進」五百個，這是從管理目標又推進到紀律與行動方案了。

在目標設定時，「數量化」是一個必要的過程，卻也是許多人苦惱之所在，總覺得許多事物不易數量化。

其實，所有存在的事物都能衡量，之所以認爲難以衡量是因爲不得其法或懶得去計量，可是一旦不加以計量，就無法管理；無法管理，工作者的散漫就變得自然。

聲音可以用分貝，光線可用照度、流明度衡量，這是眾所周知，將抽象事物數量化的最好實例，自然科學如此，社會科學和行爲科學也不例外。

高難度目標分段達成

八〇年代的創作歌手李恕權，在多年後的一場演講中分享他的成名之路，這場名為「李恕權：五年後你在幹嘛？」的演講內容在許多網站和部落格中被轉貼。李恕權提到一九七六年的冬天，當時他十九歲，在休士頓太空總署的大空梭實驗室裡工作，同時也在總署旁邊的休士頓大學主修電腦。當他的同學問他：「你心目中，『最希望』五年後的你在做什麼，你那時候的生活是什麼樣子？」

這個問題和他們之間精采的對白啓動了李恕權奔騰的思緒及後續行動。

爲了達成「五年後有一張很受歡迎的唱片在市場上發行，可以得到許多人的肯定」，以及「每天都能與一些世界一流的樂師一起工作。」在同事的引導下，李恕權針對這兩個夢想展開重要的倒數計時，設定每一年的里程碑：

- 未來的第四年，要跟一家唱片公司簽訂合約。
- 第三年，要有一個完整的作品，可以拿給很多唱片公司聽。
- 第二年，已經有很棒的作品開始錄音了。
- 一年內，一定要把所有要準備錄音的作品全部編曲，排練就位、準備好。
- 六個月內，要把那些沒有完成的作品修飾好，然後讓自己可以逐一篩選。
- 一個月內，要讓目前手邊這幾首曲子完工。
- 一個星期內，就是要先列出一整個清單，排出哪些曲子需要修改，哪些需要完工？

因此，就可推到「下星期一」該開始做些什麼？

第二年，李恕權辭掉了令許多人羨慕的美國太空總署的工作，離開了休士頓，搬到洛杉磯，展開他的音樂尋夢之旅。

一九八三年，差不多就是第六年，李恕權的唱片在亞洲開始暢銷起來，他的願景和目標一一實現。

從李恕權的故事裡，我們看到一個成功者如何勾勒未來的圖像，並且將期望一步步化爲目標，再將目標轉化爲工作計畫的過程。

這其中的成功關鍵有兩點：

- 能將願景化爲具體的目標，將目標展開爲行動計畫。
- 形成自我紀律，忠實執行所設定的目標和工作計畫。

日本馬拉松名將山田本一曾在一九八四及八六年國際馬拉松比賽中獲得兩次冠軍。當記者問他獲得冠軍的祕訣，山田本一說：「在各項體育運動中，馬拉松是最考驗體力，也是源於意志、耐力的一項，與其他項目比較，速度和爆發力是次要的。幾乎每個人跑馬拉松都把目標設在終點線上，我以前也是這樣，結果，我往往被前面遙遠艱苦的路程所擊敗，當我跑到十幾公里時就疲累不堪了。後來，我決定改變策略，每次比賽前我都先乘車勘查一下比賽路線，並記錄沿途比較醒目的目標，比方說第一個標誌是一棵大樹、第二個標誌是一所銀行、第三個標誌是一個超級市場、第四個標誌是一棟紅房子、第五個標誌是一間學校……，這樣一直排列到終點，並且牢記在心。」

「比賽開始後，我就奮力朝向第一個目標跑過去，抵達第一個目標後，我又以自己的配速向第二個、第三個目標邁進。四十多公里的賽程被我分成幾個階段目標，跑起來就輕鬆了。」

組織的高挑戰性目標，可以採取類似李恕權或山田本一跑馬拉松的方法，先分解爲階段性小目標，完成一個階段後，再挑戰下一個小目標。當階段性的目標達成時，團隊成員有了成功的經驗，就是一次良好的「內在回饋」，這會對於下一階段的工作挑戰，更充滿信心和驅動力。

不僅是工作者在達成階段目標時，給予自己內在回饋，善於激勵員工的組織還利用看板、跑馬燈、廣播或即時通等方式播報團隊或成員的工作戰果，譬如上班時開個小派對、下班請工作同仁餐敘或小酌等，花樣千百種，只要有題材、不怕沒有慶祝方法。

看到願景一步步達成，足以讓組織成員得到鼓舞，更增信心，工作時動能更加強烈。身爲管理者莫忘隨時公佈「戰果」，讓成員知道我們出發時在哪裡？目前到哪裡？還有多少路要走？特別是對於團隊的核心成員，這一切愈透明，他們愈會當作自己的事情在努力，否則只是跟著你坐上車，看著你一個人開車，他們還是會暈的。

第六章　塑造價值認同

本章重點

1. 讓員工在工作中找到內在價值，啟動「利他」的工作滿足元素，是一種源源不絕的激勵。
2. 正向經營理念對於提升工作動能和帶動經營成效，有著絕對的關聯。
3. 經營主管須就不同的價值觀經常激盪和校準，才能為組織找出策略面及文化面的共識方案。
4. 採用「晶片」（CHIP）法則，以多角度、邏輯化的綜整程序建立與梳理組織經營理念。
5. 經營理念是用來實踐的，不是用來背誦和宣讀的，公司的升遷發展、儀式、慶典模式也要和經營理念相結合。

建立雙向認同

水清見魚 vs. 水清無魚

大陸某市，有位經營五家機動車輛加油與加氣站的總經理，在我所擔任的CEO班「企業文化建設」課程下課時間和我交談。她是范儀，不到三十五歲，算是富二代，父親將經營權交付給她，但仍然擔任董事長，凡是政治及地方關係，仍由父親打理。

范儀是留美管理碩士，對西方的科學管理原則和企業治理精神有高度認同，也頗有心得，可是一旦接手經營，卻發現行業裡有太多必須遵從的「潛規則」，否則就別想經營這個事業。

「我勸我爸，別做這種特權生意，整天玩著政商關係，喝酒、應酬、送禮什麼的，身體都搞壞了，而且，哪天會出事都不知道！」

「可是，我爸說什麼，您知道嗎？」

「他說：傻女兒，『水清，則無魚』，如果不是這樣，我們哪能有今天？我哪能供妳出國唸書？都十幾年了，不繼續，行嗎？」范儀帶著迷惑，想聽聽我的意見。

我必須承認，這眞是一個棘手的個案，換我是她，肯定也煩惱萬分。

我說：「不正常的社會現象和不健全的經濟生態，我們很難用個人的力量去撼動，妳能做的，只有兩件事。」

「第一條路比較徹底，但比較激烈，你可能做不到。那就是切割關係！將事業交回給妳爸，妳自己另外去闖，謀職也好，另行創業也好。總之，就是別和妳爸的事業扯上關係！」

范儀搖了搖頭，顯然難以接受。

「你是個孝順女兒，」我說：「第二條路溫和得多，但難免還會有些牽扯。這是漸進式改變，在你可控制的範圍要求透明運作，將內部管理機制一步步朝公司治理原則扭轉，力求制度流程標準化；外部的就是令尊的事了，讓他自覺性的慢慢收手吧，我看大環境也有逐漸改變的跡象。」

范儀看著我，說：「看來只有這樣，但真的很難，那些潛規則是內外相通的，當業務經理跟我說需要二十萬元去做公關時，我總不能請他跟對方要收據回來吧？」

只要范儀的父親繼續玩弄所謂政商關係，不能正派經營的話，她的問題其實無解。當公司存在某些灰色地帶，連總經理都無法碰觸、難以處置時，公司裡有些人就會在裡面和稀泥，大打烏賊戰術，其他人不是跟著沆瀣一氣，就是明哲保身，不願做事，不願負責，條件佳、有競爭力的人當然就選擇離開了。

「水清無魚」是從混水摸魚的角度來說，只有攪和一池污泥，才能趁著魚兒什麼都看不到時上下其手，這當中的「魚」，也就是不當利益。

對許多人來說，混水正好可以摸魚，組織生態也是如此。

就生態保育來說，「水清無魚」是錯的。當陽光普照、水流清澈時，河裡有多少魚都看得清清楚楚，怎會「無魚」？許多魚兒喜歡乾淨、清澈的環境，我們看一下坪林、南庄的護漁步道就好了，水多清澈？

如果要永續發展，當然是「水清見魚」而不是水清無魚，這時的魚，就是組織裡的人才了。你要的是人才？還是不當利益？這就看你怎麼想了。

身為組織領導者，如果自己喜歡，或自認為不得不從事一些搞七捻三的勾當，經營者很難要求組織正常有序運作。結果，組織便成爲膽大妄爲者的搞怪天堂，誠實正直的人最後不是選擇離開，就是半閉著眼睛，關起心門，「當一天和尚，撞一天鐘」了。

如果，你是經營者或是管理階層，而你堅持正派經營，也痛恨各種偷雞摸狗的經營方式，那麼，在組織裡，堅持建立一個透明、清晰的內部治理結構，清除制度流程的死角與灰色地帶，肯定可以帶動正向文化，讓員工沒有雜念，都做該做的事情。這時候，員工的工作熱情和動能就可以期待了！

先利他，必利己

二〇一一年，《TOMS Shoe：穿一雙鞋，改變世界》（Start Something That Matters）才出版就登上《紐約時報》暢銷書排行榜。這本書描述的是一家鞋店經營成功的故事。二〇〇六年一月，一個二十九歲的美國年輕人到阿根廷鄉間旅行，看到許多小孩子沒有鞋子穿。這些孩子的腳上滿佈傷痕，還有細菌感染之虞，也因此影響了這些孩子的生活與學習。這位名爲布雷克（Blake Mycoskie）的年輕人看到這一幕幕景象後，決心要幫助這些遠在異國鄉間的清苦兒童。

四個月後，一家叫做湯姆鞋（Tom Shoes）的公司，在加州凡尼斯（Venice）成立了，店名的含意是「明日之鞋」（tomorrow shoes）。這個店一開張就展開「賣一捐一」（one for one）的計畫——只要賣出一雙鞋，就捐一雙鞋給需要的小孩。

得道者多助，湯姆鞋的故事和經營理念，經過《洛杉磯時報》的報導，一天之內就接到兩千兩百雙鞋的訂單，從此經營順暢，如今日湯姆鞋已經順利送出超過一千萬雙鞋子，給超過六十個國家的孩童。布雷克和湯姆鞋的故事也成爲許多課堂上，關於慈善事業及社會企業經營的絕佳案例。

我們關注這故事的另一個重點——員工參與生命教育。

湯姆鞋公司規定：在湯姆鞋工作滿兩年的員工，就會被安排到需要鞋子的國家，代表公司親自送鞋給孩童。布雷克發現：到過第一現場送鞋的員工還會親自幫孩童穿上新鞋，親身感受孩子的雀躍心情，體會到助人的成就感。他們都大受感動，回公司後的工作熱情和動能高到令人難以置信。

這個故事說明：企業讓員工在工作中找到內在價值，啓動「利他」的工作滿足元素是一種源源不絕的激勵。不但企業善盡社會責任，員工覺得能夠實現生命價值，組織的生產力與經營效能也不斷提升，是一個多贏共好的局面。

當然，不是每一家公司都在賣鞋，也不一定賣鞋的公司就必須捐贈新鞋給貧困孩童，重點也不完全是社會企業或企業的社會慈善舉措。關鍵在於：組織的經營理念和所做所爲，能不能獲得員工的認同？員工認同組織經營理念後，工作動能是否大幅提高？

從社會心理學角度看，每個人都需要被認同，要有歸屬感，家庭最能提供認同與歸屬的功能。除了家庭，職場是人生中耗用時間最多的地方，同樣需要認同與歸屬的感覺。這種後天的工作環境有別於家庭，多半是可以選擇的，因此其中的認同是「雙向認同」關係，工作者本身必須認同組織，他才希望被認同，在這樣的雙向認同下，才有歸屬感，才有另一個「家」的感覺。

組織的經營理念就是要經營團隊成員必須共同釐清以下事項，然後清楚地讓組織的員工明白並遵循：

- 我們如何看待產品？我們如何面對顧客或消費者？
- 我們如何看待及分配獲利？如何對待股東或投資者？
- 我們用何種方式面對長官、同事和部屬？

- 我們如何對待供應商？如何對待社區或社會？如何面對新聞媒體？
- 我們如何面對自然資源？如何面對地球生態？

組織的核心經營層，對於這些問題必須有基本相同的認知，對於執行方式，也有一致的看法，才會是一個團隊。不僅如此，他們還必須讓這樣的認知和執行方式讓員工清楚知道，員工理解愈清晰，理念和自己想法愈接近、一致性愈高，愈有力量。

重視企業文化＝長期獲利

水蓮模式——根莖葉花

著名的企業文化學者霍金斯（Peter Hawkins）曾以水蓮的花、葉、莖、根四者關係說明企業文化內涵。他認爲：組織的使命說明、口號標語、服飾外觀、企業標誌（Logo）等組織公開揭示、可見的文化（espoused culture），就像蓮花。

而組織成員的所言所行、獎勵的行爲標的、衝突解決的方式、處理錯誤的方法、決策及協調溝通等實際的生活文化（lived culture），就像是蓮葉。

組織對物理環境、生產、製造與服務型態的選擇、行爲的詮釋與檢驗，是組織的心靈集合（mindset），亦即經營理念，是莖的部分。

至於蓮根，就是組織的基本假設，是對環境關係、眞理、時間、空間、人性、人際關係等的基本

圖表 6.1　企業文化水蓮模式在「湯姆鞋」的實證

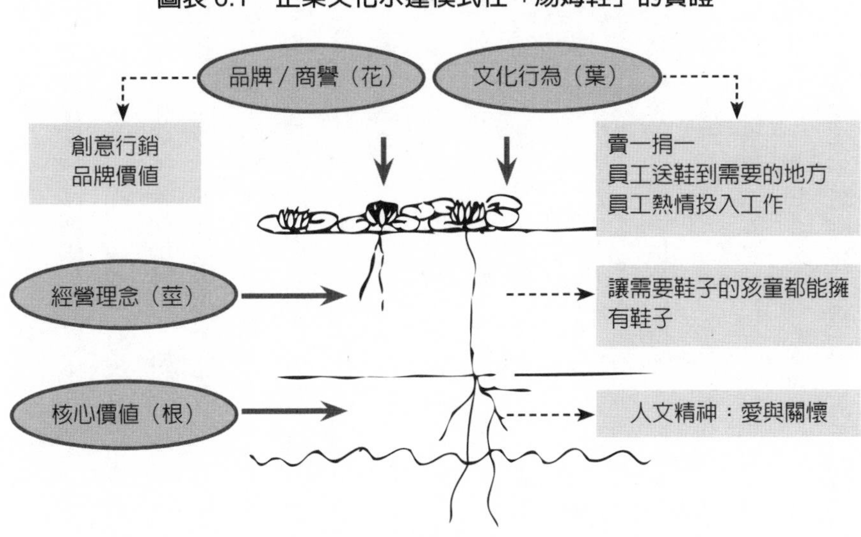

假設，指涉的是「價值觀」（values）。

我們就以湯姆鞋的案例，套用這個「水蓮模式」（water-lily model），可以更清楚看到其中關係。（圖表六．一）

水塘上，美麗的蓮花是由水面下的根部提供滋養、莖部支撐，水面上有圓滿的蓮葉所襯托著。根、莖、葉、花裡外相襯，上下連結，肥美的根部，滋養健康的葉莖，才有漂亮的紅花綠葉，正如周敦頤〈愛蓮說〉所寫：「出淤泥而不染，濯清漣而不妖，中通外直，不蔓不枝，香遠益清，亭亭靜植。」

優良商譽和企業形象正如一朵朵清新可人的蓮花，人人喜愛，湯姆鞋的「創意行銷及品牌價值」就是這樣的外顯結果；而「賣一捐一」、「讓員工送鞋到需要的地方」和「員工熱情投入工作」等文化行爲正是配襯美麗花朵的蓮葉；支撐這些蓮葉和花朵的莖部，是內部的運作體系與理念——「讓需要鞋子的孩童都能擁有鞋子」；根部則是組織的核心價值——公司發自內心，「愛與關懷」的人文精神。

企業一年獲利靠「機遇」，三年不敗靠「領導」，十年成功靠「管理」，百年基業靠「文化」。要能永續經營，非要認眞扎根價值觀和企業文化不可，這才能眞正擁有品牌價值和員工認同。

這些說法，除了說理，有沒有實證或數據可以支撐？

領導和變革管理權威——科特（John P. Kotter）和他的團隊用了十一年的時間追蹤研究，發現重視企業文化的企業在「淨利增長率」上，較不重視企業文化的企業高出七百五十倍，在「股票價格增長率」上，也有十二倍以上的差距。

《英雄公司的做事習慣》（大寫出版）的作者傅列霍茨（Eric Flamholtz）等人則指出「大約四六%的稅前盈餘受到企業文化或文化認同度所影響」。

換句話說，從成功的專業經理人和從科學實證的角度都支持「以經營理念爲核心的企業文化，對於企業經營的成效有著絕對的關聯。」經營理念在組織管理中發揮指導的作用，從組織的最高領導者到各級主管，乃至基層員工都要一體遵行。這個指導原則告訴大家什麼該做，什麼不該做；在該做的事情當中，哪些優先，哪些置後？在面臨價值衝突時，優先選擇哪些價值？

只求現實利益的組織強調的是「黑貓哲學」——不管黑貓白貓，只要能抓老鼠的就是好貓，明示或暗示員工可以「爲達目的，不擇手段」，只要達成績效就可以得到獎賞，因此組織內外爾虞我詐，鬥爭傾軋層出不窮，也不足爲怪。

核心價值除了是品牌形象的活水源頭，還代表組織內部的認同與凝聚力量，當員工認同組織的所作所爲，他會從心底到行爲都支持組織；可是，一旦員工不認同組織，他就跟著虛應故事，「反正公司不負責任，我也不必認眞」。

組織如果不具備核心價值，對工作者而言只是一個「工作的地方」，甚至只是「賺錢謀生的場所」，這種場所當然工作動能不足。

當一個組織的文化可以進階到「志同道合」，是共同追逐理想的「道場」，員工會因爲認同感而創造出激情和工作動能。這樣的環境幾乎可以不花錢就創造出來，或是說，重點不在錢，關鍵在於「理念」。

如果按照字面翻譯，經營理念（Management Philosophy）可以翻爲「經營哲學」。的確，它就是探討組織的信念與價值觀，是經過組織面思考並能通過社會面檢驗的「核心價值」（core value）。核心價值是我們對於生活中對錯、善惡、美醜、好壞和行事取捨的根本判斷。這樣的經營理念，乃是一個組織最基本且持久奉行的信念，即使這些價值在短期內會付出一些代價，仍會繼續堅持下去。

以全球家庭用紙領導品牌的金百利—克拉克（Kimberly-Clark）爲例，他們非常重視原物料的來源，絕不採用原始熱帶雨林的林木所製成的紙漿原料。而在廢水處理、空氣污染防治及廢棄物處理方面，也以高標準嚴格執行，經常超越各地區政府規定的環保標準。如此重視環保的經營理念，當然會增加成本的負擔，但對於金百利—克拉克的競爭能力非但無損，甚且有增值作用。

經營理念與工作動能的關係在於：員工對組織是否產生認同？相不相信組織營運的正當性？願不願意爲它拼戰？如果工作者認爲組織營運對社會有貢獻，對員工有價值，符合自己的理想，他們也會願意將自己算上一份，以自己的青春歲月和聰明才智爲組織發展砌上一塊磚，不斷扎穩、擴大、增高組織規模，否則，不過是短暫的利益交換而已。

迪士尼重視基層員工

到過迪士尼樂園（Disneyland）的人想必都對迪士尼世界創造奇幻和歡樂氛圍的能力所吸引與折

服。在「使人們快樂」的企業使命引導之下，他們將服務顧客、創造歡樂的經營理念發揮到極致。

多年前，我帶著孩子到東京迪士尼遊玩，兒子們享受歡樂，我則在學習。我希望透過這次的身臨其境，觀察迪士尼何以成功，爲何享有盛名？親身體驗他們的經營管理，究竟能做到何種程度？又怎麼做到？特別是細節之處。

我對於那麼一個大型的遊樂園區的清潔工作，最感到讚嘆和好奇——每天數萬名遊客，且其中大多是製造髒亂能力高強的孩童，在他們吃喝玩樂之餘，園區爲什麼還能維持乾淨的環境？

相信去過迪士尼樂園的人都有相同經驗：我們可以看到穿著小丑裝和直排輪的工作人員，以長長的叉子夾取垃圾，他們來回穿梭，與顧客和小朋友熱情互動，也不斷清理四處的垃圾桶。只要看到垃圾桶有個七分滿，他們就立即清空，絕不會讓垃圾滿出來。

有一回，電視上報導了迪士尼的環境清理作業。記者訪問到迪士尼的清潔主管：「迪士尼爲什麼幾乎看不到垃圾？」

「迪士尼是天堂，天堂裡是不會有垃圾的！」這位主管認眞卻又俏皮地回答。

訪問的最後一段令人印象深刻。

「您在迪士尼擔任清潔工作多久了？」記者問到。

「二十三年了！」這位主管回答。

「天哪，二十三年的清潔工作，你不會厭煩嗎？」

「這可是在天堂裡工作呢！我每天都跟第一天上班一樣興奮。」他陶醉的神情很難令人忘懷。

爲什麼迪士尼的員工能夠體現這樣的工作熱情？答案或許很多，不過，我們只講三個重點：

- 用理念來凝聚人心，端正態度，啓動熱情。
- 建立一致性的標準，讓工作者在標準下工作，無須遲疑。
- 找到對的人，給予訓練和正確領導，事半而功倍。

迪士尼認為，清潔人員與顧客的接觸次數，在員工中幾乎是最多的，他們是顧客滿意度的重要推手。南加大的一項研究證實了迪士尼的說法：研究發現，許多遊樂園不重視清潔人員，認為他們是較低階的員工，賦予他們的工作職責只是撿垃圾；相較之下，迪士尼用心僱用及訓練清潔人員，讓他們實踐了「使人們快樂」的使命和核心價値，提升了樂園的競爭優勢。

迪士尼遵守「態度為先，再訓練技巧」的原則。即使是清潔人員的職缺，迪士尼也很重視，先尋找適合的人，在徵聘過程就讓他們觀看影片，告知工作環境，然後再訓練他們：包括如何觀察遊客，在遊客開口前，就提供他們需要的協助，也要防止在園區中出現大人或大孩子打罵幼童的情況，因為迪士尼是天堂，天堂裡不會有哭聲。

從迪士尼身上，我們看到「經營理念」不是掛在牆壁上而已，它也不僅僅是經營者的哲學思想，它會和每一個基層員工的工作行為發生關連，也會牽動員工選擇用什麼樣的態度來工作。

組織文化是組織的靈魂

某醫學中心開會向來不準時，院長本身是名醫，又兼學術和行政工作，其他醫師要巡房、準備開刀，也要與醫療團隊成員討論病患病情，所以大家都有正當理由無法準時出席會議，以至於每次開會平均都要晚個三、四十分鐘才開始。久而久之，與會主管有六成以上都習慣性遲到，準時到場的主管，都得耗在會場上乾等待。

後來醫學中心的高階人事進行調整，留美返國的新任院長走馬上任，他是一位非常強調紀律和效率的主管，說下午三點鐘開會就不會三點零一分到場，而且預定一小時開完的會議，在五十分鐘時就開始歸納結論，許多主管看到自己姍姍來遲，會議已經如期進行，心裡總會交雜七分詫異和三分歉意，而且會議必定準時開完，完全顛覆傳統和習慣領域，下次開會，這些人只好早點抵達會場。

不到一個月，這個醫學中心的會議文化已經完全扭轉過來，幾乎沒有人會遲到，會議也有效率地在預定時間內完成，會議時間不再形成大家工作上的困擾。

被譽爲二十世紀最卓越經理人的通用電器前執行長傑克．威爾許（Jack Welch）曾說：「產品競爭力是企業競爭力的最直接體現，其中關鍵的技術競爭力是由制度競爭力所決定的，而理念又高於制度，理念才是第一競爭力──擁有正確的、不斷創新的理念，才具有最強的競爭力。」

組織文化就是組織的靈魂，有些組織雖然不標榜組織文化，仍會潛藏某些價值意識，呈現一些行爲特質，正向價值觀帶領組織不斷發展，負面價值觀則帶領組織衰敗滅亡。要選上帝或選擇惡魔，組織文化正是一個機會。

我曾與一家集團企業董事長有一段對談，對照後來該集團的發展，頗有幾分「見微知著」的意味在其中。

董事長說：「如果我底下的主管能幫我賺個一億、兩億的，我不在乎他拿個兩、三百萬的回扣，畢竟他就是有本事。」

當時，我提醒：「貪污舞弊會形成慣性，公司如果讓同仁具有收取回扣的正當性，它將會成爲習慣，而且會有可怕的傳染性，縱使公司不賺錢，或這些人並沒有替公司創造收益，他們還是照拿不誤。」

可惜，董事長炒短線的習性根深柢固，定見已成，想必不十分認同我的提醒。另外，從其他訊息管道，我更了解董事長本身也對某些官員和民意代表有著很密切、非比尋常的交往。後來不出三年，公司捲入不名譽的官商勾結事件，內部從採購、生產到銷售部門也都暴露內控問題，公司受了重傷，至今難以平復。

組織如果認爲某些行爲雖不值得鼓勵，卻不願意付出努力要求改變，對這些行爲視而不見，無形中就會助長問題的嚴重性。如果組織領導人本身不重視守時，認爲大家工作都忙，晚幾分鐘進會議室無傷大雅，久而久之，會議不準時就形成「次文化」，準時參加會議的人，反而像是手邊沒有重要事情的「閒人」，通知單上的開會時間變得只是參考，等待他人時的閒聊、無所事事、抱怨和不重視效率就形成「蝴蝶效應」，不斷擴大。

閩南語有句俗諺：「細漢偷挽瓠，大漢偷牽牛。」說的是家庭如果不重視小孩的人格教養，當孩子偷摘別人瓜棚下的瓠瓜，家長不認爲那是什麼大不了的事情，甚至讚美他們機伶矯健的身手，那麼孩子長大以後，偷牽了別人家的牛，或幹出更大票的違法亂紀情事，到時候，後悔也無濟於事。

幾乎不會有組織鼓勵員工投機取巧，但是，組織只要默許、縱容就是鼓勵。因爲投機取巧獲得短期利益的機會，大得多、也來得快，如果學校對於學生的考試作弊行爲「睜一隻眼，閉一隻眼」，不用功的學生靠作弊輕易得到高分，對於眞正用功準備考試的學生，當然不公；幾次下來，學生認爲靠努力準備課業不如靠作弊，考試的公信力盡失，整個學習風氣也就破壞殆盡。

組織裡，如果和主管搞好關係就可以獲得利益，那些勤勉任事的員工及可能忿忿難平，工作情緒難免受到影響，久了以後，走後門鑽漏洞的員工愈來愈多，堅持理想的只有離職他去，「劣幣驅逐良幣」的效應就此發生。

假如杜甫是開發商

有些時候，經營理念不見得像收受回扣或考試作弊等那麼黑白分明，當各項正確的理念牽涉到價值判斷或策略競爭時也會存在競合關係（co-opetition），沒有一定的對錯。

我經常以杜甫的「住宅理念」來說明經營理念——假使唐朝大詩人杜甫當年是一個建築開發商或建築師，而不僅是一個詩人，他的建築產品會如何呈現？

我認爲，杜甫蓋的房子會比較像是我們所稱的「社會住宅」或「合宜住宅」，產品風格可能具備更悲憫、更人性的理想，從他在〈茅屋爲秋風所破歌〉中寫道：「安得廣廈千萬間，大庇天下寒士俱歡顏」，可以判斷，他不可能興建富邸豪宅，他追求的可能不是極致的美與藝術，而希望能夠照顧更多的弱勢族群，讓更多人得以棲身。

這樣的建築理念和高第、柯比意、丹下健三、安藤忠雄、貝聿銘相比，就不是誰比誰崇高，誰又比誰優越偉大了，因爲理念不同，價值取捨各異，沒有一定的高低對錯。

類似的理念競合，在組織裡還會以許多不同型態出現，包括：

- 經營要快速發展或穩健成長？
- 時效優先、品質優先或成本優先？
- 低價化薄利多銷或高價位打造品牌？
- Me2（跟隨）或Me1st.（差異創新）？

圖表 6.2 「認同與歸屬」的檢測問題

編號	題目
1	在本公司，對錯、善惡都有很明確的標準，絕不混淆。
2	本公司真正關心和照顧員工，我可以很明確地感受到。
3	本公司有明確的核心價值或經營理念，而且做的和說的都一樣。
4	在公司裡投機取巧的人不會占到便宜，更不會有成功機會。
5	公司所重視的理念價值或主流文化，和我的價值觀很相近。

- 重視環保公益或成本價格考量？
- 先照顧員工或先回饋股東？
- 在地深耕或向外發展？
- 徵聘最聰明的頂尖人才或平穩務實的優秀人才？

這些議題多沒有標準答案，沒有最佳解答，只有最適合的決策，而且組織在不同階段，也會有不同思考和不同的結論。不同的經營主管與不同的價值觀也經常需要激盪和校準，才能為組織找出策略面及文化面的共識方案。

「認同與歸屬」的量測

量測採用的問題

你的組織建立價值文化共識了嗎？員工具有高度的認同感與歸屬感嗎？有關工作者對經營理念的認同感與歸屬感，我們也可以採用行為科學方法做檢測，問卷題目羅列如圖表六．二，我們採用其中的題目編入ＡＲＭＰ驅動因素量表。

圖表 6.3 「認同與歸屬」與其他項目調查結果比較

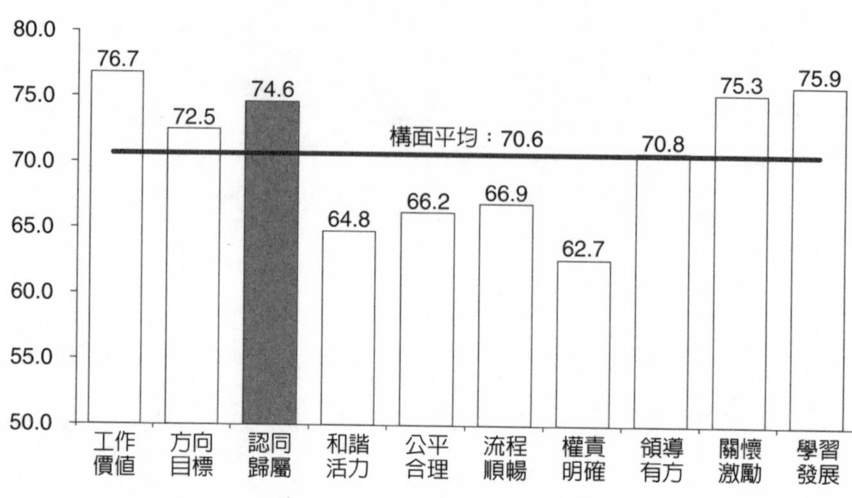

試測結果所建立的常模

根據調查結果顯示，企業在員工「認同與歸屬」的項目平均得分為七四・四，在全部十個驅動工作動能的項目（平均數七〇・九分）中得分相對較高（如圖表六・三），顯示「認同與歸屬」是組織表現相對較好的管理項目。

認同感與歸屬感與安培指數間的相關係數達〇・五一八，相關係數略低於「工作價值」，卻高於「方向目標」。此一相關係數已達到統計學上「非常顯著」的關連程度，也就是「組織成員對於經營理念愈認同，工作動能愈強」，此一描述的信心水準達到九九％。

如果組織在這個項目調查問題的得分不高，代表員工對於組織的經營理念並不認同，或是認為組織並未落實執行經營理念。無論如何這都不是好事，也會影響員工的工作動能。以下我們來對症下藥，從建立組織經營理念開始談起。

四大手法建立經營理念

企業的經營理念必須具備以下幾個要件，我們建議以這樣的思路來整理組織文化：

- 它是組織經由長期運作形成的；
- 它是全體員工共同接受的；
- 它反映了領導人的基本信念；
- 它是組織成功經驗的高度總結；
- 它是組織一切活動追求的精神價值。

大多數組織如果有所謂的經營理念，多半是由創辦人或現任領導人所訂頒下來的。我通常不否定組織創辦人的理念初衷，也不懷疑現任領導者的經營智慧，但是我高度懷疑，老闆的獨角戲如果沒有經過適當的共識過程，理念能夠獲得認同？可以眞正落實到日常經營管理實務當中？

經營理念絕非組織領導者福至心靈的神來之筆，也不是天縱英明式的昭告天下，而應是核心團隊成員的深邃思考、相互碰撞，甚至激辯後的共同智慧產出，這才是有生命的經營理念。

顧問諮詢輔導案例

二〇〇七年，我爲純化科技舉辦企業文化共識營，目的在於協助經營團隊重新思考和凝聚在企業使命、未來願景和經營理念上的共識。在活動舉辦之前，我已經在公司簡介和相關資料裡看到傅大行總經理親自寫下的十二個字──黃老立命，孔孟待人，韓墨處事。對於一位科技人和經營者竟有如此獨到的人文素養，我深感好奇。

當時，我問到：「傅總，這十二個字有相當的哲學基礎，但不致於太深奧，又是您的思想核心，您不介意經過共識營後被全盤推翻嗎？」

傅總經理回答：「不介意，這十二個字是我自己的觀點，我不知道其他成員能不能認同？願不願意接受？我還是希望能夠公開探討，如果討論後被推翻，我都在所不惜，萬一成員有意見，就代表公司現階段還不適用這樣的理念。」

經過企業文化共識營激烈的探討後，這十二個字仍然被保留下來，成為純化的經營理念，其後也以此基礎持續推展。在此次過程中，我看到純化公司已經具備成功推動企業文化的基礎：

- 採取共識過程，而非採取單向灌輸來確認組織的經營理念。
- 願意改變，從最高主管起就保持願意接納他人與彈性調整的心態。
- 持之以恆，該公司在共識營後緊扣經營理念持續推動，包括文化手冊、品質政策、關鍵人才培育及讀書會等。

幾年的觀察與持續追蹤下來，我看到純化確實是一家殷實、穩健且扎實發展的企業，企業文化的投入眞是「功不唐捐」，發揮了很大的人才磁吸作用與團結奮發動力。

圖表 6.4 利用 CHIP 法則構建經營理念

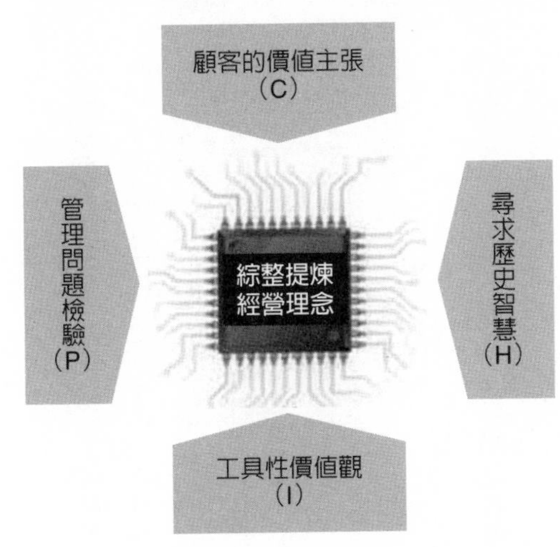

植入晶片，萃取 DNA

經由團隊共識方式探討經營理念的過程絕不是亂無章法的漫談，也不能像盲人摸象——摸到什麼就認爲是什麼，最好是一個多角度、邏輯化綜整的過程。爲了達到這個目的，我們設計了一個「晶片」（CHIP）法則來協助組織建立或梳理經營理念。這個晶片法則有四個步驟，見圖表六．四。

在實務上，我們利用這個晶片法則協助多家企業建立或整理了他們的經營理念。組織中原本有許多散布的文化元素，如果從 CHIP 各種不同角度探討都依然成立的就是「共通價值」，他們必須被找出來並定義下來。

C：Customer Orientation——顧客的價值主張

H：Historical Wisdom——尋求歷史智慧

I：Instrumental Values——經營團隊成員的工具性價值觀

P：Problem Probe——管理實務問題檢驗

這四個角度的探討建議透過團隊成員的共同智慧產出，也就是經由焦點群體會談（focus group discussion,

FGD），透過工具手法的協助，尋求不同切入面的經營理念元素，再將這四個切入面所得的結果綜合彙整，選取重複出現次數高者，可以建構絕大多數成員所認同的經營理念。以下介紹如何使用這四個步驟形成經營理念。

我們建議，在CHIP中的每一項工具下找出四到六項價值元素，再以「最大公約數」原則進行綜合整理。

一、顧客的價值主張（Customer Orientation）

商業模式的起點是顧客需求，無法回應顧客需求的商業模式注定失敗。同樣的，經營理念也不能脫離顧客的需求和他們的價值主張，我們建議將此列爲第一個思考和討論的步驟。

在採用顧客價值主張以形成經營理念元素時所遵循的思路是：

- 首先定義「我們的客戶是誰」？
- 確認客戶有哪些特徵？——必要時，可參考顧客定位STP理論（segmentation, target, positioning，即市場區隔、目標客戶及顧客定位三要素）加以確認。
- 我們的客戶主要的需求是什麼？哪些是他們最重視的價值？
- 我們如何回應顧客的需求？
- 回應顧客需求時，哪些基本原則是最爲關鍵的？

二、尋求歷史智慧（Historical Wisdom）

魏徵在上書唐太宗的〈諫太宗十思疏〉中寫道：「以人爲鏡可以明得失，以史爲鏡可以知興替。」

意思是說，從他人身上我們可以借鏡成功或失敗的道理，從各朝代的歷史可以看到國家治理的興盛或衰敗原因。歷史就像是一面鏡子，只要忠實面對，我們自然可以看到自己過去之所以成功、之所以困頓的種種原因，甚至看到自己優質或劣質的基因（DNA）。

進行本項活動時的主要命題有兩個：

- 本公司過去有哪些成功事件？這些事件背後的眞因是什麼？
- 本公司過去有哪些失敗事件？這些事件背後的眞因爲何？

當我們對這兩個問題抽絲剝繭，甚至「打破砂鍋問到底」時，許多我們原本不知道或隱約了解的「自我」終究會如實暴露出來。有些原本僅存在組織成員當中的假設或懷疑在此時極可能成爲共識。

進行「尋求歷史智慧」時，有兩個關鍵要點必須注意：一是對於成功事件避免過度歸功於個人、甚至歌功頌德，這種現象的目標最常發生在組織領導人身上，一旦有人提出這樣的觀點，會議主持人（無論是內部主管或外部顧問，尤其是組織領導者本身）要立即導引，甚至提出警示，提醒大家要關注到事件和眞因，縱使牽涉個人，也請聚焦到和他共同完成任務的那一群人，而且是團隊的特質，而非個人的勇氣、睿智或人格高尚，那無助於組織提煉優質因素。

另一個要避免的現象是在探討組織以往失敗事件時千萬不可攻擊或批鬥個人。以往的失敗事件往往是組織的瘡疤甚至禁忌，平時是很多人不願意回憶和不忍心提起的傷痛史，事件裡許多當事人可能目前還在組織裡，甚至還在討論的現場，此時的談論目的不是要歸咎責任而是吸取教訓，避免再犯。如果組織在過往事件發生時已經有完整的品質循環，追查過眞因，也檢討了改善的方法，這時候可以直接將結論導入；如果當時僅是草草帶過，已經船過水無痕，組織付出學費卻得不到任何的智慧時，就必須在此刻認眞討論，其重點是「我們從事件當中看出組織的問題在哪裡？我們欠缺什麼？」

組織出現問題或失敗事件時往往不是個人獨力造成的，那極可能是一群人、一連串的誤判或誤操作所造成，更可能是組織的機制出了問題。此時的討論除了組織剛性因素（策略、制度、流程）外更應著重軟性因素（企業精神、價值觀、行爲），那才是向歷史尋求智慧的眞義。

三、經營團隊成員的工具性價值觀（Instrumental Values）

在第四章「使命定位」，我們曾經提到「目的性價值觀」（terminal values）和「工具性價值觀」的意義，這裡要探討的是工具性價值觀（instrumental values）。

與目的性價值觀著眼於「一生中追求的永恆價值」不同，工具性價值觀看重的是「達成目標的過程與堅持」，也就是我們要用什麼精神態度來面對工作，包含工作中的組織、顧客、長官、部屬、同仁、供應商、社區、政府，當然也包含面對產品、流程、資源、地球環境的基本原則。

大多數價值觀都是正面可貴的，但是價值觀有其優先順序和取捨關係，這個稱爲「價值體系」的東西存在每個人的心中，你的優先順序和我的優先順序不見得一致，這是最麻煩的地方。

我和妻子在孩子還小的時候，對於兩個兒子的教養原則有過許多討論。儘管起先各自有些不同觀點，但是最後形成的優先順序共識爲：

第一優先——確保孩子健康、安全長大成人。任何事情都不能改變此一價值。因此，爲了課業等因素危及健康，是我們所不能接受的。

第二優先——人格、人品正常健全發展。除了健康安全成長外，我們不願意讓其他任何事情取代

圖表 6.5　工具性價值觀參考選項

1	誠信正直	10	沉穩抗壓	19	公正公平
2	創新創意	11	嚴守紀律	20	主動積極
3	節儉愛物	12	愛惜環境	21	績效主義
4	顧客導向	13	同理包容	22	耐心
5	競爭求勝	14	關懷協助	23	樂觀幽默
6	學習成長	15	迅速果決	24	活力充沛
7	團隊合作	16	尊重倫理	25	持續改善
8	儀態莊重	17	掌控細節	26	遠見宏觀
9	冒險突破	18	追根究柢	27	實事求是

此一價值。

第三優先——快樂。孩子成長過程就是要快樂。在他們進入成人世界之前，感受「人生不如意事，十常八九」之前，盡可能享受質樸、純眞與童趣。

第四優先——智能均衡發展。我們重視他們「解決問題能力」、「人際關係能力」和「自我學習能力」，有了這三項能力，縱使學業能力稍遜一些，我們也不擔心他們在社會上立足和競爭的本事。

當我們夫妻間對於孩子的教養原則與重視事項的優先順序取得共識，碰上眞實情境時，比方說暑假要不要送孩子參加夏令營等，很快就達成教養方式的默契與一致性，不必爭吵，無須委屈求全，更不會讓孩子無所適從。

組織裡主要經營團隊成員最好在工具性價值觀上面取得相當共識——究竟什麼重要？什麼優先？如果「一人一把號，各吹各的調」，底下的同仁無所適從，想要努力做好工作也會是動輒得咎。

圖表六．五是工具性價值觀的參考選項，這裡提供一個選單，可供參考運用。

使用這個表單時，可以讓參加研討的成員各自選出他認爲最重要、一定數量的工具性價值觀，然後綜合統計後可以看出，在未受提示和非特定情境下，這些成員最重視的工具性價值觀，這目的在反應關鍵成員自己的工作態度及習性偏好。

下一步就是整理參加這一場焦點群體會談或工作坊成員的選擇結果，得出排名前四分之一的項目，聚焦前六、七項工具性價值觀。

四、管理實務問題檢驗（Problem Probe）

工具性價值觀是每一個人在理想狀態下最原始，最主觀的工作價值，可是這種價值觀有時候不見得禁得起環境和事件的檢驗，明末志士文天祥不是在〈正氣歌〉裡寫道，「時窮節乃見，一一垂丹青」嗎？組織承平時期，主管或員工怎麼想是一回事，碰到問題或緊急危難時會怎麼做可能又是另一回事，我們可以採取模擬實境的方式來測試。這裡舉個例子：

「當公司裡一位資深且有輝煌功績的主管，因爲體力及學習能力問題，逐漸趕不上環境變化及團隊成長，已經成爲組織障礙的時候，你認爲處理這個狀況最需要的特質或態度是什麼？」

針對上面這個問題，參與討論團隊的A成員或許會選擇表六．五當中的「同理包容」、「尊重倫理」及「關懷協助」；而B成員可能選取的是「競爭求勝」、「實事求是」及「績效主義」，C成員則可能有別的看法，最後綜合整理不同參加者的意見，再加上討論或辯證就可以得到比較聚焦的觀點。

列出所有的模擬問題後，我們邀請參加討論的成員針對每個問題在「工具性價值觀參考選項」的選單中各選出三個選項，再綜合整理所有參加者的答案。

這一類的模擬管理問題數量建議在十到十二個，避免題目太少，答案失之偏頗。如果題目數量足夠，且涵蓋研、產、銷、管各面向，得出來的答案會比較均衡，這時候挑出來的重點項目就比較具有

圖表 6.6　整合 CHIP 以提煉經營理念案例

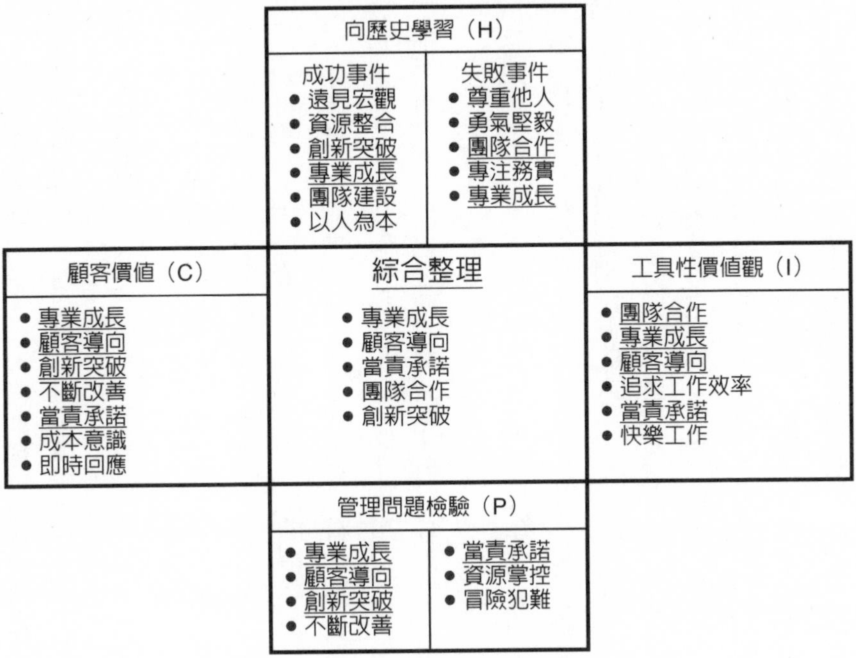

向歷史學習（H）

成功事件
- 遠見宏觀
- 資源整合
- 創新突破
- 專業成長
- 團隊建設
- 以人為本

失敗事件
- 尊重他人
- 勇氣堅毅
- 團隊合作
- 專注務實
- 專業成長

顧客價值（C）
- 專業成長
- 顧客導向
- 創新突破
- 不斷改善
- 當責承諾
- 成本意識
- 即時回應

綜合整理
- 專業成長
- 顧客導向
- 當責承諾
- 團隊合作
- 創新突破

工具性價值觀（I）
- 團隊合作
- 專業成長
- 顧客導向
- 追求工作效率
- 當責承諾
- 快樂工作

管理問題檢驗（P）
- 專業成長
- 顧客導向
- 創新突破
- 不斷改善
- 當責承諾
- 資源掌控
- 冒險犯難

公信力。

五、整合CHIP，提取結論

接下來就進入以上CHIP四個活動結果的綜合彙總了，這個步驟我們稱爲「組裝晶片」。圖表六・六顯示我們在某家汽車製造公司企業文化共識營中，利用CHIP法則提煉經營理念的成果。

這一次的整合方式是由團隊研討，形成共識所達成，先從定量方式選出被提到次數較多的項目（如圖中畫了底線的項目），再從定性的角度重新討論與過濾，加入次數較少卻關鍵的項目，必要時還要針對意涵相近或相關的項目進行整併。

透過這些程序形成的經營理念，最後還是會送請組織最高主管拍板定案，這是組織形成經營理念的程序要件。我們所輔導的組織中，大多數的最高經營主管都能親臨現場參與討論，在最後取捨時發揮決策角色。少數無法全程到場的組織領導人，我們也要求尊重集體智慧產出，可以做建設性調整，但千萬不要推翻、否定團隊共識的結果。

理念深入活動細節！

一九九八至二〇〇一年，我在一家中日合資的企業裡擔任管理副總經理，這家公司希望移植在日本的成功經營模式到台灣複製發展。總經理是由日本大型商社派任前來的野村，從野村總經理和他所代表的母公司身上，確實可以學習到許多有用的觀念和管理方法。

有一年年底，總經理和我討論年終尾牙（日本稱為望年會）的舉辦方式，當他聽到一般台灣企業的尾牙舉辦方式──以餐會形式為主，除了董事長、總經理講話外，就是節目表演，外加摸彩助興的時候，他告訴我：「節目表演沒有問題。但是我們不採用摸彩方式，因為摸彩完全憑運氣，是機會主義！」

「我的印象中，會中獎的通常都是平日比較不認眞的！」總經理半開玩笑地說。

「公司裡是不存在機會主義的，我們只鼓勵認眞踏實的人。所以，同樣的獎金和禮品，我們要拿來獎勵年度內有貢獻和特別認眞的人。」

「我們就設置『最佳團隊』、『最佳貢獻』、『最佳進步』、『最佳新進同仁』等獎項，立即展開選拔，尾牙時候當場揭曉並給予獎勵。摸彩，就免了吧！」

這場對話對我可說是醍醐灌頂，以往已經習慣於台灣的尾牙舉辦方式，沒有多加思索，這時才猛然醒悟：原來公司的儀式、慶典模式也要和經營理念相結合。當公司不鼓勵投機取巧，就不要玩摸彩活動，縱使助興也要避免，如為了炒熱氣氛，至少還有很多方法！

慈濟證嚴法師曾經說：「佛經是用來『行』的，不是用來念的！」這句話眞是有理，這裡借用來提醒大家：「經營理念是用來實踐的，不是用來宣讀的。」曾經看到一些企業，要求員工背誦經營理念，那就更不必了。

台灣有好幾家商業銀行和房屋仲介公司，原本都是以成敗論英雄，評估員工時只看業績，升遷時也以平日業績良好的員工爲主要考量。日子久了以後，總會發現那些超級營業員當中有許多人會爲了目的不擇手段，比方說過度承諾或隱瞞交易事實。管理當局認爲，光憑業績選出來的人不見得在理念上是和公司最契合的人，加上外部同業幾件道德風險事件，提醒了這些企業必須以人品及理念爲重，於是在政策上改弦更張，決定考評人員時優先評估其目的性價值觀，他們將公司的經營理念以行爲指標做爲觀察及評估量表，並以此考核。據我所接觸的這些公司經營主管表示，這樣選出來的人，與以往有很大的不同，他們的績效或許不是超級巨星等級，但都還不差，最重要的是，價值觀都非常端正可靠，公司將未來交付給他們，是可以放心的。

當經營理念在組織裡是「人同此心，心同此理」，且人人遵行不渝時，就成爲組織文化的一部分。這些文化認同愈多、愈強烈，其中的工作者歸屬感必然強烈，他們自然將這裡視同精神上的另一個家，當心靈停泊在此，行動就容易與組織合拍了。

第七章　和諧環境有活力

本章重點

1. 組織老化和成立時間無關，也和組織規模無關，而與組織的文化和紀律有關。
2. 組織要避免落入「成、住、壞、空」的宿命，需要拉出一條新的S曲線，延長「成長期」和維持「成熟期」，不使自己過早落入「衰退期」。
3. 當「組織假設」已形成，個別的挑戰行為經常不被允許；但是能夠帶領整個組織勇於挑戰和突破不合理禁忌的人將會得到豐厚的回報。
4. 「無危機意識」是組織安逸的頭號戰犯，「欠缺使命感」、「欠缺方向性」及「欠缺激勵手段」是其他原因，只要其中一、兩個原因並存或狀況較為嚴重就有可能導致組織老化。
5. 拒絕組織老化的四則運作：（加）增加組織活性化因子；（減）精實組織及人力；（乘）活絡團隊及跨部門合作及（除）以紀律制約，樹立組織威信。

組織的活性與老化

組織老化之後

台北某所高中有五個體育老師，每星期體育課總是三、四個班排在同一時段，老師們自動形成排班制度，每天由某一位老師「輪值」上課，一次照顧三、四個班，其餘四位老師躲到體育室的角落玩牌消遣。

開學後將近一個月，有位學生在週記裡反映「到目前為止還沒看過體育老師長什麼樣？」年輕的班導李老師看了學生反應之後，認為事情似乎不單純，應該與體育老師溝通一下，抽空到體育組拜訪老師，很客氣地轉告：「趙老師，學生們反映說還沒見過你呢！」趙老師說：「噢，沒問題，下次他們就會看到我，而且讓他們印象深刻！」

果然，下個星期的體育課，趙老師出現，並且說：「聽說同學們反映沒見過我，對我沒有印象卻有意見。」「為了加深同學印象，今天我們上課的內容就是『跑五千公尺』，學校操場跑十二圈半，而且要在二十分鐘跑完，沒有跑完的下個禮拜再來一次！」當學生氣喘吁吁地跑完五千公尺，個個面色如土，還有當場嘔吐的。歷經這樣的震撼教育後，從此沒有人敢再抱怨沒見到體育老師。

李老師從學生那裡聽到這件事情，簡直不敢置信，告訴同為英文科的魏老師，沒想到魏老師卻說：「這已經是公開的祕密了，你大概是第一年當導師，所以覺得奇怪，我敢打賭連校長都知道這個狀況。」

李老師瞪大眼睛：「連校長都知道！那為什麼不處理？」

魏老師：「校長能怎麼處理？他又不能解聘他們！」

李老師聽了非常錯愕，又不禁想到：如果任課老師這麼不認眞，學校卻無可奈何，學生該怎辦？我這個導師又要怎麼當下去？

這是個組織紀律的個案，案例本身並不難解，體育老師都在體育組，該組隸屬學務處，再上去才是校長。體育老師的出勤及教學紀律，當然體育組長要管好，要是體育組長未盡職責，學務處長就責無旁貸，校長是最後一關，要對學生及家長負責。老師正常出勤與教學本屬天經地義，體育組長和學務處長都應該有效管理，從口頭警告、書面警告到送教評會解僱都是手段，如果連校長都動不了，代表管理者不是太軟弱就是有把柄在別人手裡，不敢認眞執行職務。

許多組織問題不出在使命、願景及經營理念，而是貫徹力度不足、負責人魄力不夠或管理能力欠缺，導致組織成員素質參差、溝通阻斷、紀律不彰、效率緩慢、應變無方又抗拒變革。

這樣的組織病態，我們稱爲「組織老化」。老化的組織代表組織環境「缺氧」，這樣的組織，員工不是沒帶大腦、就是沒帶著靈魂來上班，組織對於積極工作的人缺少獎賞，對於打混的人沒有懲罰，工作積極的人少之又少，而且只是短暫現象，當這些人看到組織日益腐化，不是同流合污，就是離職他去。

類似的場景在不同組織的各個角落發生，頻率或高或低，嚴重程度也深淺不同，敏銳度高、市場價值也高的員工發現苗頭不對，氛圍不好，通常及早掉頭而去；某些正義感十足的員工或許扮演唐吉訶德的角色，把風車看成邪惡巨人，挾槍上馬衝上前去，結果下場悲壯；本身職能競爭力不足，只求捧著安穩飯碗的人留下來了，久而久之，自己就是組織僵化的幫兇。

組織是如何變成這個樣子的？

圖表 7.1　人體健康變化與組織體質變遷

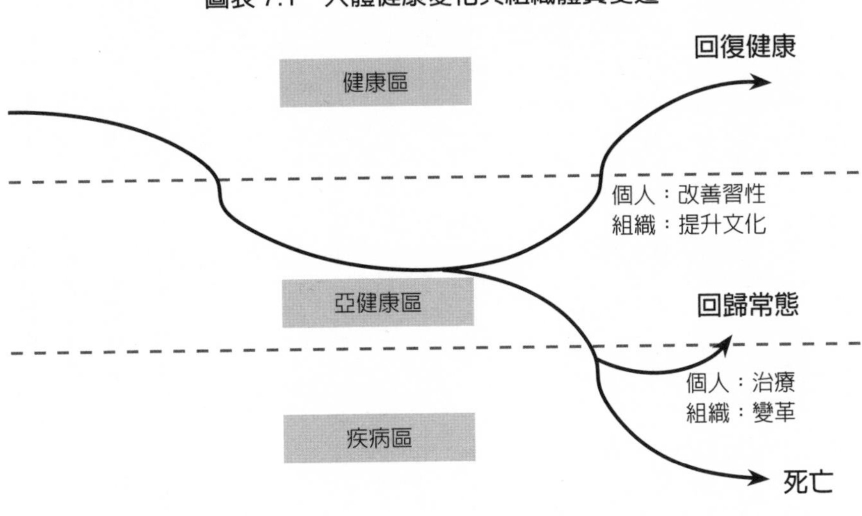

以人體為例可以更容易了解這一切——組織在許多方面和個人的生老病死等現象非常相似。寶齡富錦是國內知名的製藥公司，在新藥研發方面不遺餘力，也有亮眼的成效，股價一直維持高檔，我曾經協助這家公司進行策略規劃、目標管理及薪資制度設計。公司的經營理念是「寶齡堅信每個人都可以活到一百二十歲」，總經理江宗明更是此一理念的忠實信仰者，到處宣揚此一理念，我曾聽到他對於人體健康狀態的精闢見解，他用圖表方式解說，如圖表七．一，我則是將他的觀念中套用到組織體質變遷，解釋組織的生老病死。

江總經理說，人體本來都應該是健康的，但因為遺傳、環境及習性等因素，導致許多人都在「亞健康」狀態下生活，所謂亞健康是介於健康和疾病之間的階段，此一狀態如果處理得當，例如適度運動與休閒、注意飲食、充足睡眠、心境平和，則身體可轉向健康；反之，則可能罹患疾病。到了疾病階段就必須接受專業醫師治療，才能回到亞健康，正常作息，甚至可能上升到健康狀態，此時如不及時接受治療，小病可能成為大病，嚴重者甚至死亡。

將圖表七・一這個人體健康變化論套用到組織環境，會發現大多數組織都在亞健康狀態，此時如果可以在組織文化層面著手，從核心價值的建立、實踐到推廣，落實到組織使命、願景、經營理念，乃至員工的日常行爲，組織可以快速恢復健康與活力。如或不然，任令情勢往不利的方向發展，就到了病態組織階段，此時必須視情況進行漸進或斷然的組織變革，以免組織江河日下，大勢一去難返。

管理大師彼得・杜拉克已於二〇〇五年以高齡九十五歲辭世，但是在許多人心目中，這位大師從來沒有「老」過。他在一九九五出版《巨變時代的管理》（Managing In A Time of Great Change）時已經高壽八十五，卻能領先探討人類社會未來走向，直指知識經濟時代的來臨以及知識勞動者將成爲勞動市場主力的發展趨勢，成爲「知識經濟」的先知預見者。不僅如此，他到九十歲以後依然活躍，除了在學校教書，每年仍然有四十多場公開演講，許多美國大型企業負責人，都絡繹拜見這位大師，聆聽他的智慧。

人的年齡，有身分證上的實際年齡，有生理年齡、心理年齡等，實際年齡是歷史紀錄，從出生日起即已決定，一天天、一年年都往上增加：生理年齡則和一個人的生活環境、起居習性及運動鍛鍊有關，有人四十歲不到，已然是一副七十之軀；心理年齡也不一定與實際年齡有關，歌德《少年維特的煩惱》的主角維特不過十五、六歲，卻有成年人的世故老成。

所以，人是否老化，主要決定於生理及心智，後者尤其重要，而不在於年齡。

組織何嘗不是？組織老化講的其實是病態，而不是成立年分。

組織的年齡是從組織成立的那一天算起，但組織創立日期通常不是大家關注的重點，眾人更關切的是組織是不是生氣蓬勃？是否僵化、老化，是否因爲老化而缺乏活力與競爭力。

許多人認爲組織老化的原因在於歷史悠久自然衰退，或因規模擴大而管理錯綜複雜所導致。我們有不同觀點：組織老化和成立時間無關，也和組織規模無關，而與組織的文化和紀律有關。奇異公司成立於一八九二年，至今已有一百二十餘年的歷史，公司業務遍及世界一百多個國家，員工將近三十二萬，是世界上擁有市場資產第二多的公司，也是品牌價值排名第九的卓越企業。奇異以「夢想啓動未來」（imagination at work）爲品牌訴求，在多元化和國際化發展都非常出色，經營管理上也不斷推陳出新。像「六西格瑪」（Six Sigma）這樣影響深遠的新管理工具都是因爲奇異率先實踐而蔚爲風潮的，說明百年老店也能歷久彌新，引領風潮。

事實告訴我們，「基業常青」眞不是一件容易的事情。美國《財星》雜誌發現，一九七〇年代全球排名五百大的企業，到一九八〇年已有三一%不在五百大榜內；一九八〇年名列全球五百大的企業，到了一九九〇年有四七%已經不在其中；一九九〇年的五百大排行榜上的優質企業，到了二〇〇〇年也有五四%跌出榜外。十年時間不算長，卻有如此劇烈的變動，而且淘汰率愈來愈高，速度愈來愈快。

我們當然可以推論：現在排名五百大的企業，十年後還在榜上的應該不到四成。讀者中絕大多數的企業都不在世界前五百大，但我們至少應該關切：十年後公司還在不在？能不能比現在更好？

跳脫「生命週期」的宿命

企業所設計、製造的產品有其生命週期，從導入期、成長期、成熟期到衰退期，就像人的一生有「生、老、病、死」一般，組織在演進的過程中，也會出現嬰兒期、成長期、成熟期、衰退期到死亡期等生命週期現象（圖表七・二）。

但組織並非肉身，因此按理說，組織有可能長久存在。根據資料顯示，日本專營寺廟建築的金剛

圖表 7.2　組織生命週期

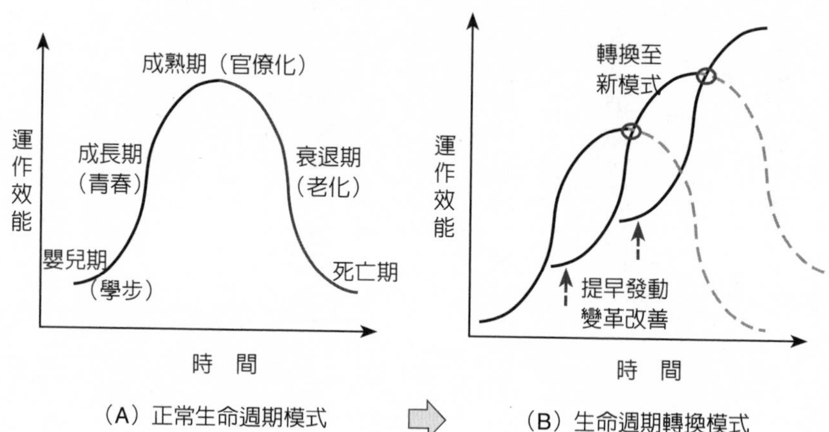

組，創建於西元五七八年（日本的飛鳥時代），距今已有一千四百多年的歷史；美國布萊恩特大學的名譽校長威廉．奧哈拉稱其爲「終極生存者」，英國《經濟學人》雜誌也認爲它是世界上最長壽的企業。

組織要避免落入「成、住、壞、空」的宿命，需要做的是延長「成長期」和維持「成熟期」，不使自己過早落入「衰退期」。

延長成長期和維持成熟期不是一廂情願的主觀就可以辦到的，組織必須在文化、流程及核心能力上提早拉出第二條生命曲線，藉著「換軌」延續生命週期。

組織爲了避免落入衰退，必須隨時儲備動能，提早在成長期末段或成熟期的初期即提前啓動新的變革或改善計畫，這個行動在組織的太平盛世就展開，所以資源足夠，能量充沛，可以容許實驗，也禁得起失敗，殺傷力不大。一旦實驗成功即可形成新的生命曲線以銜接組織現狀，讓組織一直在高峰的成長期及成熟期運作，延續優勢不墜。

以上所謂提早啓動的變革計畫，型態上可以包括組織變革、領導變革、產品變革、技術變革、流程變革及文化變革等，可視需要採行，不一定需要全面推動。

有人不喜歡聽到「變革」這個詞，總覺得似乎要翻天覆地，很恐怖，其實它的英文 re-engineering 就很溫和，你也可以說「變革是較大的改善行動，改善是較細部的變革」。把它當作改善行動，心理壓力或許就減輕了許多。

日本富士軟片公司成立於一九三四年，是一家已有八十多年歷史的公司，受到數位化的衝擊，消費者已經絕少使用軟片，他們的本業迅速消退，危機處處，難關重重，可是藉由開發數位技術，利用本身在化工方面的優勢切入化妝品市場，甚至成功跨入藥品研發，研製出抗流感，乃至可望治療伊波拉病毒的藥物。這些努力讓富士軟片到二〇一四年三月底止，成爲子公司二七三家，全球員工約七．九萬人，至二〇一三年總市值達一兆九千億日圓（相當五千億新台幣）的企業集團。（資料來源：《今週刊》九四二期）

富士軟片集團之所以能夠安然度過夕陽產業的危機，關鍵在於公司在二〇〇〇年還在高度獲利時已看到危機，提早啓動變革，也能準確掌握趨勢，集中資源發展，對照二〇一二年一度下市，至今氣息奄奄的柯達軟片，差距何止千萬里？

馴服的猴，盲從的羊

科學家曾經以籠中的五隻猴子爲實驗對象，希望了解「組織假設」對於行爲的影響，實驗的設計和過程是這樣的：

科學家將五隻猴子關在一個大鐵籠中，鐵籠裡高掛一串香蕉，吸引猴子的注意，但只要有任何一隻猴子靠近，想要摘取香蕉，就會被躲在幕後的工作人員以強力水柱沖得又濕又冷又痛。

第一天，實驗照著設計方向進行，每次總有猴兒不死心，還想再上去摘取香蕉，可是每上去一次就被水柱沖擊一次。就這麼一次又一次地折騰，直到沒有一隻猴子敢再靠近爲止，甚至其中還有猴子想發動奇襲，也會被其他猴子制止，不許牠徒勞無功，還連累大夥兒被沖濕，再不聽勸的話就只好拳腳相向了。

第二天，科學家放出其中一隻猴子，換上一隻前一天沒有經歷過這個實驗過程的猴子。牠一看到香蕉，想要上去摘食時，就被其他猴子拉下，牠想繼續再上前，就被其他四隻猴子痛打，打得牠莫名其妙，直到放棄爲止，其實，當天工作人員的強力水柱一次都沒有噴射。

第三天，科學家再換出一隻第一天參與過程的猴子，換上另一隻無辜的新猴子，牠想上去吃香蕉的過程與結局和第二天那隻新同學的下場一樣，甚至第二天的新同學也參加了教訓牠的行列，儘管那隻二年級生不知道爲什麼要暴打新同學，反正不打白不打。

實驗一直進行到第六天，同樣過程一直延續。到最後，五隻猴子已經全部更新，沒有猴兒曾經歷過第一天的震撼教育。此時，香蕉依然高掛，噴水設施和工作人員已經撤離，可是猴群都不知道，也沒有任何一隻猴子敢上去摘取香蕉了。

從此以後，那個籠子裡的猴子沒有一隻敢去摘取高掛著的香蕉，牠們都不知道爲什麼，但也沒有猴兒敢問。

管理上還有一個「羊群效應理論」（The Effect of Sheep Flock）和五隻猴子的故事很像：在一群羊前面橫放一根木棍，第一隻羊跳了過去，第二隻、第三隻也會跟著跳過去；這時，如果把那根棍子撤走，後面的羊，走到這裡，仍然像前面的羊一樣，向上跳一下，儘管攔路的棍子已經不在了，羊兒還是照跳不誤。「羊群效應」比喻許多人都有這種盲從與慣性的偏執，這往往會陷入騙局、困局或遭到失敗。

這兩個故事啓發我們三個管理智慧：

一、組織裡許多行爲是相約成俗的，儘管不認同，但就是沒有人敢去突破。

二、組織裡許多群體的不理性行爲是受到當初某個非常態事件所影響，那些非常態的因素可能早已不復存在。

三、群體的不理性行爲已經形成「組織假設」，個別的挑戰行爲經常不被允許；但是能夠帶領整個組織勇於挑戰和突破不合理禁忌的人將會得到豐厚的回報。

組織的老化、僵化原因各不相同，卻常有類似的軌跡，要解開組織病態問題不是靠著單一藥方，就像對付血管硬化，不能光靠吃藥，從飲食、作息、運動、心靈調養都是必要的方法。

安逸是老化的溫床

前面說到，組織老化和歷史、規模都無關。那麼，根本原因在哪兒？這裡以圖表七．三結構化說明組織老化的因果關聯。

如果要一語道破「爲什麼組織會老化？」，最直接的答案就是「組織安逸」。也就是過慣好日子，生活沒有壓力，缺乏方向感，也不覺得有挑戰性，不認爲組織和自己總有一天會被取代。

「無危機意識」、「欠缺使命感」、「欠缺方向性」及「欠缺激勵手段」四個老化原因不一定需要同時成立，只要其中一、兩個原因並存或狀況較爲嚴重就有可能導致組織老化，不過，我們要指出：「無危機意識」是組織安逸的頭號戰犯。

《孟子告子篇》有一段話說：「入則無法家拂士，出則無敵國外患者，國恒亡。然後知生於憂患

圖表 7.3 組織老化的現象與因果關係

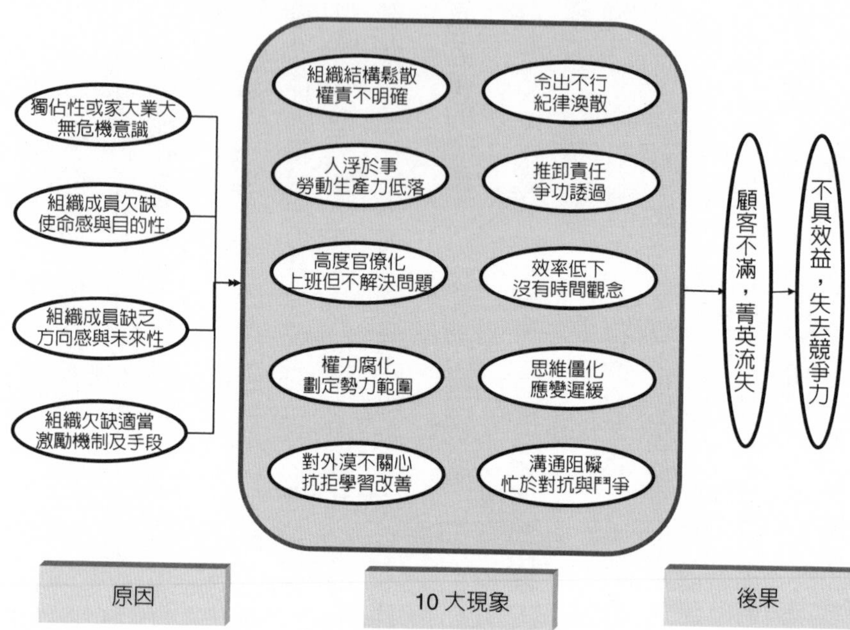

而死於安樂也。」這一段話用在組織管理也是成立的：「安逸」是組織老化的溫床，當組織沒有威脅挑戰、沒有奮戰目標，又缺乏內在刺激的時候，就很像「飛鳥盡，良弓藏」的狀態，再精銳的部隊只要長久無戰事，又不演練戰技，自然無所事事，逐漸渙散。

至於組織老化的現象，在圖表七．三中列舉了最典型的十項，這些現象在每個組織都有或多、或少及程度輕重不同的病徵存在，如果同時並存的現象很頻繁，組織的老化就非常嚴重了。

由於就業動機、法律保障及政策因素等，公部門的組織老化現象一般比私部門嚴重許多，而「過度官僚化」是其中非常重要的問題點。

二○一二年十二月，新北市長朱立倫在市政會議指出：公務員最被詬病的就是不作爲，常認爲「多做多錯，少做少錯，不做不錯」，這其中官僚組織「防弊重於興利」是很重要的癥結所在。「許多同仁明明做對的事，沒有任何對價關係或證據，卻被檢察官懷疑『把案件辦得這麼快，這麼有效率，可能涉嫌圖利』，因為擔心被指為圖利，公務員處理公事只好慢慢來。」因此，朱市長要求：「相關部門更應積極保護好的、認眞的、肯作為的公務員，不是只調查、偵辦、除弊，才能鼓勵公務員積極作為」。

政府機關及公營事業效能不佳是個普遍性的問題，卻不是必然，我們也經常看到努力突破和奮力從公的公務員，只是體制約束了他們的空間，讓他們發揮時綁手綁腳。

不僅是政府機關，許多學校、公營事業、社團或財團法人組織，只要沒有明確的目標或缺乏強而有力的領導者，很容易成為安逸而老化的組織。因為這些組織不是依法組成就是有政策支持，都有足夠的資源或預算，基本上倒閉或關門的風險少之又少。在老化的組織裡，員工主要的任務就是「保住飯碗」；當公文來的時候，要解決的是公文，而不是文件當中的問題，結案比解決問題來得重要，也更容易。

當然，組織老化並非公部門的專利，私營企業，甚至跨國企業也有許多顢頇無能的主管，像個皇帝般地管理他的「夜郎」國度。

某知名跨國公司曾經有一任美籍台灣區總經理，到任沒多久，第一次去巡訪主力客戶時，就以十足帝國主義殖民心態，狂傲自大的口氣告訴該公司績效排名第一的經銷商：「如果不是我們公司，你怎能把你兩個孩子養這麼大，還培養他們上大學？」當時讓那位經銷商心裡非常不是滋味。當績效排名第二的經銷商提出「主要競爭對手零售價比起我們的產品，價格低了一到兩成」的數據資料，希望有價格協商空間時，他說：「你開你的車，我開我的車。不會開車就給我下去，別碰我的車子！」他不希望有人質疑他的價格策略，這樣的言詞害得陪同他前往拜訪的業務主管不敢如實翻譯。不過，經銷商也都不是傻子，看到總經理的肢體語言，用猜的也知道意思。那名業務主管當場只想挖個地洞躲進去，事後更猛向對方賠不是，雙方的合作關係卻也蒙上陰影。

不僅對外無禮，這位美籍總經理還踰越公司的待遇規格，在陽明山仰德大道的私人官邸配置崗哨，每天三班輪值。有一回，某位警衛小便時不慎將傭人房廁所的地毯弄髒了，從此要求警衛不得進入室內小解，必須在戶外找地方自行解決。對於這樣倒行逆施的長官，行政經理及其他人沒有一個敢犯顏上諫，總公司首長來視察時，總經理自然是百般侍奉，粉飾太平，稽核人員也被完全蒙蔽。

在如此狂妄、無人性的總經理底下工作毫無尊嚴可言，無論業務部門或後勤支援部門的員工全都像洩了氣的皮球，完全無心工作，更無從關照客戶，公司的業務及內部管理當然每下愈況，於是產品在台灣市占率從第一名快速掉到第三名，而且一去不返。

當員工不受尊重，整個組織長期陷入低迷的氣壓，無力感甚至屈辱感使得每天的工作成了痛苦煎熬。總公司如果能快速掌握狀況，當機立斷做出處置，或許還有機會，可是這個百年老店已經缺乏這種自省及自我診療的能力，只有看著局面惡化。

「和諧活力」認同度的量測

量測所採用的問題

工作者對於組織和諧活力的認同度，在我們的檢測系統中採用了圖表七．四中的幾個題目，它們

圖表 7.4 「和諧活力」認同度的檢測問題

編號	題目
1	本公司在推動政策時大家都不會有意見，但實際上困難重重，最後往往不了了之。
2	本公司各部門同仁凝聚力強，部門間溝通協調順暢，合作無間。
3	本公司同仁通常都能自由表達意見，大家都能坦白說出心裡話。
4	公司重視改善和創新，容許同仁因此犯錯。
5	我們的工作場所充滿趣味性和活潑的氛圍。

包括正向開放、跨部門協調、重視創新改善和趣味氛圍等。

試測結果所建立的常模

截至目前，我們的調查結果顯示：企業在員工「和諧活力」認同度的構面平均得分為六四．八，在全部的十個驅動工作動能的項目當中得分次低（僅高於權責明確）（圖表七．五）。十四家受測企業在本項目最高得分僅六八．四分，最低得分甚至只有五六．四分，本項目得分普遍低落，可以看出組織「和諧活力」問題相對於其他管理課題顯得嚴重。

和諧活力與安培指數間的相關係數為○．四一一，仍然達到統計學上「非常顯著」的相關程度，也就是「組織成員對於組織和諧與活力愈認同，工作動能愈強」，此一認定的準確率達到九九％。

你的組織活性化程度得分是不是也偏低？分數低代表員工對於組織活性並不認同，如果組織在「經營理念」認同的得分較高，而組織活性得分偏低，那就代表組織並未落實推動經營理念，更值得警惕，也會影響員工的工作動能。

當員工對於組織的活性程度不認同時，代表組織存在若干老化現象，這時候需要的就是採取行動改善現狀，避免組織繼續老化。

圖表 7.5 「和諧活力」認同度與其他驅動因素調查結果比較

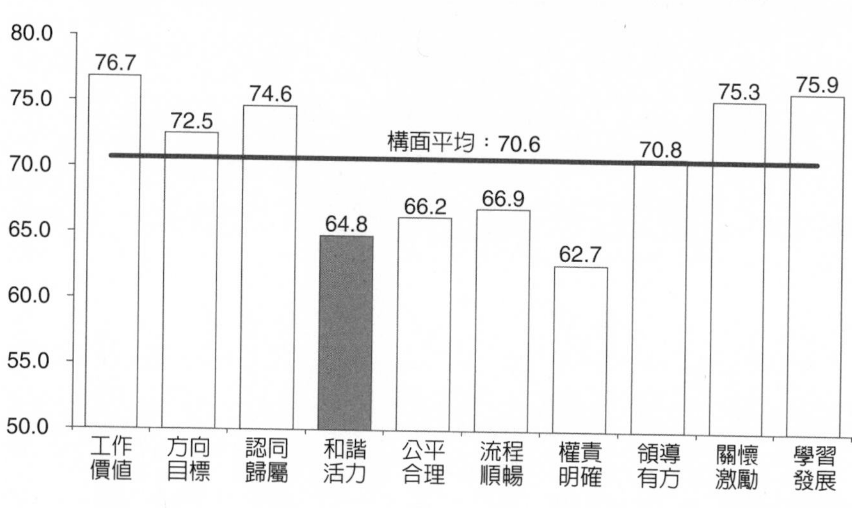

拒絕老化的四則運作

維持適度新陳代謝，延緩組織老化是每一個組織都必須正視的議題，如果平日就開始關注，提早啟動新的S曲線，組織就無須到最後緊急關頭被迫採行激烈的變革手段。以下以「加減乘除」四則運算觀念提供拒絕老化的思維與運用：

- 加：增加組織活性化因子
- 減：組織及人力的精實
- 乘：活絡團隊及跨部門合作
- 除：以紀律制約，樹立組織威信

加法：導入危機意識

要增加組織活性因子，從三個方向著手：一是提高組織成員的危機意識，二是增添工作中的樂趣，就是讓工作變得好玩，第三則是嘗試新經驗和容許不同的言論。

先說危機意識，這要從領導人做起。

IBM創辦人，人稱「老華生」（Thomas J. Waston Sr.）喜歡用說故事的方式鼓勵公司成員，這一則是他最喜歡說的故事：

「我有一個朋友，你們就叫他湯姆吧，喜歡打獵，年輕時尤其喜歡獵雁，每當秋風一起，他就帶著獵槍和獵犬，預測野雁飛行的路線，獵殺野雁。」

「由於槍法準，對野雁的習性又非常了解，年輕時的湯姆獵殺野雁，每次都滿載而歸。」老華生說。

「後來，可能是年紀大，眼力變差，也可能是對野雁長期接觸，產生情感，過了五十歲沒多久，他就不獵殺野雁，反而開始關懷起野雁了。」

「有一年夏末秋初，湯姆突然發起慈悲心，買了好幾十個貨櫃的玉米、魚乾等雜糧，沿著西北方幾個州的高速公路，只要觀察到有野雁群聚的地方，他就卸下貨櫃，打開櫃門，希望讓那些野雁當年秋冬可以好好享用，不必長途跋涉，還可以有個躲避風雪的地方。」

「他想贖罪吧！年輕時殺太多了！」底下有員工這麼回應。「也許吧，」老華生接著說：「野雁發現了這些貨櫃時，想必又驚又喜。」

「可是，高興沒多久，難題出現：『有這麼好的居住設施，又有吃有喝的，今年還要南飛嗎？』」

「每年野雁南飛，次年再北返時總要折損個兩、三成的家族成員，不是老弱病殘飛行能力不夠，客死途中，就是命喪獵槍之下。」「在兼顧傳統，並且衡量實際情況的前提下，當年野雁家族會議的決議是：『老弱病殘可以不必南飛，其餘還是遵照祖先所留下的傳統，繼續飛行，明年再回來』。」

「第二年春天，當南飛的雁群返回北方老家，看到留住原地的親人們都安然無恙，個個都肥嘟嘟的，長途飛行的野雁折損率也出奇的少，大家都非常高興。」

「那年初秋，湯姆又送來貨櫃，裡頭還是玉米、魚乾等雜糧，雁群可樂了，當年決定全部留下，不南向飛行了。」

「這樣的情境維持了好幾年，直到有一年，湯姆生病而且很快就蒙主寵召了。」

華生停下來，問道：「那年還有人送滿貨櫃的飼料、雜糧過來嗎？」

聽眾同仁都搖頭。

「沒錯，可是野雁不知道牠們的朋友離開人世了。那年秋天，牠們左等右等，就是等不到湯姆，等不到貨櫃，更等不到飼料雜糧。有些有飛行經驗的野雁提議要趕緊南飛了！」

「不幸的是，一來時間已經晚了，更重要的是牠們已經都被養得肥嘟嘟的，每隻野雁都像肥鵝，早就喪失長途飛行的能力。」

「那一年，美國北方的野雁屍橫遍野，許多家族幾乎全部滅絕。」「我要告訴你們的是：我希望，我不是湯姆，你們不是野雁，IBM不是那些貨櫃。」最後，老華生語重心長地提醒：「如果，IBM不在了，你們還有沒有生存的能力？」

危機意識是消除組織安逸的特效藥，老華生要提醒和強調的就是這一點，老華生在講述這個故事時，IBM已是全美首屈一指的成功企業，可是他還是要提醒每一位員工「危機意識」。

微軟的比爾．蓋茲也曾在公司內呼籲「別以爲微軟可以萬年永存，微軟隨時有可能在三個月內倒閉關門！」蓋茲應該不是在危言聳聽，特別是在變幻莫測的資訊產業，微軟是不可以高枕無憂的。

無論是政府機關、公營或私營組織要喚醒員工的危機意識，除了用故事和實例宣導，強調每一位工作者都必須證明自己的存在價值和不可取代性外，建議兩種做法：

一、舉辦共識營或工作坊（workshop），無論是爲了策略、文化、創新或變革，舉辦共識營可讓關鍵成員成為局內人而非旁觀者。在會前請參加成員蒐集組織內外相關資訊，資訊愈透明充分愈好，讓組織成員感受經營環境挑戰與壓力。經過多次實務驗證，我們發現同仁參與過的議題，執行力度強過高層直接下達的指令，成功率也提高一倍以上。一味美化組織現狀、報喜不報憂、過度包裝組織現狀，絕非組織之福。

二、導入「末位淘汰」等管理機制，也就是配合績效管理，淘汰績效欠佳且態度不端正的員工。當然，僵化的末位淘汰是不人道、不合理甚至不合法的，所以在執行技術面做一些調整是必要且可行的，重點是「末位淘汰」為組織的一把尚方寶劍，這把寶劍是否經常出鞘尚可斟酌，但組織不必自廢武功。

讓工作變好玩

增加組織活性因子的第二個方法是讓工作變得有趣。

我記得在大三、大四期間，為了提升英文程度，我和班上三位好同學每週輪流出題互考英文單字。我們從字首「A」開始，每週都有固定範圍，例如從字首 aa 開始到 am 為止，每次一位同學當主考官，出個十五題單字的考題考大家，輸的人要掏腰包請另外三位同學吃點心或飲料，為了不致於經常落敗，導致荷包失血，更為了保留顏面，說什麼都要加強背誦單字。這樣的「小賭」，讓記憶單字這件乏味的事情，有了動態的競爭，增添不少趣味與刺激性，效果特別好。

職場中，我們也看到一些類似的動態管理，穿插到原本枯燥的工作當中，比方說利用看板管理，不時發佈產能、進度或出貨量等，也有採用「效率冠軍」、「銷售排行榜」、「服務天使」等競賽，都具有同樣的效果。某些團隊成員會自己發明一些內部的遊戲或競賽，只要不妨礙安全、效率、成本和品質，組織都應該給工作者一些自主空間，讓他們發掘意想不到的工作樂趣，往往也可以帶動良性工作氛圍。

無論是釣魚、打高爾夫、打麻將、玩電動遊戲，很多遊樂都讓人樂此不疲，甚至廢寢忘食。這其中吸引人之處，在於變化、刺激、成績、數字或競爭都是構成趣味的元素，工作中如果能加入這些元素，當然更能吸引工作者，減少疲憊，願意多投入智慧和精神。

亞倫．迪格南（Aaron Dignan）寫了《加入遊戲因子解決各種問題——激發動機、改變行爲、創造商機的祕密》（廖大賢譯，先覺出版），書中敘述：人類天生就愛玩，在解決缺乏鬥志和缺乏能力上最有效的系統解決方法就是「遊戲」。

許多講授課程的講師也都有親身經驗：讓學員分組競賽完成指定任務或作業，往往讓學員的學習過程更興奮，學習效果也更好。事實上，不僅僅是課堂學習，在辦公室或工廠裡，無論是業績、產量、品質或顧客評分競賽，團隊成員間的公平競爭往往增添許多樂趣與刺激。如果競賽後的獎賞能吸引成員，那麼效果會更加倍。

有一部以西雅圖派克漁市場爲背景，名爲《如魚得水》（Fish）的短片被很多組織管理專家推介及引用。片中的魚鋪以「樂趣、取悅顧客、用心在工作上、選擇你的態度」四個步驟，讓一個原本枯燥、髒污、吵雜、冰凍且充滿魚腥味的不良工作環境變爲一個與顧客充分互動、充滿活力與趣味、能激勵人心的天堂樂園。影片中，除了看到他們將魚貨丟來丟去，並大聲呼喊貨品名稱、數量、去向，並沒有看到太多的技術手法，其實方法技巧不是難處，有心突破才是重點。想想看，那些工作創意，如果是在你的組織裡，有可能被允許嗎？如果那樣的突破性方案在你的組織裡提出，會被接受嗎？保持年輕、活潑、不安分的心性才是這個案例最值得學習的地方。

林肯的用人智慧

利用「加法」促進組織活性的第三個方法是嘗試新經驗和容許不同的言論，這代表組織容許異見，要有接觸新事物和新概念的勇氣。

一八六〇年大選結束後，林肯總統約見參議員薩蒙．蔡思。當蔡思離開後，知名大銀行家巴恩就對林肯說：「總統先生，你千萬不要將此人選入你的內閣。」

林肯問：「你爲什麼這麼說？」

巴恩回答：「這個人野心太大，他自認比你偉大得多。」

「哦！」林肯說：「你還知道有哪些人自認比我偉大的？」

「不知道了。」巴恩說，「不過，你爲什麼這樣問？」

林肯回答：「因爲我要把他們全都納入我的內閣。」

巴恩的話是有根據的，蔡思的確是個狂態十足的傢伙。不過，他也的確是個大能人，林肯十分器重他，任命他爲財政部長，並盡力與他減少摩擦。蔡思狂熱追求最高領導權，而且嫉妒心極重。他本想入主白宮，機會卻被林肯佔掉，他不得已而退求其次，想當國務卿，林肯卻另外任命了西華德，他只好坐第三把交椅，因爲壯志未酬，難免心情燥動。可是，他在職務上又力圖表現，希望有朝一日幸運之神將眷顧自己。

這就是林肯總統的識人之明和有效領導的技巧，所以整個治國團隊充滿激情和動能。

其實，林肯這個用人智慧來自於他哥哥的農場。

林肯說：「有一次我和我的兄弟在肯塔基老家的一個農場犁玉米地，我管馬，他掌犁。這匹馬很懶，但有一次牠卻在田裏跑得飛快，連我這雙長腿都差點跟不上。到了田地盡頭，我發現有一隻很大的馬蠅叮在牠身上，於是我就把馬蠅打落了。」

我老哥問我：「爲什麼要打掉牠？」

我回答說：「被馬蠅叮了，其痛無比，我不忍心讓這匹馬那樣被咬。」我哥卻說：「你不懂，正是這個壞傢伙才使得馬跑得飛快的啊！」

受到這個經驗啓發的林肯意味深長地說：「如果現在有一隻叫『總統夢』的馬蠅正叮著蔡思先生，那麼只要能使蔡思領導的那個部門不停地跑，我就不想去打落它。」

林肯這段故事和用人哲理，人稱「馬蠅效應」。

組織最怕變成一灘死水，爲了避免組織落入這種局面，不斷激活組織氛圍及確保文化的源頭活水是絕對必要的手段。馬蠅效應和人稱的「鯰魚效應」——養殖業者在運送鰻魚時，會在桶裡放入一條鯰魚，雖然不安的鯰魚在其中攪和，會導致少許鰻魚死亡，但正因這樣的激活作用，可避免鰻魚因爲長時間不活動導致缺氧而壞死，都是促使組織不致於僵化的有效手法。

馬蠅和鯰魚有其作用，組織必須容許牠們存在，可是不能養太多，多了也麻煩，因爲這些人不好搞，所以一隻馬蠅或一條鯰魚就夠了。

減法：瘦身與精實

談減法，也就是組織要捨棄一些東西，讓自己更輕盈，身手更矯健，我們首先點名組織瘦身與人力精實。

《韓非子》書裡有一則有趣的故事：

戰國時代的齊宣王，很喜歡音樂，尤其喜歡聽「竽」的合奏。宣王的宮中經常養著三百位吹竽的樂手，給他們優渥的待遇，還不時請這些樂師演奏樂曲供王公貴族欣賞。

有一位南郭先生，家裡很窮，有時候連吃飯的錢都沒有，聽說在宮中擔任樂師待遇優厚，可是自己卻又學藝不精，上不了檯面。在饑寒交迫的壓力下，南郭先生決定鋌而走險，靠著一招半式唬弄一位有權勢的貴族，就混進宮中擔任樂師（可見詐騙行業歷史悠久）。

南郭先生的技藝根本無法到達宮廷樂師的等級，可是他是個超級演員，當大家合奏的時候，他就賣力演出，裝作很厲害的樣子。這樣過了很久，居然沒有被人識破。

後來齊宣王死了，齊湣王繼位。湣王跟父親一樣，也雅好絲竹之音。可是，湣王不愛聽合奏，偏偏欣賞獨奏。有一天，他讓三百個樂手在宮廷集合，告訴他們要根據編號排班，一個一個吹奏，他要慢慢欣賞。

南郭先生聽到這個消息，急得像熱鍋上的螞蟻，他想到過幾天輪到他登場時吹不成調兒，沒面子不說，恐怕就犯了欺君的滔天大罪，將死無葬身之地。

南郭先生那幾天可是吃也吃不下，睡也睡不好。最後，他終於做出決定——「三十六計，走為上策」。後來點名不到，南郭先生從此音訊杳然，宮中才知有這麼一號「濫竽充數」的騙子。

當組織疊床架屋，部門職責不清，濫竽充數的人必然充斥其中；這些無所事事的閒雜人等過多時，組織裡難免虛增許多不必要的業務和形式化的工作，於是大家不斷重複作業，無休止的繁文褥節，人多嘴雜，人多是非多，效率不斷降低。

這時候該做的就是組織瘦身和人力精實，我的建議是：

● 發展中的組織，要為明天儲備人才，人力可以寬鬆些，但要有持續的學習和研究發展方案，甚至不斷進行細胞分裂式的組織重組，以免僵固。

- 穩定的組織，人力寧少勿多，盡可能奉行「三四五原則」：三個人，領四個人的薪水，做五個人的工作，當大家工作繁忙時，自然發揮二八法則，都選最重要的工作來做。
- 發展停滯或前景不明的組織：以勞動生產力原則嚴控人力，計算平均每人產值和每人盈餘，然後與過去三年同一指標數據相較，發現人數偏多時，當然要採取離退不補、優惠離退等方案。

我們顧問團隊多年來爲台海兩岸將近十餘家公、民營事業機構進行人力盤點專案服務。綜合這些研究，得出的結論是：一般機構的人力有一〇％到三〇％的精簡空間，人力減少後，組織反而更有活力與競爭力；組織結構上，也可以在橫向部門整併及縱向層級縮減上有很大的調整空間，對於內部的行政效率及管理效能的提升大有助益。

組織減肥最主要就是「結構性減少組織層級」和「有計畫地減少部門數量」。可以採用的作法包括：

- 以專案組織運作：非常態性和永久性工作盡量採用任務編組，當任務一結束就取消專案組織。許多公司的部門不斷擴增，主管人數不斷增加，原因都在於當初只要增加一個產品或增加一個客戶就增加一個部門。
- 設定「管理跨距」（span of control, SOC）：以因素權重方式（例如客戶數、生產／交易數量、金額、作業空間等）決定組織設置條件，條件不足時絕不新增部門，管轄人數不足時絕不增設主管職位。

● 組織分解，將大部隊分解爲機動性強的作戰小組，主要的目的在於避免大部隊作戰的官僚和遲緩，就像部隊裡，最小的戰鬥單位就是「班」，機動性最強。每個小組都要自行評估生產力，這可以分解到每個成員平均每小時所創造的價值，價值不足，小組或團隊就沒有存在的空間。

俗話說「大船難轉舵」，現代化的組織和流行商品一樣，經常需要具備「輕、薄、短、巧」的特性。微軟這樣的超大型企業就是利用變形蟲式組織型態進行組織運作及管理，將整個公司劃分成一個一個小型運作單位或專案編組，各自負擔策略目標及成敗責任。製藥大廠嬌生（Johnson & Johnson）公司內部有超過兩百個營運部門，也都是責任中心，其目的都在避免多層級的官僚體制、繁文褥節的作業流程、權責的不明確所導致的行動遲緩和績效不彰，執行上經過逐步改良與推進，都能達到預期的成果。

人力精實的技術層面上，一般可採「數量模型預測法」及「部門職掌分擔及工時調查法」等方法以求得組織最適人力，前者宏觀，後者微觀，這些管理工具操作技術都已成熟，但各有其優缺點及適用條件。實務經驗上，我們協助員工人數上千的知名便利超商推估最適人力，經由「多元回歸方程」推估的數量模型與實際數字誤差可以精確至個位數，代表這些方法在實務上確實可以採用。

乘法：增加團隊互動

當組織裡成員彼此隔閡，跨團隊溝通不良，跨部門無法合作，代表組織裡因爲資源分配、彼此競爭或本位主義導致人與人不相往來，甚至勾心鬥角，意氣相爭，進而影響工作推動與任務達成。這時候，打破這一切隔閡，進行團隊融合，讓成員間、團隊間和部門之間的工作效能形成相乘效果，當然成爲組織的重要管理命題。

培訓同仁以強化溝通協調和團隊合作當然可行，不過我一向主張組織需要設定一些機制或做一些基礎建設再培訓會比較有效，這些機制或建設包括：

- **設定連動的績效指標**：當同仁或不同部門參與共同的任務時，設定相同的績效指標（double counting），能促使同仁們必須在任務當中合作，否則如果任務不能達成，績效分數將低落。實務上，設置連動的績效指標，主辦單位（人）和協辦單位（人）一開始多少會有些疑慮，深怕對方不稱職或不配合將拖累自身的績效，所以多少會有抗拒，可是一旦指標確認後，只好相互合作以確保達成目標，這就具有破除壁壘和促進合作的效果。
- **輪調成員**：「輪調」能因新成員加入帶來不同思維和做法，是促使組織保持動能的有效方法之一，許多組織都是閒雜人等才列入輪調，關鍵人才不動如山，這不叫做輪調。最能培育人才和激活組織的是「一軍輪調」，讓優秀的人才列入輪調的範圍，打破「部門人才私有化」，建立「人才是組織的共同資產」概念，然後與接班人制度相結合，成功機會才高。當然，輪調的範圍、時間及對象還是要訂定簡明制度，盡可能照章法來，而不是因人而異。
- **職務代理**：職務代理是人才發展常用的手法，不過這也是促進組織活化的良好工具。當成員曾經代理過多個職務，他的視野寬廣，多角度的思路讓他易於溝通，人際關係較爲活絡。因此，組織條件足夠的話，建議讓某些關鍵職位成員每年強迫休假半個月以上，一方面藉此稽核該職位的作業內容，另一方面藉由該成員的暫時離崗，讓其他同仁代理該一職位，可以達到培育及組織活化的效果。

- **確保成員多樣性**：同質性員工長期共處，會有枯燥乏味或管理學上的「近親繁殖」產生組織基因弱化現象。因此建議對於組織成員盡可能在性別、年齡、年資及個性上混合編組，增加團隊的物種多樣性，避免同質化所造成的單調與刻板，使組織文化不致於呆滯。這裡說的混編不限於專案團隊的組成，在任何一個部門剛組成或在內部調派時都必須注意。
- **開放式的問題討論**：組織裡最可惜的是成員心裡有想法卻不想或不敢提出，更擔心有人提出意見時現場不同意見相持不下，最後淪爲面子之爭，主席當場難以裁決，往往兩面不是人，最後大家都不願意再提出意見，這也是導致組織僵化的原因之一。其實專案領導者或會議主持人如能熟悉並使用腦力激盪法（brain storming）、思緒筆記（brain writing）、思緒流暢（brain streaming）、思緒飛揚（brain blooming）等方法都是有趣又能刺激思維的有效活動，值得在會議、內訓課堂或專案討論中採用。
- **活化人際關係活動**：組織裡的成員如果只有工作上的接觸而沒有人際上的互動，會影響每個人的工作情緒、甚至生產力，這在八十年前的霍桑（Hawthorne）實驗中已經得到證實。組織創造人際互動有助於創造團隊合作氛圍，對於跨團隊、跨部門合作也有實際效用，讀者不妨試試以下方法：
- **社團活動**：這是組織內最常見的活動，但要做好且有效必須用心並投入資源，對於社團給予財務補助只是其一，要求每人必須參加兩個社團（一靜態、一動態），每年一次社團聯展，每月撥出一至兩小時上班時間做爲社團活動時間等都有助於社團發展，可促進同仁跨域交流。
- **相互鼓舞**：讓團隊成員像野雁般相互呼應，彼此鼓舞的方法很多，比方說「小太陽」——讓主管和同仁手中握有一些票數，可以不記名投票給熱心公益和對團隊有貢獻的同仁，加註投票給他的理由，得分榜則予以公開以達激勵與競賽效果，積分多者年終時給予足夠吸引人的獎賞；例如「小天使」——同仁透過抽籤選到往後一段期間（例如一個月）自己必須關照和服務的對象，在對方不知道是誰的情況下，透過不同方式，不斷給予支持、協助與鼓舞，活動的高潮是在活動結束揭曉小天使時的相見歡，往往拉近許多心理距離；再如「眞心話」活動——透過一個具有公信力的保密平台，對於特定同仁私下給予規勸、致歉、感謝或肯定，許多不方便當面說的話，透過這樣的機制都可以自然流露，讓接到眞心話的同仁知道有許多人非常在乎他的態度及行爲。

除法：建立紀律，樹立威信

雖然本書一直標舉人文與人本思想，強調帶心、創造和諧溫馨、把工作靈魂找回來，讓大家喜歡上班的環境；不過這不代表過度的溫情與濫情，組織絕不應成爲一個無須負責的歡樂夏令營和狂歡派對！

組織沒有紀律就會缺乏效率，組織對少數坐以待「幣」的同仁寬容對待，就會發現有更多的人胡搞擺爛，這對於其他大多數認眞、賣力工作的同仁極不公平。紀律不彰的組織會弄得用心工作、力求績效的員工非常痛苦。

對於組織成員的違規行爲，從相對輕微的遲到、打瞌睡到嚴重的偷竊、舞弊，組織都要有一套嚴明的治理體制：包括懲治的程序和書面化的處罰標準。

有許多組織的懲罰標準還是沿用傳統的申誡、警告、記小過、記大過、扣薪或解僱。我認爲這些作法對於「大過不犯，小錯不斷」的同仁來說眞是不痛又不癢，對於較嚴重的違規事件又難以立竿見影，很難產生殺雞儆猴的效果。

既然是紀律管理就要明確而嚴厲。我建議採用歐美企業常用的兩種作法：

第一個稱為「漸進法」（progression）——對於同仁違規行為，第一次發生時由主管給予「口頭警告」（oral warning），第二次犯規時給予「書面警告」（written warning），如果仍然違反規定就可祭出「停職停薪」（suspension），終究不肯悔改而再犯者即予通知解僱（termination）。此一過程可視情節，不一定非從口頭警告開始，例如在辦公室內有性騷擾的行為，第一次就應該給予書面警告而非口頭警告，第二次就應該立即解僱，不一定要經過停職停薪階段。採用漸進法時，過程的證據和處理文件必須完整，萬一在發生訴願、仲裁或法律訴訟時方能有所主張。

第二個方法稱為「熱爐法」（hot stove）——對於重大違規行為必須一次處理到底，絕無妥協空間，例如竊取營業機密、偷竊公司財務、做帳舞弊、收取回扣等。有些企業為杜絕代打卡行為，規定代打卡者及被代打卡者都立即解僱，就是態度堅決地採取熱爐管理原則。這類管理規則當然要避免無限上綱，只對絕對無法容忍的底線事態予以規範及處理，其他情節還是交給漸進法處理。程序上則事先要將工作規則送請勞動主管機關核備，事件發生後蒐集完整事實證據，經由人評會審議通過後正式通知當事員工才能避免紛爭。

要提醒的是：除法是組織的例外管理，虎頭鍘、狗頭鍘不是每天都要開鍘，但「建立紀律，樹立威信」必須有一致性，不能因人而異，也不能前後不一致，否則威信盡失，在對簿公堂時也會原告打成被告，贏家變成輸家。

第3篇

制度流程

組織的制度流程對於員工工作動能的影響非常明顯。

制度流程代表組織在一個穩固的基礎上運作，成員因為有章法規矩可循，所以做起事來不確定性、工作障礙較小，工作容易上軌道。

成員若是能與組織的制度流程合拍，按照期望的節奏和步調行事，往往就能提高效率，展現成果，工作熱情與投入度也容易維持。

制度流程篇要探討的議題包括「公平合理」、「流程順暢」和「權責明確」。

以上這三個層面，我們用圖表 II 來簡要呈現其中關係：

圖表 II　與工作動能密切關聯的制度流程構面

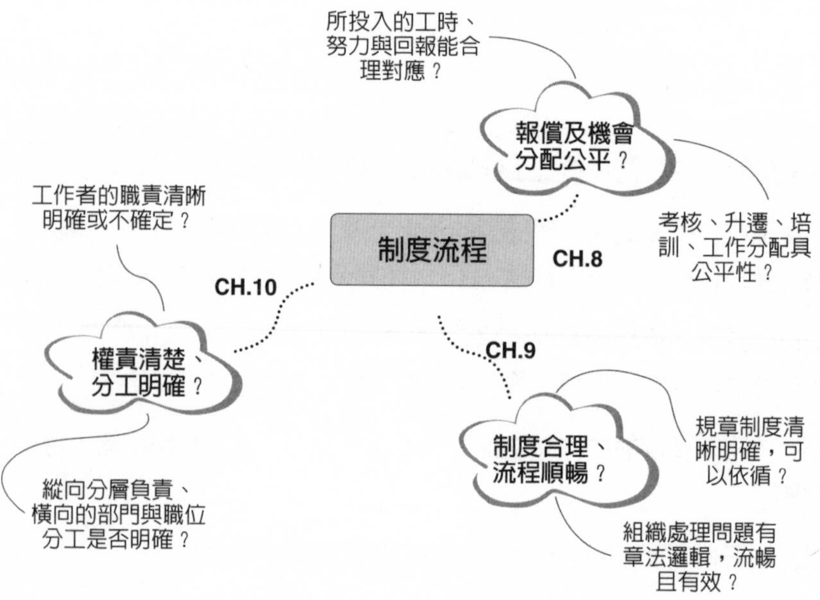

第八章　公平在我心

本章重點

1.員工在完成工作並獲取報償之後，會進行種種比較來確定自己所獲報償是否合理，比較的結果將直接影響日後的工作積極性。

2.「薪酬公平」是普遍受到重視的項目，最容易直接牽動工作情緒與動能，工作評價可確保「薪資付給職位」的基本原則。

3.組織必須在公平前提下，針對績效、升遷及資源分配進行管理。實際上的權益是一回事，自己是否受重視是更重要的事。

4.採行差異化管理以明確「獎金付給績效」原則，差距過小的獎勵形成鼓勵平庸，懲罰績優者。

5.目標設定偏差可能是不公平的來源，機制設計上必須能夠加以平衡，還給公道。

相對公平 vs. 絕對公平

三十二歲的易森在北部某科學園區擔任資訊工程師，每天開車往返離公司大約八公里的住家，早上九點前就到公司，投入繁忙的工作，傍晚六點，在廠區內花二十分鐘吃過晚餐，又繼續做系統分析或修改程式。

這天晚間九點半，易森實在有點疲累，看看今天的工作進度也完成了，於是跟副理和另外三位同事說：「你們繼續忙，我先離開了。」

「好啊，不過你要確認剛才做的東西沒有問題，不然還是要把你叫回來。」說不上善意或惡意，副理只是提醒。

「知道。」易森也習慣這樣的模式了，很制式地回答，不過心裡想著「最好不要」。

回到家裡還被叫回公司的經驗，每個月總會發生一、兩次，有時候不見得是自己的工作產出有問題，而是夥伴認爲還需要討論，或做一些整合面的問題排除（trouble shooting）。

易森十點鐘回到家，媽媽還沒睡，燉了一碗雞湯要他喝下，不捨地說：「阿森，喝了這碗湯，早點休息吧！」

「這個禮拜六能不能不加班？小阿姨要介紹一個女生給你，是她們學校的老師，挺不錯的。」媽媽趁著易森喝湯的時候說。

「媽，我現在根本沒時間談戀愛，請小阿姨別費心了。我也說過，奮鬥十年，存個七、八百萬，能買個房子，我就離開。快了，再五年，到時候再說！」

圖表 8.1　公平理論圖解

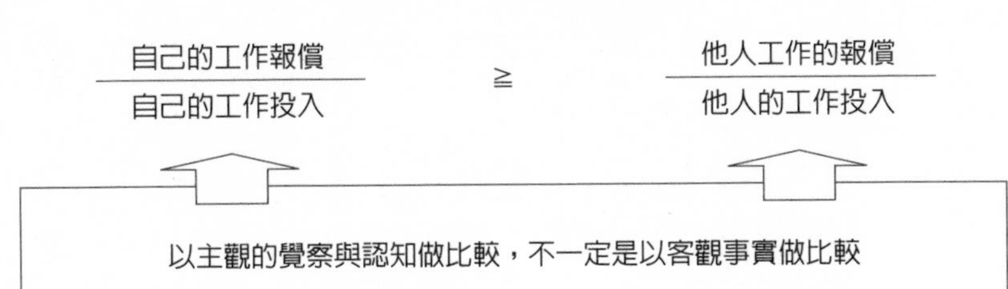

「再五年，都快四十了！到時候你離得開嗎？」媽媽喃喃自語，看得出她心中的憂慮。

華人的工作哲學比較強調「延遲享樂」，願意爲了生存、爲了理想或追求更好的生活品質，投入時間、精神、體力，甚至以自己的健康、休閒娛樂或以暫別家庭，無法享受天倫親情作爲交換。「現在辛苦，是爲了將來老了可以不辛苦」、「這一輩子辛苦，是爲了讓子女可以過更好的日子。」

做自己認爲應該且值得的事情，把希望寄託在未來。問題是，這樣做，划算嗎？

美國心理學家亞當斯（John Stacey Adams）在一九六〇年代提出了「公平理論」（Equity Theory）的激勵原理：當一個人完成工作並獲取報償之後，不僅關心自己所得報償的絕對量，而且關心自己所得報償的相對量。因此，他要進行種種比較來確定自己所獲報償是否合理，比較的結果將直接影響今後工作的積極性（圖表八．一）：

在公平理論的公式中有「絕對公平性」與「相對公平性」兩層含意。

等式左邊是指工作者對自己工作的覺察與認知。每個人都會衡量：我付出這麼多，得到這樣的報償值不值得？這個認知層面只是自己和自己比較，還沒有與他別人相比，所以稱之爲「絕對公平性」，這可用投資或購物常用的性價比（CP值）觀念來解釋，就是投入的單位成本所能產生的效益。這個比較的結果，分子（效益）要大於分母（成本），如果量化計算，它的值必須大於一，且愈高愈好。

這裡的報償包括金錢、物質、榮譽、學習成長以及工作中的樂趣；而投入則包括耗用於工作的時間、體力、心力、教育投資、犧牲休閒娛樂和工作風險等。只有當比值相等或報償高於投入時，工作者才認爲公平。

「相對公平性」則是評斷公式兩端的平衡性，工作者會將自己的工作投入（甚至包括工作貢獻）和回報與他人相比，基本認知是自己的「回報與投入比率」不應該低於他人，否則就認爲不公平。

許多人會拿自己的工作報償與同事、朋友、同學或同一行業、相同地區的人相比較：「一樣是工作，自己這麼賣命，獲得這麼少；而別人那麼輕鬆，收獲卻那麼多。」一比之下，難免有不平之氣，工作更提不起勁，這應了「人比人，氣死人」那句話。但是，很多人往往高估了自己的投入，忽視別人的努力與貢獻；或是自己工作不得法，拿自己的苦勞（hard work）和別人的「智巧工作」（smart work）相比，效能不如他人卻無自覺。

無論是客觀的事實或認知上的誤解，組織必須消除工作者的「不平之氣」，以免影響工作動能。

把自己目前投入努力和所獲得報償的CP值，和自己過去某一時期工作投入及報償的CP值進行比較，就屬於「縱向比較」，是時間先後的差異對比。

我不只一次聽到計程車司機感嘆：「眞是王小二過年，一年不如一年。十年前，一天在路上跑十個鐘頭，每個月下來都有四、五萬的收入，現在一天開車超過十二小時，有時候一個月都還賺不到三萬塊錢！」

這就是一種縱向比較，時空轉換的比較。

在經濟不景氣的時候，縱向比較容易讓人感覺失落與不滿；反之，當景氣好轉則認爲賺錢愈來愈容易，滿足感愈來愈高。

不過，縱向比較其實不是那麼重要，一則因爲大家對大環境多半無能爲力，二則因爲每個人價值觀不同，對應環境變遷的方式也不一樣，有人希望趁景氣好時多勞多得，有人反而認爲工資率提高可以減少工時負擔，對錯並無定論。

從組織面說，市場工資率及報償因素牽涉到經濟景氣循環和區域經濟等「總體經濟」問題，組織只能因應，但無法掌控這些因素；組織能夠使得上力的多屬「個體經濟」和管理議題。組織對於無法改變，又無從掌控的部分不必瞻前顧後，應該關注的仍是橫向比較，包括「絕對公平」和「相對公平」。

第四章所說的「工作價值感」屬於隱性、內在的工作牽引力量，一般人重視的名利就屬於顯性、外在的作用力，比較看得到，甚至可以「變換現金」，儘管它世俗化，但很現實，這是工作者價值天平很重要的一部分。

工作者一般都會衡量工作投入與產出的「本益比」是否合理，其關鍵在於讓工作者認爲值得——爲了獲得更好的生活品質，爲了自己的前途發展和家庭的幸福……一切努力和忙累都值得，也都願意，只要工作者對於未來有所期待，而價值天平不失去平衡，員工稍加驅動就會有工作動能，除了適時激勵，不必多做驅策。

創造貢獻，卻得不到回報

工作者向外部尋求平衡和比較，在管理實務來說稱爲「外部公平」。外部不公平狀態下，工作者不見得會選擇離開組織，但是除非個人找到足以彌補外部不公平的因素（例如離家距離較近、主管關懷體恤、工作內容有趣、職位發展未來性、學習成長機會佳、同事間感情好……），否則工作動能難免受到不利影響，極可能自動降低工作投入以自我平衡。

比起外部公平，組織內的公平對待對工作者顯得更爲直接，感受更強烈。

Fred在二十六歲那年進入一家電訊公司工作，二〇一三年三月決定離開這個已經服務九年，讓他身心俱疲的公司。由於家境良好，經濟上沒有太大的壓力，Fred不急著找下一份工作，希望給自己一段放空的時間，多充實語文及專業技能，甚至想涉獵民宿經營實務，讓自己保留更多可能性。

Fred說：「剛進公司時被歸列三職等，月薪三萬塊，負責helpdesk（個人電腦維護）事項，由於公司多年未編列預算更換ＩＴ設備，造成資訊設備老舊，故障率高，所以業務內容雖然單純，但工作負擔相當沉重。」

二〇〇七年公司爆發弊案，ＯＡ部門人員在一週內相繼離職，Fred原本也想離開，但是他的技術能力已經是部門內第一把手，如果離開，ＩＴ部門幾乎就結束了，老闆好說歹說，加上自己心軟，還是留下來了。此後四年，Fred一人獨撐整個ＯＡ組業務，手機二十四小時不關機，全年無休，半夜出勤救援次數每年超過二十次。

「我太好說話，也很容易被欺負。」Fred說：「二〇一〇年公司爲了系統更新，補進大批ＩＴ人員，職等都比我高，可是事情都是我在做，問題都由我解決。〇九年起，我處理的工作已經是公司的營運系統和資訊安全，其實是四職等做六職等的事；後來的『新貴』則是領六職等薪資，做三職等的事。」

「老闆可能看出我不是很在乎收入，平時也不愛爭辯，所以升遷、調薪都不考慮我。同仁只要接近資訊長，加入他所主持的登山社，就可享有特權。很多同仁都知道，資訊長的愛將Tina，在科技大學攻讀MBA，寫論文等私人作業都利用公司資源完成，下班時間留在公司寫論文還報加班，資訊長也都批准。曾經有兩次，非上班時間Tina的電腦與印表機異常，要求我到公司排除障礙，我拒絕後不到幾分鐘，資訊長就來電指示我前往公司處理。」

「後來這兩三年，我因爲看到整個資訊部門已經扭曲敗壞，部門優秀人員相繼離職，資訊長對我的升遷和調薪承諾屢次跳票及延誤，工作八年後，我的薪資才調到四萬五，最後這半年因爲擔心我離開，又調到五萬元。不過，我終於看清楚這一切，也徹底死心了，這回我根本就不先找工作，也絕不接受慰留，決心離職就是了。」

Fred所遭遇的問題正是有貢獻、有價值卻得不到應有的回報。這種不公平，幾乎是所有工作者最難忍受的職場對待，因此在離職前，工作早已從積極主動自動降級到被動消極了。

組織公平對待的範疇，主要體現在四個面向：

- 薪酬公平
- 升遷公平
- 考核公平
- 資源與機會分配公平

公平對待雖以不同面向展現，核心理念卻是「以人爲本」，也就是尊重人性。這個道理不抽象，也不難理解，就是當員工無法展現價值時，開發他、提升他；當員工能展現價值時要善待他，給予應得的報償。

「薪酬公平」是普遍受到重視的項目，最容易直接牽動工作情緒與動能。其他事項的公平要求，例如升遷、培訓等比較因人而異，有人需求強烈，有人不那麼重視，但無論如何，組織都必須在公平的前提下進行管理，因爲實際上的權益是一回事，自己是否受重視又是另外一回事。就像 Fred 說過，「我不在乎升遷和薪資多少，可是我很在乎老闆怎麼看待我在公司裡的價值。」

組織的天空可有霧霾？

孫悟空績效不好？

我記得小學四年級的時候，老師指定我們讀吳承恩的《西遊記》，孫悟空頓時成了我最崇拜的英雄，不過我也爲孫悟空最打抱不平。

無論是大戰紅孩兒、牛魔王、蜘蛛精、鐵扇公主，哪一次不是靠孫悟空的高強武藝和赤膽忠心，出生入死救出師父唐三藏和豬八戒、沙悟淨兩位師弟？

可是，師兄弟三人當中受到師父責罰最多的也是孫悟空，師父一唸緊箍咒，痛得他在地上打滾。我可從沒看到豬八戒遭到這樣的責罰，而這位師弟卻是最會打混、酒色財樣樣都來，師父難道沒長眼睛嗎？

眞是不公平！

我一直認爲，小說裡的唐三藏或許取經有功，志業彪炳，可是管理上肯定不是個好主管。孫悟空可能有時候不聽話，或許有些恃才傲物，但是團隊裡的「超級巨星」竟然受到最多處罰，眞是不應該！我當時就認爲，「如果不是緊箍咒，孫悟空可能早就另謀高就了。」

曼迪和諾伊（R. Wayne Mondy & Robert M. Noe III）在教科書《人力資源管理》（Human Resource Management）中寫道：「組織裡沒有任何一件事情比考核不公平更傷害員工士氣，」他們認爲，當工作者決定接受一份工作時，其實已經認知薪資福利等勞動條件，一旦工作後，他們更在意自己的表現能否被公正評估並公平回饋。

台北市政府人事處某任處長曾和我談起公務人員考核機制，他說：「公務人員考核機制是最官僚、最形式化的產物！」

「目前的考核制度根本無法區別良幣劣幣，形式上似乎有淘汰機制，不過全國三十幾萬公務員，每年因爲不適任而遭到淘汰的不到一百人，台灣不適任的公務員眞那麼少嗎？」

「許多機關的考績是輪流考『乙等』的（根據公務員考績法，各機關考核『甲等』人數比例約在七成至八成，因此總有兩成多的公務員無法考列甲等），如果當年有出國考察或女性公務員因爲分娩請過產假等情形，還會因爲『已經享受過好處』，無論工作表現再怎麼好，都要將甲等名額禮讓給其他人，很多同仁氣到流淚。」

「另外，考列甲等和乙等的獎賞差異不大，好蘋果和爛蘋果一年到頭下來只差半個月獎金而已。」他感慨地說：「這樣僵化、形式化和無效的考核機制，是沒有任何作用的。」

連身爲直轄市的人事處長都有這麼深沉的無力感，相信還有成千上萬的公務員「心有戚戚焉」。不過，總會有人喜歡這種黑白不分的狀態。對於價値觀不正確、企圖心不強、自我管控力不佳的公務員而言，目前的公務人員績效考核機制是很好的護身符，可以混水摸魚；對於其他願意認眞工作的人則是士氣的嚴重打擊，這種考核制度不僅沒有作用，反而對工作動能有著破壞性的影響。

看到公務體系的考核制度落後至此，身爲公民的我們當然高興不起來。不過更重要的是看看自己的組織，管理者應有更深刻的思考與警惕：我們組織的考核體系有比較好嗎？是不是也充斥著不公平？明知不公平，你能不改善？

用錯主管比貪汙更可怕

組織用什麼樣的人擔任關鍵職位，代表經營者的智慧與能力，也反映了核心價值和組織文化，絕對不能等閒視之。

無論是內部升遷或對外徵聘，當組織選拔了正確的主管，其後必定是整合團隊朝向目標，逐步提升效能；決定提升某人擔任更高職位，就是給予更高的尊榮、待遇以及伴隨而來的責任，也形同鼓勵內部人員如希望升遷就必須照著組織的人才規格努力。

能力不足的主管，造成的後果是決策錯誤、作業及營運上的無效能，這樣的主管使被領導者因爲無序忙亂而一再洩氣，終至喪失工作熱情與動能，菁英出走是遲早的問題。

「錯誤的決策比貪汙更可怕」，在種種決策錯誤當中又以「用錯人」最爲嚴重。用錯人的危害，除了長期績效和文化面的衝擊影響外，更讓組織成員因爲失望不平，向心力與投入度大受傷害。因此，柯林斯（Jim Collins）在《從A到A⁺》提出卓越企業用人的基本準則——「選對的人上車，將不對的人請下車去」，道出正確選才對於企業營運發展的關鍵影響，選才的標準及考量的優先順序如下：

一、操守品德

二、人格特質

三、能力與發展潛力

四、以往績效

五、在組織裡的歷練與培育

選才標準及考量優先順序居首的「操守品德」是門檻條件，只有「通過」與「不通過」的差別，這項若不具備，其他各項成績再好都不考慮，以王品集團爲例，擔任董事長二十餘年、才剛卸任的戴勝益先生，關注的焦點是應徵者或員工是否孝順？能孝順，才知感恩，這是觀察人品的有效切入點。其餘各項都有章法及標準可循，組織選拔人才貴在公平性及一致性，讓員工看得到，也可做爲努力的方向。

工作者如果盡心盡力的結局總是「爲他人做嫁衣裳」，他總會敏感覺察，組織裡只要有一、兩次不依照章法選才，員工馬上就知道工作努力不如拍領導馬屁，勤奮賣力行爲很快就會絕跡。

組織的「雷尼爾效應」

曾有一段時間，美國華盛頓大學教授的薪資比全美平均水準還要低二〇%左右，可是教授們卻毫無怨言，也不到其他大學去尋找更高報酬的教職。

爲什麼呢？

許多教授之所以接受華盛頓大學較低的待遇條件，完全是因爲留戀學校所在地西雅圖的湖光山色。西雅圖位於太平洋沿岸，華盛頓湖等大大小小的水域星羅棋布，天氣晴朗時可以看到美洲最高的雪山之一——雷尼爾山峰，開車出去還可以到聖海倫火山一遊。

華盛頓大學曾計畫修建一座體育館，體育館一旦建成，恰好擋住了從教職員工餐廳窗戶可以欣賞到的美麗景色。消息一傳出，立刻引起教授們的反對，校方最後順從眾意，取消了這項計畫。

有位教授半玩笑地說：「華盛頓大學的教授的薪資，八成是以貨幣形式支付的，兩成是由美好的環境來支付的。」

教授們的這種偏好，後來被華盛頓大學的經濟學教授戲稱爲「雷尼爾效應」。

雷尼爾效應其實在每個組織裡都有，只不過不叫「雷尼爾」，每個組織裡都有一些吸引員工的因素，原因也各不相同。

組織裡有些資源是全體員工可以共享的，例如商譽、交通便利性等，只要是公司的員工每個人都平等分享；有些則是因爲資源稀少，不見得人人都能獲得，就以景觀來說，不是所有的座位都可以臨窗，窗外的景色優劣也不是都一樣的，再加上日照（東照或西曬）等因素變化，每個人能夠分配的資源和機會都不相等。

組織裡還有一些資源分配，比方說，誰可以優先配備新電腦？誰能使用新辦公桌？誰的座位要靠走道？誰能夠獲選參加高價值的培訓？誰能夠配給停車位？哪些人的停車位置特別方便？……

這些問題可大可小，可以是芝麻小事，也可以是不公平感的導火線，要員工完全不在意，很難！

我們不必探討員工計較這些事項對不對，關鍵是員工是不是因爲這些事情不愉快，憋在心裡，甚至長期影響工作情緒和效能？更重要的是：組織能不能有章法、有標準地處理這些事項？

在管理上以員工角度換位思考，找出大多數人都能接受的方案才是處理這些事項的重點。

二〇一三年初春，北京霧霾特別嚴重。霧霾中有許多有毒有害物質，因此北京人在室外時都要戴上隔絕效果良好的面罩或口罩，感覺不甚方便，可是爲了健康，也不得不戴。

圖表 8.2 「公平合理」認同度的檢測問題

編號	題目
1	本公司在對待員工方面，機會和資源分配是公平一致的。
2	以我的工作負荷及投入的心力，目前的待遇條件我覺得合理。
3	整體而言，公司的薪資水準與同業相比並不差。
4	在公司裡，能者多勞，卻不一定獲得更多。
5	在公司裡，獲得升遷的人基本上都是工作表現比較好的。

阿里巴巴創辦人馬雲說：「看到北京霧霾，我特高興。因爲特權者可以擁有特權的食品，不會喝到毒奶，可以有特權的飲用水，這下可好，可沒有特權的空氣吧？」

當組織裡有特權，導致分配不公平、機會不公平，很多人會等著看好戲，看組織災難臨頭，特權分子與升斗小民才有同等待遇。

「公平合理」認同度的量測

量測所採用的問題

工作者對於「公平合理」的認同感，我們採用了表圖八．二中部分題目加以檢測：

試測結果所建立的常模

根據先前的調查結果，企業在「公平合理」的項目平均得分爲六六．二分，在十個驅動工作動能的項目當中屬於得分較低的群組，如圖表八．三所示。在目前受測企業中最高得分爲七一．二分，最低得分爲五六．八分；與其他驅動工作動能項目相較，受測企業在此一項目得分差異較大，個別企業的表現落差明顯，顯示此一課題在不同企業中有不同的嚴重性。

圖表 8.3 「公平合理」認同度與其他驅動因素調查結果比較

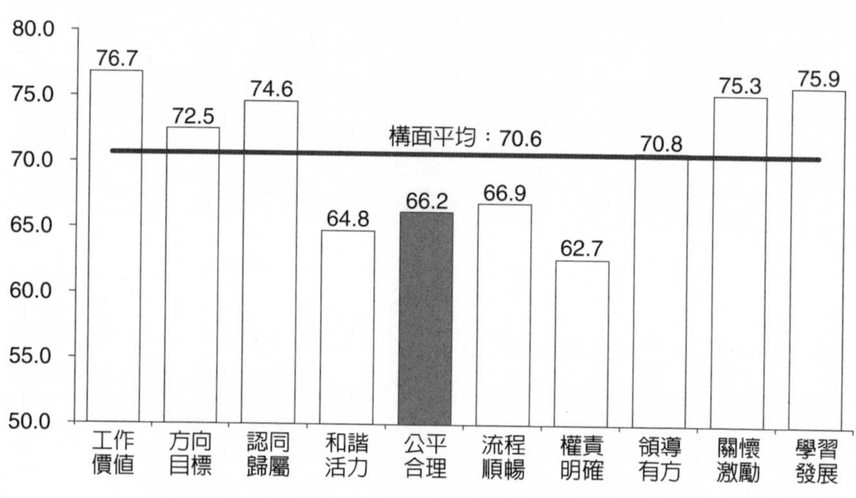

「公平合理」與安培指數的相關係數爲〇．三七一，仍然達到統計學上「非常顯著」的相關程度，也就是「組織成員對於組織的公平合理愈認同，工作動能愈強」，此一描述的準確率可達到九九%。

如果組織在公平合理項目調查問題的得分不高，代表員工對於組織裡的公平合理並不認同，這個問題如果不是出在經營理念，就是出在制度設計，要不就是操作執行面出問題。一旦工作者覺得組織不公不義，他會覺得流血流汗，拼命工作的價值不見得高過敷衍打混，這時候就發生劣幣驅逐良幣的效應。當「爲何而戰」的問題找不到好答案時，工作動能就降低了。

你的組織公平合理嗎？不妨先檢測一下，雖說問卷的題目都是主觀感受，組織的管理未必有那麼多的不公平，但員工的主觀感受肯定影響情緒及工作動能。問卷調查的結果如果連七十分都不到，代表其中眞的可能有些麻煩了。

營造「公平合理」的組織

組織追求管理上的公平就是體現「公平正義」的價值觀，我們來探討這當中比較具體的作法。

根據職位價值給付薪酬

薪資支付就是要追求內部公平性、外部競爭性、財務可行性，還要讓制度簡明易懂。這裡，我們只討論和本章主題較有關連的內部公平性。雖說外部競爭性也就是外部公平的追求，不過這牽涉到組織支付能力，操作上通常就是利用市場薪資調查資料與內部薪資進行比對，比對後進行必要調整，不必在此多加探討。

雖說現金流動上，薪資當然是付給工作者，拿到薪資去花用的也是「人」，不過，觀念上，薪資不是付給人的，而是依職位的價值「付給職位的」（pay for job）。

組織的職位，縱向來看有從頂端的高階經理人到文件收發員等基礎職位；橫向看有各個部門功能上的差異，究竟哪些職位應該支付較高的薪資？應該要有個具公信力和一致性的標準。

一九七〇年代，美國公平勞動機會法案（Equal Employment Opportunity Act，EEOA）修法過程中有一個議題掀起熱烈的討論。這個議題探討醫院護士的薪資低於醫院卡車或救護車駕駛是否牽涉性別歧視問題。

護士的訴求是醫院支付護士的薪資不應低於卡車及救護車駕駛。她們認爲駕駛薪資較高的事實背後，眞正的原因是在於車輛駕駛是男性，而護士全爲女性，其中顯有性別歧視之嫌。

圖表 8.4　固定薪資與變動薪資的關係及差異

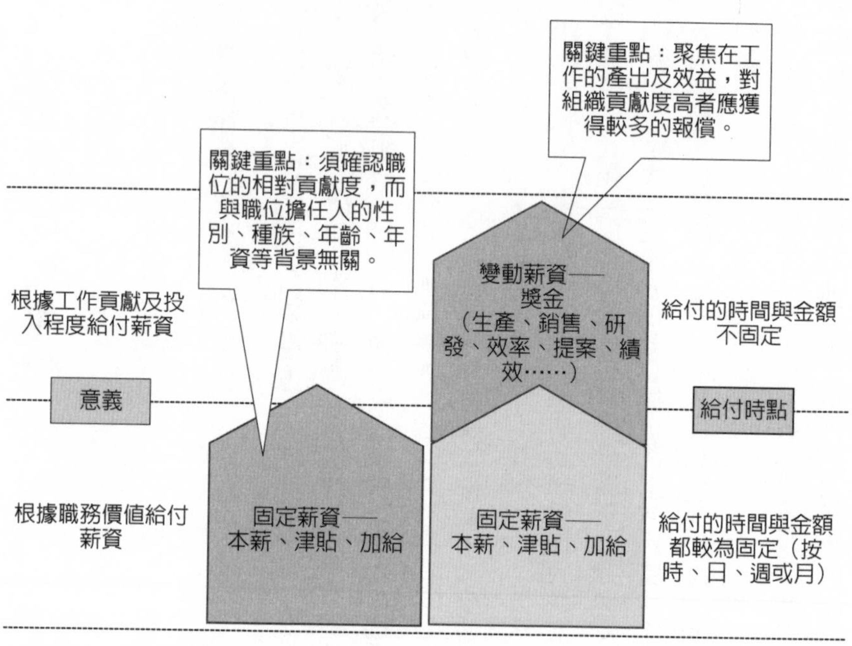

美國公平勞動委員會經過調查，完成事證蒐集後以護士與駕駛員工作相對的技術含量、工作強度、所負責任、職業風險、專業養成所需年數等幾項因素比較，判定護士薪資不應該低於救護車駕駛。此一結論也形成了對於全美醫院薪資制定的指導原則。

以上這個案例提醒管理者的重點在於：薪資水準的評定要有一定的標準與程序，不能隨主觀意願選擇一些與工作投入產出無關的因素，更不能帶有歧視色彩，否則輕則導致員工不滿，重則引起員工訴願，甚至成爲法律爭議事件。

薪資結構包括固定薪資和變動薪資，這兩者同時都有追求公平性的必要性，圖表八．四說明其中的關係及差異。

從圖表八．四理解，固定薪資的本意是「薪資支付給職務（工作）」，也就是薪資是「工作」的相對報償，任何稱職的人擔任同一職位、執行相同工作，都應該得到相同的報償；變動薪資的本意是「獎金是支付給績效與貢獻的」（pay for performance），也就是獎金是績效的對價，任何人表現得好，對組織更有貢獻都應該獲得適當的財務獎勵。

嚴格說，加班費也是變動薪資的一部分，只不過這是「投入性」因素（根據投入的工時給付），而非「產出性」的變動薪資因素（加班多，不代表效益就高），只要有實際的必要性，遵照支付標準，加班費通常沒有公平性問題，組織應該關注的是「工作者爲組織每多創造一塊錢的價值時，應該可以獲得多少百分比的額外報償？」以及「不同效能工作者的獎酬應該有什麼樣的差異？」

找出你的「魔球」邏輯

從專業領域說，決定組織內各職位相對價值的技術稱爲「工作評價」（job evaluation），在實務上有幾種評價方式，最被大家所認同的是「因素計點法」——先決定組織要根據哪些因素來計算職務貢獻，選定四到七個所謂的「薪酬因素」（compensable factors），其次配置各因素的權重，也對各因素區隔不同等級並分配點數，根據個別職位的職務內容，分別計算各薪酬因素下的點數，最後加總該職位所獲得的評價點數，決定其職等及薪資區間。

這裡講一段與棒球有關的故事：

二〇一一年的電影《魔球》（Moneyball）敘述美國職棒大聯盟的小市場球隊（就是財力資源較弱，觀眾基礎也較少的球隊）奧克蘭運動家（Oakland Athletics），如何以有限預算來對抗諸如紐約洋基等財大氣粗的超級球團，並取得驚人的成功。

二〇〇二年，奧克蘭運動家隊的全隊薪資預算總額僅有四千一百萬元，是全聯盟第六低的總薪資；而洋基隊全隊薪資是一億兩千六百萬美元（全聯盟最高），而且在球季開打之前，洋基隊才剛剛把運動家隊的三名主力球員挖走。在如此情況下，當年運動家隊與洋基隊的勝場數同樣都是一〇三場，且其間運動家隊還曾經創下過連勝二十場的不可思議紀錄！

布萊德彼特在片中飾演球隊總經理比恩（William Lamar Beane），他採取統計分析的方式，以數字來評估對球員的投資來分配資源，組合出最能發揮戰力的團隊，終能以小搏大，成功創造傳奇的一頁。球隊能有這樣的輝煌成績，比恩居功厥偉，他也為許多球隊在日後樹立了選擇隊員的標準和管理模式。

在奧克蘭運動家的選才會議中，球探以腳程、防守、傳球、打擊及長打火力五項因素針對所有在大聯盟的球員或業餘新秀加以分析，以選出有價值的（內、外）野手人選，再與對方或經紀人洽談加盟可能，或與其他球隊進行交易。

評估過程中有人提出球員年齡、個性、外型長相（可以吸引觀眾票房）及私生活是否檢點等指標，不過都被比恩捨棄，認為那些不是關鍵問題。他反倒另外提出「上壘率」——有些人打擊率不見得最好，但是選球精確，常能消耗對方投手的投球數量及體能，自己被保送上壘的頻率非常高，再配合打擊率還不差，所以上壘率很高，這是比恩經理所看重的，由於他的堅持，這個因素就保留下來，而且被放大其重要性。

在片中，比恩有一位年輕的特別助理——耶魯大學經濟學系畢業的統計高手彼德．布蘭特，他設計了一套評估球員表現的程式，統整所有預測球員表現的資訊（例如腳程、防守、傳球、打擊、長打火力及上壘率等因素），把這些資訊都轉化為數字，用這些數據就可以發現有價值的球員。

片中沒有提到，但我認為是合理的分析：在布蘭特的計算公式裡還可以有各項因素的權重，因為

圖表 8.5　某壽險公司職位因素權重表

職位評價因素	權重%
1. 規劃能力	25
2. 對成果的影響	20
3. 專業能力	20
4. 複雜度、多樣性及困難度	15
5. 培育他人責任	10
6. 業務接觸	5
7. 學歷	5
合計	100

每個因素的重要性各不相同，比方說「上壘率」，他可能設爲二五%的重要性，「腳程」可能設爲一二%，在「上壘率」部分，他或許還有一個換算表，比方說○．四五（每一百次打擊可以有四十五次上壘）就是滿分二十五級分，接下來每減少○．○一就減一點，依此類推，○．三三的上壘率就是十三分，到了○．二以下就是零分了，其他各項目也都可以根據這個原理設定標準或計分區間。

組織裡工作評價的原理和職棒大聯盟球隊選才幾乎是一樣的，只不過聚焦的是職位而不是個別工作者，只要工作性質差異不太大（例如投手的評估標準就與野手不同），都適用相同的評估標準。

因此，每個組織都應該發展出職位「評價因素表」。必要時，藍領（操作性）職位和白領（非操作性）職位可以分別設計評價因素（即「薪酬因素」），各自評定薪點，這在實務上是可行的。

以我們協助某壽險公司訂定該公司的評價因素爲例，如圖表八．五：

與職棒選才一樣，以上這些項目也都有各自的計點方式。只不過，這些計點方式可能是定性（例如專業能力要求）而非定量（例如跑壘速度）。各個評價因素都會對應一個等級定義表，這裡以「規劃能力」爲例，列如圖表八．六：

用易於了解的概念來說，工作評價就是決定哪些職位、哪些工作

圖表 8.6 「規劃能力」等級定義

等級	等級定義
1	本職位工作屬單純、例行或執行面的工作，無特定規劃能力需求，僅就工作相關資料略作蒐集與整理。
2	本職位工作屬單純、例行或執行面之工作，但部分工作仍須做簡單的規劃，針對工作相關資料略作蒐集與整理外，尚需加以分析與歸納並提出建議。
3	因職務上之需要，對相關工作的推展要能思考出一系列具有先後順序的執行行動，並能估算所需資源且有效運用資源，以完成任務目標。
4	因職務上之需要，對相關工作的推展要能預測可能碰到的困難，事先制定因應措施，將複雜任務轉化為一系列簡單而可被執行的行動，提出專業且周密的建議方案。
5	本職位以規劃為其主要職責，須就組織長期的影響與發展角度，綜合比較與整合，預測目標可能碰到的困難，並估算為達成目標所需資源，制定長、中、短程因應措施與行動計畫。

比較具有價值？哪些工作價值較無法被取代？那就值得支付較高的薪酬。

當我們可以採取一套有系統條理和公開的標準衡量每一個職位對組織的相對價值時，組織的內部薪資公平就得以確保了。

二──七──一原則

大多數組織都有績效管理制度，但是做得差的比做得好的要多，制度不完善、太複雜或是不能貫徹執行都會讓員工有不公平的感受。

設定準確的關鍵績效指標（KPI）當然是完善績效管理的要項，但那是績效管理的技術層面，我建議先掌握宏觀的策略層面：差異化管理。

差異化管理是前通用電器總裁威爾許（Jack Welch）最看重的管理方法，他把公司的成員依績效貢獻分爲「頂尖」、「中間」和「最差」三個等次，根據他的理念，我整理在圖表八．七。

在圖表八．七中，最上層是最有價值、最具貢獻的人，約佔總人數二〇％，這些人公司將給予最豐厚的獎

圖表 8.7　通用電器對員工的差異化管理

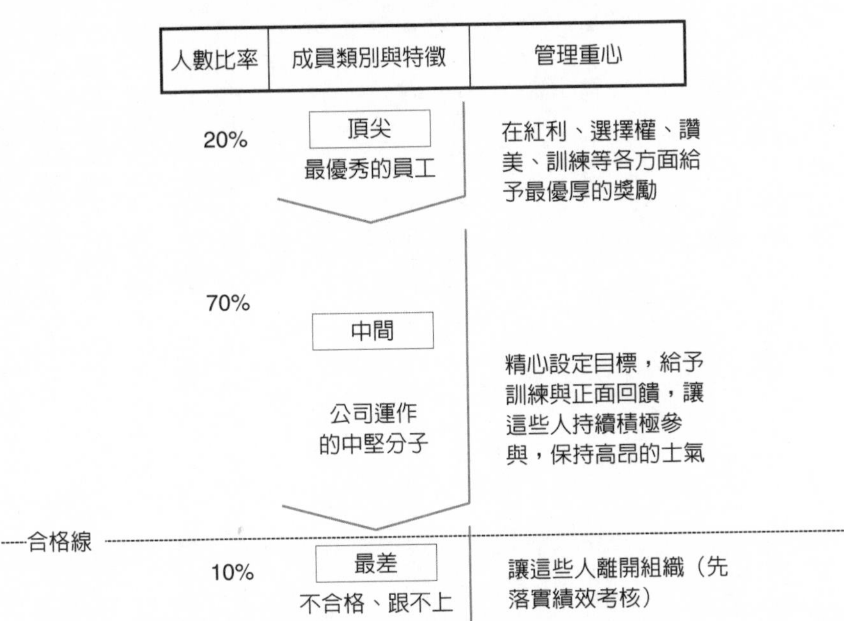

賞，鼓勵他們作爲團隊典範，帶領組織繼續開創新局。

中間是稱職而表現適當的成員，約佔七○%，這是組織的中堅分子，這些人也必須給予適度的獎賞，激勵他們繼續做好組織期望的角色，並且力爭上游，在未來成爲前段二○%的人才。

至於績效最低下的一○%，公司將再給予一次機會，讓他們證明自己還有存在的價值，如果這次機會再不能把握，公司將毫不留情請他們走路。

「獎優汰劣」在管理原則上是絕對必要的，我們來看看這個差距要拉開到多少才算合理？

重視員工的CP值

蘋果電腦創辦人賈伯斯將大約四分之一的工作時間用於招募人才，他對於人才的重視由此可以窺見。賈伯斯說：「花了半輩子時間才充分意識到人才的價值。」他在一次講話中說：「我過去常常認爲一位出色的人才能頂兩名平庸的員工，現在我認爲能頂五十名。」

一般組織不需要高階與先進創意人才，或許人才價值差異不到五十倍，但有經驗的經理人都能體認：擔任相同工作的A咖價值是B咖價值的三至五倍是非常合理的，不入流的C咖就更不用說了。

話雖這麼說，華人組織卻很難在薪資與獎酬上體現這種差異，考核獎勵差異都過於溫和。

在制度設計上，對於表現優異和差強人意的員工，我們建議績效獎金的差異要拉開到至少三倍以上，從年度總收入來計算，則至少要有三〇%以上的差距。

舉例說，擔任相同工作的三位「系統工程師」，月支薪給假設都是六萬元，他們的工作表現爲：

- A君：表現「非常優異」——工作成果遠遠超出目標值及期望值，創造卓越貢獻，全公司最多僅五%成員達此一標準。
- B君：表現「良好」——工作成果能夠超出預定的績效目標，全公司有二〇—三〇%成員達此一標準。
- C君：表現「可接受」——工作成果大多數達到目標，符合職位的基本要求，全公司有五〇—六〇%成員達此一標準。

（底下還有「待改善」及「不合格」兩級，在此不列入討論）。

該公司規定，無論當年是否有盈餘，一律加發一個月薪資（即第十三個月薪資），績效獎勵則視公司當年度的盈餘及部門績效狀況計發。假設某年，員工績效獎金平均値爲三個月，那麼三個人的年

圖表 8.8　某公司 3 位系統工程師的績效獎金與年薪比較

	工作表現	年度固定薪資	績效獎金月數	績效獎金	年薪
A 君	非常優異	780,000	6	360,000	1,140,000
B 君	表現良好		3	180,000	960,000
C 君	可接受		1	60,000	840,000

薪比較如圖表八．八：

A君的績效獎金爲C君的六倍，年度總薪資卻僅爲C君的一．三六倍，看起來績效獎金的倍數已經差異甚大，不過年總收入差異卻不能算多，B君和C君的差異就更小了。

就長遠看，A君和C君對公司的價值貢獻差異可能超過十倍以上，可是組織能夠反應這樣的價值差異嗎？

在實務上大多數華人組織都力求「和諧」，沒有勇氣將獎金倍數差距拉大，其實就是心態上的「鄉愿」，造就的是平庸化的組織。在我們的顧問輔導經驗中，都一再以實例和管理高層溝通，才能在現代化管理理念和傳統組織文化之間取得一些平衡。

俗話說：「重賞之下必有勇夫。」如果，你的組織已經出現「勇夫」，那麼是不是該有重賞呢？你是不是應該考慮「差異化管理」？

差異化不會創造不公平。相反的，它反映的是工作者努力和績效表現的「眞公平」，這其中的道理就是：齊頭式的平等不是眞平等，唯有立足點平等，才能眞正體現眞正的公平。

大家在買東西的時候往往懂得CP值的道理，都會精算每一塊錢的投入能買到多少物品價值，那麼，在面對人才時，你是不是也該精算一下？

小心量具不準確

量子力學上有所謂「測不準原理」（Uncertainty Principle，正確翻譯應該稱為「不確定性原理」）主要是敘述物體「位置」和「動量」之間的互補效果（trade-off）：位置越確定，動量就越不確定；位置範圍越不確定，動量就越確定。

是不是有時候目標值的設定本身就不容易準確？就像是用了不準確的量具，測量任何物品都會造成偏差。這極可能是不公平的開端。我們來舉兩個案例作為對照：

案例一：某消費性電子產品公司在前一年度設定績效指標時，銷售部門主管以公司產品品質還不穩定，市場對該公司新的策略產品接受度仍有疑慮為由，說服總經理接受一個低度門檻的銷售目標值，但是整個年度經營下來，該項新產品非但品質良好穩定，而且市場趨之若鶩，該產品全年達成的營業收入是目標的一九〇％，而那又是KPI（關鍵績效指標）占比達到四〇％的重要因素，所以根據公司的績效辦法計算結果，那一年該部門主管及同仁的績效分數都超高，績效獎金也領得不亦樂乎，其他部門，看到銷售部門似乎也沒有特別努力或特殊貢獻，只因為目標值訂得低，到年底就可以吃香喝辣，反觀自己部門再怎麼努力，KPI上要創造高得分還是很難，紛紛抱怨制度不公平，連帶工作士氣也受到影響。

案例二：某食品公司在連年改善產品研發和製程後，產品品質優良，肉類加工產品除了取得食品GMP標章外，也有明顯的市場差異化能力，根據市場調查和預測的結果，認為新年度的銷售值約可從目前的新台幣三．二億元直接挑戰五億元，大家都對新的一年充滿期待與信心。不過，事與願違，新年度內同時爆發了口蹄疫和美國狂牛症消息，使得產品嚴重滯銷，銷售值只有二．七億，甚至低於前一年的銷售時績，另外還造成八千萬的庫存損失。當年，公司還因此發生虧損，以致商品企劃部、

圖表 8.9　目標設定難易度在績效評估時的處理方式

程　度	加減分幅度
期初設定的目標挑戰性明顯過高	+10%
期初設定的目標挑戰性偏高	+（5% ~9%）
期初設定的目標挑戰性略高	+（1% ~4%）
目標執行過程中，並未出現超過預期的難易度	±0
期初設定的目標略有低估，挑戰性不足	-（1% ~4%）
期初設定的目標低估，不具挑戰性	-（5% ~9%）
期初設定的目標明顯低估，可輕易達成	-10%

生產部、業務部的績效都被評爲表現不佳的C等，績效獎金領不到半個月，辛苦了兩、三年，竟然得到這樣的結果，這些部門同仁聽到消息後，全都提不起勁了。

組織目標設定上，類似以上的問題案例還不少，有些是純粹預測不準，有些是總經理或部門主管間對於目標的談判議價能力——有時總經理強勢，他說了算；有時部門主管強勢，總經理讓步，有些則是部門主管的企圖心和挑戰目標決心強烈（這絕對是好事，但碰到僵化的績效計分方式，這些主管及部門同仁就吃虧大了），也有外在不可抗力因素（機會來時，躺著不做事都賺錢；也有天災人禍及突發狀況，再怎麼努力也改變不了現實），還有些則是配合企業政策，例如策略性採購、搭配銷售、區域間相互支援或原先預設的資源無法到位時……。

目標設定偏差註定是常態，不容易完全避免，如果經驗不足，偏差數額還會更高。要避免這樣的狀態，除了目標設定及預算編列力求「有憑有據」，讓數據說話外，在每季及年中目標執行檢討時，還要加上「目標修訂」的動作，也就是當有外在不可抗力因素和政策因素時，目標是可以調整修訂的。

除了外在不可控制因素和政策配合因素外，通常目標不允許下修，特別是不能以沒有達成前一季的目標爲由降低全年目標——沒做到就是要加倍努力補回來，除非有數據支撐原先目標設定是不合理的，這就類似取得法律上「非常上訴」的證據和理由，否則是不允許推翻的。

在期中目標檢討之外，還有一個技術工具經常被忽略，就是績效核定人（通常是組織最高主管）要在部門績效根據ＫＰＩ計分完畢後有加減分的權力，制度上我們也會做這樣的設計與建議。以期初目標設定的難易度爲例，可以圖表八．九的方式讓最高主管做加減分處理。

組織的公平合理是永無止境的追求，除了必須堅持經營理念之外，在操作上必須時時以人本的思維爲中心，換位思考，設想自己就是工作者，以理性活化爲原則，讓規章制度合理化並與時俱進，否則官僚習氣將直接導致組織老化與僵化。

第九章 合理的營運流程

本章重點

1. 當制度流程不順暢，就會發生看得見或看不見的虛工、重工、返工及停工，工作方法對了，工作者才可能喜歡工作，充滿動能。
2. 制度流程沒有一成不變的，事情行不通時就要權變及改善，別讓僵化的制度流程成為前進的絆腳石。
3. 順著管理成熟度模式改善流程，第一步是建立共通語言，做好中長期基礎工程，傾聽內部聲音。
4. 成熟度第二級是搭設共通流程，可採用工業工程或精實管理手法；第三級是單一方法，即是找出最佳實務（best practice），其中需要灌注人本精神，不全然是hard skill。
5. 標竿學習是成熟度第四級，學習標竿企業的成功模式要從「大處著眼，小處著手」；成熟度最高層級是持續改善，每天都在前一天的基礎上不斷增長。

組織運行的軌道

流程變成路障

外甥 Walt 在二〇〇三年取得英國劍橋大學博士學位後，留在英國工作。當初，他在雷曼兄弟公司英國分公司和倫敦一家投資顧問公司中選擇了後者任職，這不是因爲他預知雷曼公司將會在二〇〇八年秋天出事，而是他比較了兩家公司的工作環境，不喜歡將近三百人的雷曼英國公司，偌大的辦公室，像蜂巢般坐滿了員工，空氣中凝結著冰冷的氣氛，反而喜歡只有三十幾人，人際互動較活絡的這家中型投顧公司，他覺得這裡較有團隊的氛圍。

Walt 在這家公司負責商品組合和自動下單程式的系統開發，因爲表現優異，幾年下來職位節節高升，從研究員、高級研究員到首席研究員。在這段期間，公司的營運績效年年提升，規模日益擴增，二〇〇九年後也發展爲人數一百多人的大型投顧公司。

在公司規模擴增後，Walt 發覺公司的運作效能也日益低落。可能因爲先前有其他團隊設計的系統程式曾經出過問題，讓公司遭遇損失，公司對於商品系統的審核流程愈來愈冗長細密，設計部門除了分析、模擬與反覆試算，還必須面對許多有理或無理的質疑，如果遇到內部派系暗流，彼此製造障礙，就更讓原本單純的系統程式蒙上不可預知的乖舛命運，因爲有些人就是不希望你所做的系統表現優異，將來有可能在公司位居要津。

不過，許多內部鬥爭都穿上表面合理的外衣，無論是技術審查、研討會議、長時間的市場實境模擬，任何人都必須遵守，也不能嫌它多餘，那都是組織必要的管控程序。只是面對無厘頭的問題或有心刁難的質疑，設計團隊必須一而再、再而三地重複說明、驗證，往往搞到大家心力交瘁，氣餒萬分。

Walt帶領團隊完成的數個系統，在折騰大半年之後，幾乎都原封不動地通過審核，並正式上線運作，結果雖然通過了，不過往往錯過市場最佳時機。最近兩年多來，這樣的作業流程和審查模式已經搞到團隊成員興味盡失，不想開發新系統。

年輕人畢竟不願長期龍困淺灘，二〇一四年春天，Walt終於提出辭呈，把握六個月的競業禁止期間，他好整以暇地體驗了撒哈拉沙漠、在地中海沿岸休閒旅遊，也回亞洲和台灣度假。充電之後，Walt允諾了邀約，和朋友另外組成一家小型投顧公司，所有的作業流程和工作進度都自行掌控，他終於重新找回如魚得水的感覺。

「小組織靠人治，大機構靠法治。」小型企業和組織通常靈活，制度不嚴謹，抗風險能力低，但應變求生快速；大型企業與政府機關則結構流程嚴謹，按部就班，不容踰越，因此四平八穩，卻容易僵化和淪爲形式主義。

工作原本像一條河流，它是流動的，可傳輸的。工作的過程中應該是行雲流水，工作完成時則是水到渠成。不過，在流程不順暢的組織裡，迴路紊亂，通道阻塞，工作時事倍功半，特別費力，到後來工作者往往兵困馬乏，一看到工作就提不起勁。

員工工作動能和組織效能是一個相互依存的關係：員工工作動能高，組織效能也高；組織效能高，工作動能也相對強烈。既然是相互依存，似乎就是一個「雞生蛋、蛋生雞」的問題。從組織績效或從工作動能切入改善，可能都只抓到既成事實，未能洞燭機先，那麼，究竟應該從何著手？

專家給的答案是：流程。

傳統的功能式組織中，一項任務往往被分割成片段的作業，由不同部門執行任務的各個部分，因爲每個部門各有不同文化、做事的方法，加上主管的習性、組織的官僚體系，所以工作往往流動不良，只是從一個部門，硬生生移轉到另一個部門，工作流程不順暢，將造成一些不利的現象：

一、虛工：工作繁忙但無成效可言，因爲所執行的根本是一件錯誤或不值得做的事情，再怎麼做，效益都微乎其微。

二、重工：原本一個人或少數人可以做好的事情，卻分配給兩個人或更多人來做；許多人重複做著原本可以簡單完成的事。

三、返工：因爲政策未定、流程設計不良、機具設備問題、訓練不足或其他人爲因素，造成工作品質不合格，必須反覆重做。

四、停工：因爲流程環節脫落或延誤，導致其他步驟、工序無法接續，工作暫時停頓，如無其他作業可塡補，工作者即無所事事。

鬼打牆，原地打轉

年輕的阿傑是我以前的同事，他告別我們轉職到其他公司之前，說要趁年輕，多體驗不同的業態及工作型態。

天下沒有不散的筵席，我支持他的決定，也祝福他展翅高飛。

大約半年後，我們又碰面了，阿傑訴說他的工作狀態。

阿傑離開我們後，進入「威爾理財集團」台灣分公司，擔任理財商品銷售工作。威爾理財是一個針對高資產客戶專門銷售國外理財產品（基金、保險、房地產等）的公司，目標客群鎖定醫師、會計師、建築師、高階經理人及企業主，理財銷售專員除了要善用周邊人脈，進行「陌生開發」更是必要的手段。

不過，由於今天理財商品遍地皆是，同質性頗高，銷售據點也非常普遍密集，而且高端客群多半是工作繁忙、個性謹慎的對象，要與他們建立對話關係，進一步贏得信任，並非易事。

一開始，威爾公司要求銷售專員設法自行取得目標客群的電話資料，加上公司從市場上取得的目標客戶資料，然後分配責任額度，要求銷售專員一一打電話聯繫。

「同樣的話，每天要說六十次以上，」阿傑告訴我：「絕大多數都是助理或祕書接的電話，客氣的可能會說『XX醫師很忙，你要在他下班後才找得到他』，不客氣的就說『我們不接推銷電話』，一句話就堵死了。」

「兩個禮拜下來，打了不下四百通電話，能去見面拜訪的總共只有三個，其中一個人只給十分鐘，聽完了就直接說他沒興趣，另外兩個人說考慮看看，後來也是沒有下文。」

「我覺得像是在浪費生命，這種銷售方式在一般消費品或許還行得通，可是對於我們這種高單價、無形商品就是不行，我覺得現在的工作像在鬼打牆。」阿傑這麼說的時候，眼神有些空洞，看不到他以往生氣蓬勃和勇於突破的樣子。

這也難怪威爾公司過去一年以來業務人員離職率高達四成，沒有離職的其實也都人心浮動，幾乎都無心戀棧，看樣子，阿傑的現象並不是特例。

後來，威爾公司在業務會議認眞檢討了業務銷售方式，決定取消這種無效率的電話銷售，改爲積極與各公會組織、專業團體的領導人接觸並建立服務關係，他們利用這些組織召開年會或座談會的時機前往接觸他們的會員，從會員的保障及終身理財觀點規劃並介紹產品，阿傑的工作變成製作海報、看板架、擺設攤位及現場解說。

阿傑告訴我：「比起來，這種方式有趣多了，成功機率也較高，目前我已經藉著這種銷售方式做成了一筆交易，還有三組在洽談之中。」比起幾個月前的意志消沈，這時候的阿傑看來是回魂了。

威爾公司先前所犯的錯誤是一開始就選擇錯誤的事情來做，而希望員工用對的方法做它，結果幾乎是徒勞無功。

在許多零售商店或百貨公司裡，我們經常發現，某些商店或專櫃人員因爲顧客川流不息，接待、說明、示範、取貨、包裝、收銀、開票，忙得一刻不得閒，連上洗手間的時間都沒有，可是全體成員都容光煥發，手腳俐落；相對地，某些商店就門可羅雀，一整天等不到兩、三個客人上門，銷售人員滿臉倦容，雙眼無神，呵欠連連，好像幾天沒睡好覺一般，路過的消費者看了就更不想上門。

當商業模式模糊——產品和市場定位不清、目標設定不明確、流程混亂時，都會出現鬼打牆式的工作，也就是不斷在做「虛工」，員工無論如何賣力都很難看到效果，感覺像在原地踏步，就是跨不出去，更難以進步，久而久之，什麼事情都不想做。此時，如果沒有解決根源問題，反而一味要求工作者，不斷給予績效壓力，不但是無效管理，還可能適得其反。

疊羅漢，多人重工

民國四、五十年代，台灣從地方到城市，從短程公車到長途客運，車上除了司機，都有隨車服務員的配置，被稱爲「車掌小姐」，她們的工作無非就是開門、關門、收錢、給票，要求較高或勤快些的在路程中報報站名，在那個勞動力低度運用的時代，這些簡易工作也構成了一個人的工作量。六十年代起，隨著車上機械化或電動開關車門設施的安裝、車站售票或車上投幣裝置等設施的推動，許多司機也客串播報站名，原來隨車服務員的工作機能就完全喪失了。後來，如在車上看到又有司機又有車掌小姐的例外狀況，總覺得車掌那個職位眞是多餘。

當一份工作有許多人都可以擔任，工作者重疊性及替代性高時，價值感必然有限。

職場中，因爲組織結構因素、流程因素或權責關係，往往有許多不必要的「虛」工作，這種情況在英文裡稱爲 featherbedding，意指僱用的人比執行工作實際需要的人還多，或採用一些毫無意義、複雜和耗時的流程，其目的僅在僱用更多的人。

featherbedding 原意是用羽毛來塡充床墊，提供更多的舒適感，引申爲被縱容、溺愛或過度獎勵的人。用在勞動關係與管理學的典故來自於美國鐵路行業，一九五〇年代起，因爲機械化及電氣化的科技變遷，導致許多工作逐步被取代，鐵路工人面臨失業的威脅，工會於是要求用極爲輕度或無意義的工作，塡補職位內容，確保工人的工作得以維持，這讓大家想起鐵路臥舖車廂的羽毛床墊，一九六五年美國勞動部在官方文件上正式使用 featherbedding，虛僱勞工和灌水職位的現象更被關注。

我在執行人力盤點的顧問案中，見過最離譜的重複工作案例是爲了買一組清潔工具（拖把、水桶等），某一組織的成員竟然在文件上蓋了十七個章。

爲了買一組清潔工具，足足十七人次在文件上簽章。這工作重疊及工時浪費情形可比前面說的車掌小姐嚴重了十六倍，那一組清潔工具的無形採購成本足足是實際採購價格的百倍以上。

這種疊羅漢式的工作主要在於觀念和心態上的謬誤，包括防弊心態、缺乏授權觀念、對於勞動價值的不尊重，還有就是《帕金森定律》（Parkinson's Law）所指的「互相製造業務給對方」、「藉由增加人力來擴張主管的版圖與影響力」的組織病態。

組織一旦不能授權，沒有分層負責概念，所有的事情，包括極簡單、沒有風險或不重要的事情，都不分鉅細，讓一堆人在表單、文件上審查、背書，必然毫無效率和競爭力可言。從員工的感受來說，組織的運作和流程設計都是一種訊息，不良的設計隱約在告訴員工：效能不重要、工作沒有價值。當組織如此看待工作，員工耳濡目染，久而久之也就不認爲效率和效能是必須當眞的事情了。

迴力棒，回來找你

一九九八年前後，台灣的電信市場尚未經過整併，第一類電信事業經營者將近十家，競爭甚爲激烈。

H電信服務業者雖然從取得營運執照就很努力架設基地台，遍佈系統，但不知是因爲基地台所採用L廠牌設備品質不良、與現有設施相容度不佳，或採購與建置過程不盡完善，總之，收訊狀況一直不理想，經過長時間的工程作業改善也難和中華電信等主力品牌的服務品質相抗衡，一直到後來改採N廠牌的基地台設備，情況才得以改善。

在機器設備尚未更新前，工程人員面對先天不良的機組設備，心裡明白，再怎麼努力搶修也難以達到理想標準，接到維修通知時只能抱著「盡人事，聽天命」的消極心態，人到了現場，摸一摸基地台的儀器，調整一下天線或線路就離開了，工程師知道做什麼都於事無補。

會不會過不了兩三天，相同的工作指令又下來？再去相同地點，同樣的基地台、同樣的機器、一樣的毛病？

當然會，工程師不過是再去一趟，再摸一摸機器，交代一下，反正工作就像迴力棒，丟出去一定會再回過來找你。

公司直營部門負責大客戶及企業用戶的門號銷售，因爲通訊品質的市場口碑不好，銷售狀況並不理想，業務員好不容易做成的幾筆交易，沒多久總會接到一連串的抱怨電話，道歉都無濟於事，最後連電話都不敢接聽。

自營門市主管知道公司的系統設施一時之間也難以全面改善，只能從直接與顧客面對面的直營門市下功夫，於是在招聘門市服務人員時盡可能「以貌取人」，在美人計之下，顧客通常對嬌滴滴的門市小姐罵不下去，只能輕輕說一兩句，原來到口邊的難聽話都收回去了。

通路銷售人員的處境就沒這麼幸運，畢竟銷售人員的收入必須倚賴銷售佣金提成，而產品銷售必須仰仗優良的服務品質，這可不是光靠美貌就可以過關的，偏偏經銷商往往告訴終端消費者：「除了H電訊收訊比較差，其他幾家公司的通訊品質都差不多。」消費者一聽到這樣的分析，自然就不願意採購H電訊的門號。得知這樣的訊息，通路銷售人員也眞是欲哭無淚，加倍付出努力也得不到應有的回報，從一鼓作氣開始，沒多久就「再而衰，三而竭」了。

由於自家的通訊品質不良，客服中心每天都有接不完的客訴電話，客服人員採二十四小時輪班，可是無論任何時段，九成以上的電話都是抱怨與不滿，客服在開口說明之前經常已經挨了客戶一頓臭罵，一旦無法在規定時間內有效處理客訴，又被認爲是對應能力有問題，績效紀錄很難看。這樣的工作壓力總讓人喘不過氣來，久而久之，客服在執勤時都必須麻痺自己的神經，才能面對死氣沉沉的工作環境。

公司所有銷售及客服人員非常明白：產品不好，品牌信譽不佳，銷售持續下滑，總會有接不完的客訴。由於工作要賠上自己的尊嚴，上班造成自己身心俱疲，因此幾乎每天都有人提出辭呈，每周都有人離開，對外投送履歷和面談新工作的人更比比皆是，留下的人也信心全失，工作動能所剩無幾。

「返工」是流程設計和品質不良組織的常態，當然是病態，不是因爲研發設計流程出了問題，就是生產流程規劃不當、機器設備不良，再不然就是品質意識不夠，從材料採購出包到操作訓練不到位，導致產品生產製造過程出問題，於是工作必須一再重來，不斷redo的結果是製造成本節節上升，工時不斷浪費，最可怕的是員工的士氣都被消磨掉了。

兵來將擋，將在哪裡？

一九七七年，盧森思（F. Luthans）提出「權變管理」理論，他指出世界上沒有一成不變的管理模式，管理要根據組織的內、外部條件的變化情況作相應的調整，法無定法，應因地、因時制宜。

「沒有絕對最好的東西，一切隨條件而定。」這句格言就是權變管理的核心思想。權變理論告訴管理者應不斷調整自己，使自己不失時機地適應外界的變化——一名高明的領導者應是一個善變的人，有能力根據環境變遷及時變換自己的領導方式。

實務世界裡，有許多領導者確實是權變管理的擁護者，儘管他們不一定知道什麼叫做權變理論，這其中有兩種典型：

第一類領導者，根本不相信策略、目標、組織、權責、制度與流程，他心目中的最高指導原則是「兵來將擋，水來土掩」，憑著自己的聰明才智和機靈反應，也能掌握一些機運，創造一段好光景。不過，散兵游勇終究只是游擊隊的格局，如果要成爲正規軍，要擴大規模，走長路、走遠路，他的領導模式非變不可。

就以「兵來將擋，水來土掩」而言，在一個完全沒有體制的組織裡，誰是將？將在哪裡？哪些方面是他們的強項？平日有無儲備培養？這些問題的答案可能都是「不知道」、「不重要」，因此，眞有敵人兵臨城下時、當有任務將臨時，誰能頂上去？到時候只有全憑運氣了。水來土掩的道理也是一樣，颱風洪水來臨時，要以沙包阻擋水勢，請問，平日沙包要放在在哪裡？要準備多少沙包？這些問題，你可有答案？還是水淹上來時才派人出門買沙包？

第二類領導者優秀得多，他們知道原則與例外，權變管理只用在例外情況，正常狀態下還是要有章法，當章法不足以因應時，才啓動應變方案，這裡有兩個例子：

一、福特汽車公司位在英國達根翰城（Dagenham）的工廠，每天生產一千輛Cortina汽車，有一次因爲方向盤缺貨，使得成品車無法駛出生產線，工廠即將面臨完全停工的命運。後來的對策是調出一班作業人員，將已裝上方向盤的新車駛出生產線，開到停車場，然後卸下方向盤，再裝在下一批新車上。如此反覆操作，雖然方向盤不足，但生產線並未中斷，不斷有組裝完成的新車送到停車場放置，等到新的方向盤到貨時，再裝置在所有缺方向盤的新車上，解決了這次危機。

二、一九八二年初，英國著名的堆土機製造公司JCB由於引擎獨家供應商工人長時間罷工，面臨必須完全關閉產值最高的生產線的威脅。JCB於是啓動一套應變計畫，重新設計產品結構，使新的機種能夠採用另一家引擎製造商的引擎。正當工廠內原本採用的引擎庫存量即將告罄之時，新的變更設計完成試俥，緊急採購也能補上供應鏈，終能維持堆土機的生產，免於停產。

食古不化或應變無方的組織，當碰到類似的狀況時，管理者大多兩手一攤，束手就擒。無力解決問題的管理者還振振有詞，自我防衛一番：「標準流程就是這樣規定」、「產品規格就是這樣設計」，原本流程設計和SOP的目的是爲提升效能，這時卻成了執行力的絆腳石，也成爲卸責者的藉口，解決這一切的法寶就是權變和改善。

圖表 9.1 「流程順暢」認同度的檢測問題

編號	題目
1	本公司作業及核決流程銜接順暢，沒有阻礙。
2	本公司的規章、制度、流程及文件、表單都清晰而明確。
3	我們都能按照公司的流程或標準作業程序執行工作。
4	在公司裡，虛工或做錯重來是常態，造成了不少時間和資源的浪費。
5	本公司的工作環境及硬體設施都安排合理且安全。

「流程順暢」認同度的量測

量測所採用的問題

工作者對於「流程順暢」的認同度，我們採用圖表九．一當中的幾個題目編入量表加以檢測。

試測結果所建立的常模數據

根據調查資料顯示，企業在「流程順暢」的項目平均得分爲六六．九分，在十個驅動工作動能的項目當中得分屬於得分較低的群組九．二。在目前受測企業中最高得分爲七二．四分，最低得分爲六〇．四分；與其他驅動工作動能項目相較，受測企業在此一項目得分差異較大，個別企業的表現落差明顯，顯示此一課題在不同企業中有不同的嚴重性。

「流程順暢」認同度與安培指數的相關係數爲〇．三三，達到統計學上「非常顯著」的相關程度，也就是「組織成員對於營運及管理流程愈認同，工作動能愈強」，此一描述的準確率可達到九九％。

「流程順暢」認同度這個項目的調查得分不高，代表員工對於組織裡的營運及管理流程並不認同。當員工認爲工作上應該有更具效能的方式，可是事實上並非如此的時候，積極且優秀的員工會尋求突破、改善與提供建言，

圖表 9.2 「流程順暢」認同度與其他驅動因素調查結果比較

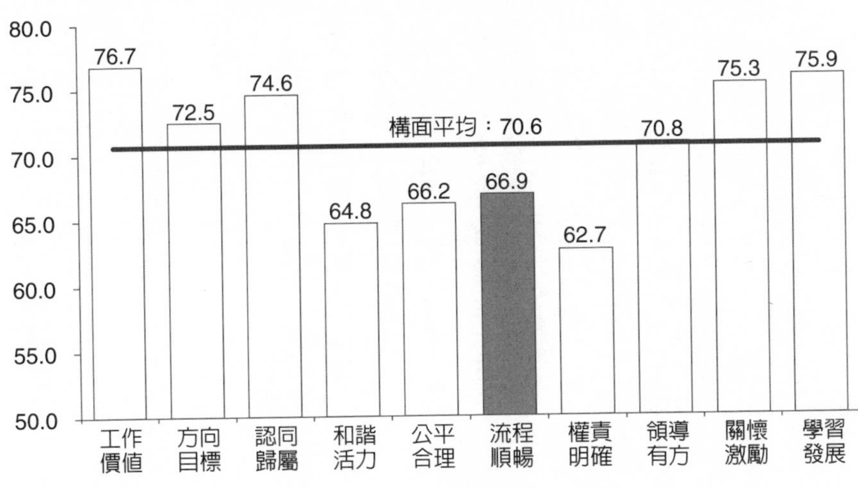

具忠誠度的員工會感到憂心焦慮，其他員工很可能會因此洩氣，或認為事不關己。

這樣的營運及管理流程合理性，與策略面、組織面、職位面、流程面到執行面都可能有關，組織不可能在每一個環節都優秀，總有值得改善之處，卻也不是每個問題都必須高度重視，即刻解決。知道自己該如何理出問題頭緒，分辨輕重緩急，循序改進才是正道。

檢視企業管理成熟度

我們在論及企業管理成熟度時，經常以五個階梯來檢視：

第一層：建立共通語言（common language），有賴理念與知識。

第二層：搭設共通流程（common process），依靠流程定義。

第三層：實施單一方法（singular methodology），找出最佳實務。

第四層：向標竿學習（benchmarking），師法外部或內部標竿與案例。

第五層：持續改善（continuous process improvement），每一個環節、每一項作業，甚至每天改善一點點。

我們就順著這個成熟度階梯來檢驗自己的流程並加以改善。

欲善其事，先利其器

一般企業會將其組織及人力區分爲直接部門、間接部門及後勤支援部門，也據以編製成本會計報表。從結果論，大家最重視直接部門的產出與績效，這很容易理解，可是如果沒有做好基礎建設，要得到滿意的成果也是緣木求魚。

人說「菩薩畏因，眾生畏果」，短視的人只看到結果，有智慧的人會先從源頭開始梳理。平衡計分卡（The Balanced ScoreCard, BSC）將流程指標置於顧客指標及財務指標之前，做爲領先指標，目的也在提醒先將流程理順，才有顧客，有了顧客才有滿意的財務結果。

林肯總統說：「如果給我六小時去砍倒一棵樹，我會先花四小時來磨利我的斧頭。」

許多企業面對流程改善、研究發展和教育訓練等非直接生產事項，理智上都很糾結。景氣好的時候，趕工都來不急，哪能撥出時間精神在流程改善和研發訓練？景氣不佳時要撙節開支，能省一分就是一分，更不可能從事生產銷售以外的花費。這樣的思考會形成習性，習性形成經營模式，久而久之，公司從機器設備、流程工法到工作團隊，都會逐漸老化，競爭力也就一天天減弱。

工廠裡許多工程師和工人每天都很勤奮工作，可是工具、方法錯了，勤奮工作並沒有帶來相對的報酬。有些工程師感覺需要停下來改善工作流程，例如要改善需求變更流程、要更新管控機制版本、重訂成本估算方法和估算標準。無奈手頭上的案子每個看來都有時效性，只好暫時把流程改善的工作丟到一旁。這一丟就是遙遙無期，也丟掉可能成功轉變的契機。

了解並能活用波士頓矩陣（BCG Matrix）的人都知道，當組織有「金牛」（cash cow）產品時，必須善用足夠的現金收入儘速孵育「明星」（star）產品，在下一個階段接手既有產品，成爲公司營收和盈餘貢獻的主體。流程改善、教育訓練也是同樣的道理，趁著公司營運正常的時候，學學林肯先磨利斧頭再砍柴，才會有好效能。景氣低迷時要練兵，業務鼎盛時也需要磨刀，平時持續不斷進行流程改善才算是永續經營。

傾聽內部顧客聲音

來自內部同仁意見的重要度不下於外部顧客意見，擔任管理顧問多年，發現組織林林總總的問題，內部同仁總有許多眞知卓見可以解決，只不過因爲眾說紛紜或是人微言輕，這些好意見都沒有受到重視。顧問解決問題時，除了帶來專業見解和以往經驗之外，任務之一就是建立適當管道和平台，讓這些微弱的聲音可以被聽到，可以被公平檢驗。

實務上，組織內部進行制度流程改善時有多種工具方法可以運用，例如制度流程檢核表、員工提案建議制度、員工意見箱、專案小組會議等，都不新奇，但落實執行都可以有效。

制度流程檢核表類似體檢表，就是將相關流程列出，詢問同仁對於各項規章制度的滿意程度，再進行綜合整理，找出同仁滿意度最低的流程項目，例如圖表九・三是以銷售循環爲例的制度流程檢核表。

爲了避免相關制度流程主辦部門的本位及防衛心態，以上的制度流程檢核表建議由獨立的專案小

圖表 9.3　銷售部門制度流程檢核表（範例）

項次	工作流程	制度表單		使用頻率	滿意程度	問題點／具體意見
		有	無			
1	銷售計畫					
2	拜訪新客戶					
3	回訪老客戶					
4	產品報價					
5	投標					
6	商務談判					
7	簽訂合約					
8	發貨					
9	回款					
10	開票					
11	售後服務					
12	退（換）貨					
13	銷售管理					

※ 使用頻率—1. 頻繁 2. 普通 3. 很少使用
※ 滿意程度—A. 滿意 B. 無意見 C. 不滿意

組負責回收、整理與分析。因爲原主辦單位可能認爲：

- 問題提得愈多，代表本部門以往做得不好。
- 問題提得愈多，後頭的相應改善工作做不完。
- 主觀上不認爲自己部門訂定的流程有問題，總是別人誤解或找碴。

同仁意見調查完畢後，專案小組除了書面調查資料整理外，應更深入了解個別制度流程的實際運作情況，並蒐集書面資料無法詳述的意見或建議，再根據流程的重要度和問題的嚴重性，排定優先順序要求改進，確認方向後可將改善的作業要求原主辦部門限期完成，此一過程中需要經營主管核定者，依照組織權責辦理。

至於專案小組討論相關制度流程的方

式，可採用腦力激盪，先發散思考再收斂總結，過程中容許各種異見，不輕易抹煞任何少數意見，才能跳脫既有框架與窠臼。你永遠不知道，你的團隊裡有沒有孤獨的哥白尼，他在十六世紀主張天體運行以太陽為中心，起初可沒幾個人相信。

抽換最短的板子

組織流程管理最要解決的是瓶頸問題。有時，各個部門都耗費心力提高效能，但結果都在某一個環節上卡住，許多努力都白費了。

我們有一位顧問同仁曾經和九個朋友騎單車環島旅行，他們規劃了十四天，一千兩百公里的行程，以每天平均八十到九十公里的路程前進，因此，到哪裡休息、住宿、用餐，都經過細密的計算，也選擇了氣候穩定且適宜的季節出發。不過夥伴中有兩位體耐力略微不足，就成了每天團隊行程進度的變數。大夥兒能做的就是減輕他們兩人的負荷，請年輕體健的夥伴幫他們多背負一些行李和飲水，多關照他們的體能狀態和給予適度休息，其他人騎得再快都沒有用，因為全隊的推進速度取決於這兩位夥伴。整個團隊還是不免捨棄幾個次要景點，改走備案路線，中間總共縮短了將近一百公里，才完成這次壯遊。

只要工作具有整體性和系統性，比方說好幾個人同時進行一項工作，或採流水線、分站式作業，任何一個環節或個人績效突出幾乎都不具意義，就好比在龍舟或競速輕艇上划船，光是其中一個人體力特好，划得特快完全沒用，甚至還會擾亂團隊的節奏和整體速度。

「物有始終，事有先後。」問題也有輕重緩急，醫師治療多重症狀的病人，必須找到最優先、最恰當的原始點，而非同時醫治數個病徵。當組織日益擴大時經常問題迭起，雖然千頭萬緒，也不可能

圖表 9.4　木桶（短板）理論

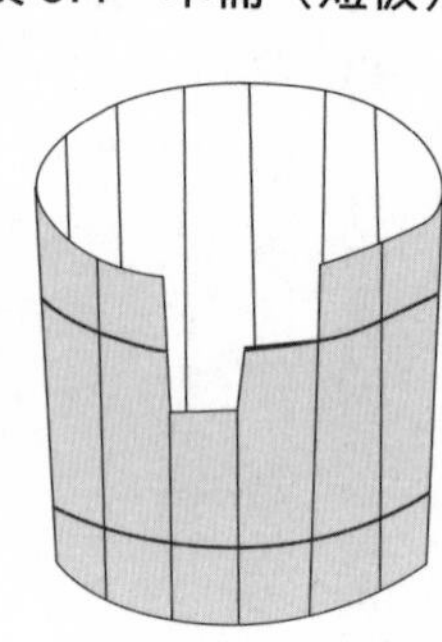

同時解決所有問題。這個時候抽絲剝繭往往緩不濟急，最有效率的是尋求系統切入點，從關鍵重點或槓桿點著手，這就像找到一把解決問題的鑰匙。

在解決組織系統性的問題時，策略和程序非常重要。在系統化解決問題的領域裡，西方管理學者提出嚴謹而完整的「限制理論」，華人社會裡的「木桶理論」也很簡約傳神。

高德拉特（Eliyahu Goldratt）的《限制理論》（Theory of constraint, TOC）告訴我們：任何系統（企業、組織）至少會存在著一個阻礙發展的限制，這個限制就是系統當中最弱的一環，唯有從它下手，才能增強整個系統的強度。

中國社會俗稱的「木桶現象」或「短板理論」則是說：一個用鐵環箍起的木桶，它的盛水量取決於最短的那一塊木板（如圖表九・四），你必須抽換或修補那塊木板，才能恢復水桶正常的取水容量。

即使二十年來盛極一時的精實生產都強調，無論爲了降低浪費、提升效率或改善品質，與其追求個別的完美，不如尋求系統整體改善。

看到缺角的木桶，解決問題該從哪裡下手，應該很明白了吧！

看圖說故事很容易，實際解決問題顯然需要更多智慧──那塊最短的木板究竟在哪裡？

這個關鍵點可能是流程的源頭，可能是問題最嚴重的環節，也可能是盤根錯節的「瘤」，在分析時除了採用柏拉圖等數量方法外，可以採用「關聯圖法」，先將所有的問題列出，找出關鍵問題，這是問題導向型的關聯圖法；也可以將所有的解決方案列出，找出最核心、最槓桿的那個點，這就是解

圖表 9.5　某公司願景實現因素關聯圖

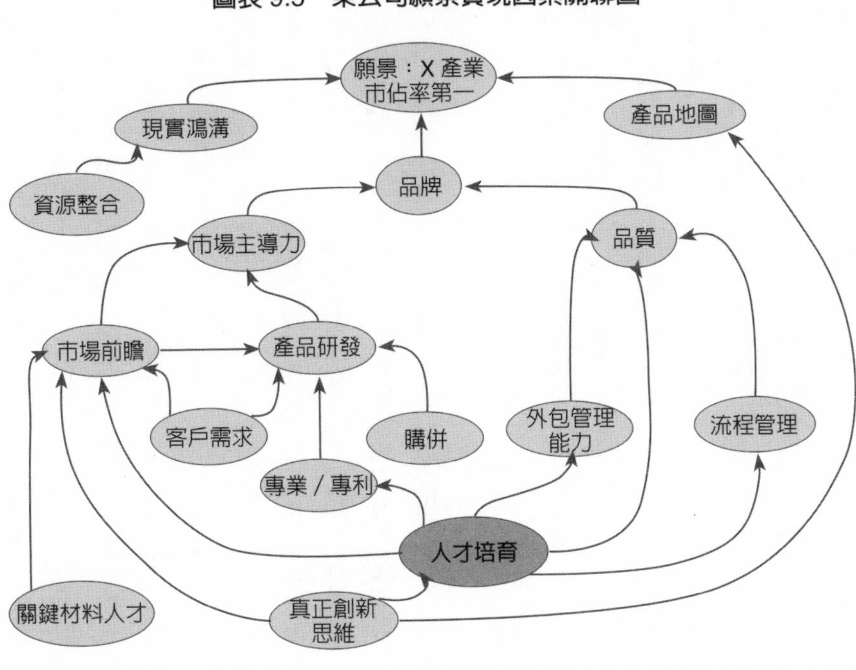

決方案型的關聯圖法。

企業的實務輔導中，組織成員最容易犯的錯誤是將「問題點」及「解決方案」攪混在同一張關聯圖裡，這樣的錯誤會導致理不出問題的頭緒，更不容易找出解答。圖表九．五是一個典型、正確的關聯圖，這是個尋求解決方案的關聯圖，主要命題是讓公司的產品在所屬產業中取得市佔率第一。經過關聯分析，經營團隊成員發現各項關聯元素當中影響（匯出）最多的是「人才培育」，也就是要達成產品市佔率世界第一的關鍵是人才培育，這就是該公司必須率先突破的瓶頸所在。

精實，不必刻薄

藉由刪除（Elimination）、簡化（Simplification）、合併（Combination）及重排（Re-arrangement）等管理手段，將流程、作業或動作合理化，是提升效率的有效方法。不過這樣的努力也經常伴隨著一些批評，認爲過度追求合理化，會把工作者視爲機器，降低人際交流互動；定點工作取代了自然走動和工作中運動的機會；甚至一些流程設計並不周延的環節，原本還保留一些可以喘息的空隙，在流程改善及重設計後都可能被剝奪。

早在一八八〇年代，「科學管理之父」泰勒（Frederick Winslow Taylor）博士推出動時研究、標準工時、計件工資的觀念及作法時，就出現了這種質疑。二〇世紀初，亨利・福特（Henry Ford）率先採用流水線大量生產方法，即被批評爲導致工廠工作乏味的元兇，一直到近三十年來「精實生產」（Lean Production）理論的實務推行，都一再引起爭議。

這些革命性生產方式的是非曲直不是我們討論的重點，我們認爲僅僅從工程、數學和成本會計所計算出來的「標準答案」不代表管理的眞諦；完全出自人性關懷、人本主義和藝術人文的浪漫情懷，也不符合經營所需。必須剛柔並濟、虛實相生，兼容智慧與慈悲、並蓄科技與人文，才能達到管理目的。

二〇〇一年，我們顧問團隊協助一所大學醫學院附設醫院進行人力合理化研究，當時針對藥劑部、檢驗醫學部、影像醫學部和綜合診療部進行人力盤點。對於藥劑部的人力診斷，顧問指出了兩個問題，一在作業環境，另一個是流程面。

透過對藥劑部的觀察、紀錄與訪談，顧問發現該所教學醫院門診醫師每天開出的處方約有五千筆，每筆平均有三個藥袋，也就是約有一萬五千個藥袋。除了藥劑師的調劑需動用大批專業人力外，光是調劑單和列印藥袋，就是龐大的工作量。

藥劑部總共有七台印表機，放置地點距離藥師大約五公尺至十公尺，從印表機上取下調劑單和藥袋，送交藥師調劑是技工的工作，距離雖不遠，但一整天下來穿梭於印表機和藥師之間的走動距離也很可觀，顧問因此建議，將印表機置於藥師調劑處身後一至兩公尺處，如果爲了避免距離過近而污染藥品，只要加裝隔離和抽風設施即可，光是此一改善即可以減少人力兩名。

另外一個問題，牽涉到複核藥師的工作，複核藥師負責檢核配藥結果並挑出問題調劑單（處方），然後協調諮詢櫃台處理問題直到正常爲止。複核工作接續在藥師完成配藥工作之後，以實際每天約一%的問題處方來說，約有五十筆處方配藥是無效工作（已經配了藥，但因有問題或錯誤，不能直接發藥給病患或家屬），如將複核藥師的複核動作提前到處方及藥袋列印之後、藥師配藥之前，就可以省下此一無效作業。

從流程診斷到人力盤點，有時重點不在於可以減省或裁汰多少人力，而在於多餘出來的工時與人力可以移轉到其他地方，做更有效益的運用，這才是精實管理與人力合理化比較積極正面的意義。

流程中加入人際介面

制度流程的探討，一般都有邏輯性與科學性，通常都有標準答案，不過，我們也會碰到需要將人際因素融入制度流程或作業程序，有人文藝術考量的一面。

近年來，醫療糾紛時有所聞，其中固然有些是因爲醫療過程確實有可議之處，更多是因爲病患及家屬的權益意識提升，加上資訊發達，諮詢方便或旁人慫恿，導致對於醫院、診所或醫療人員的質疑增多。醫療院所似乎從以往神聖不可侵犯的地位，一下子反轉到被持放大鏡檢視或加片檢查的地步，於是咆哮急診室者有之，醫護人員被辱罵者有之，嚴重的還有被毆打或遭受生命安全威脅。

改善醫病關係，緩解醫護人員與病患、家屬的緊張、衝突，變成時下醫院管理的重要議題。這個問題如果處理不好，醫院永無寧日，醫師護士也很難安心工作。

所有的醫生、護士都了解「視病猶親」的道理，在職業養成的過程中也被灌輸過這樣的觀念，可是做起來永遠比理論難上百倍。

這兩年，在國家文官學院擔任高階文官才能評鑑員的同時，認識考試委員李選女士，她是早年國內少有的以護理學背景取得國外博士學位的實務專家，在多所大學醫學院任教並兼任附設醫院護理部領導主管的工作。最近幾年，她特別致力於醫事人員感動服務，落實醫護關懷的輔導。

李選委員分享了護理觀點：實證資料顯示，許多醫療糾紛來自感受問題，誤解醫護人員在忙碌中對病患不盡心、欠熱忱，眞正對於醫療過程和醫療技術的質疑，僅爲少數。因此，讓病患及家屬知道醫護人員對他們是重視與關心的，是非常重要的課題。

她舉例說，許多醫師儘管醫術高超，人際溝通卻是弱項。平日不苟言笑，連微笑都擠不出來，讓人覺得冷漠；因爲不善言詞，很少開口又讓人覺得高傲，加上看診時間急迫，能分配給病人的時間原本不多，一旦完成診斷立即在鍵盤上記錄病情，開立處方，和病患的交流時間非常短促，所以病患對於這樣的醫生難有好感，回家後如病況好轉就算了，萬一不是那麼快見效，就可能怪罪醫師沒用心，沒有對症下藥。

爲了協助醫師提升醫病關係，李委員特別介紹醫護界推廣的三分鐘（〇．五／二／〇．五）看診步驟。

若將三分鐘的看診流程切成三部分，第一部分的半分鐘就是關懷和問候，語言內容大致如下：「阿伯，請坐！哪裡不舒服嗎？」此時聲調要緩慢，語氣很柔軟，眼光注視病人，而不是病歷表或電腦螢幕，若病人就座不便，還要給予協助。

和病人一開始三十秒鐘的接觸，決定病人對醫師好惡的絕大部分，所以再怎麼不善言詞，親切問候是必要的，而且問候不是一語帶過而已，接下來才是標準的望、聞、問、切程序。

「好，來，我幫您好好看看」、「稍微忍耐一下呦！」以上問候病患和初步診斷的程序，其實半分鐘就可完成。在進行下一步驟前必定要交代：「現在，我要開始打電腦，記錄你的情況囉。」說完再把視線移到電腦鍵盤和螢幕，代表即使間斷對話，也要表達對病患的尊重。

接下來的兩分鐘是第二階段，醫師可以用聽診器檢查、進行內診、寫診斷、下處方，也不忘記補充詢問病患有關藥物過敏或胃部對藥物反應等病史。

進入第三階段三十秒，醫師再把目光移回病患，除了告知用藥及相關注意事項外，還有一個要點，就是臨別問候，祝他/她早日康復。這樣的問候肯定讓病患或陪同家屬感到很溫暖。第三部分這半分鐘，耗時不多卻是完善看診流程的重要步驟，讓病患帶著備受關切、禮遇與祝福離開診間。

經過這樣的看診流程，病患及家屬對醫師心生怨懟或不滿的可能性大幅降低，甚至根本消除，進而建立具信賴感的夥伴關係。

我們從這個案例裡看到：組織某些流程設計，人際介面考量才是真正關鍵，雖然那些步驟可能耗費一些時間，卻是潤滑人際關係、確保流程順暢和減少誤解摩擦的重要環節。當然，對於不熟稔人際互動的成員而言，除了恰當的流程設計、適度的原理說明，還要給予多次實做演練的機會，否則真正面對工作對象或顧客時，還是無法從心所欲表達情感，將會失去流程設計原味，效果大打折扣。

標竿學習，迎頭趕上

過去幾年，桃園國際機場的管理和服務效率一直被人詬病，經常被拿來與服務效能數一數二的新加坡樟宜機場相比較。

二〇一四年Skytrax全球機場滿意度評鑑第一名就是樟宜機場，蟬聯二〇一三年的王座，這已是樟宜機場在過去十五年裡，第五次在這項排名中列於首位（其他各年名次大多也是第二）。另一項ACI（全球機場協會）評鑑，二〇一三年在年運量超過四千萬名旅客的全球機場中，樟宜機場也排名第一。

爲什麼他們表現這麼好？我們不妨從幾個小地方看看樟宜機場的經營與服務效能：

- 從飛機停靠在停機坪算起，樟宜機場要求第一件行李從飛機上運到行李轉盤的時間爲十二分鐘，比國際標準二十分鐘足足提前八分鐘，最後一件行李出現在轉盤上的時間爲二十九分鐘（國際標準是三十五分鐘）。
- 旅客來到旅客服務中心前，執勤人員必須在二十秒內完成GSST的基本動作：問候（Greet）、起立（Stand）、微笑（Smile），必要時表達感謝（Thanks）。
- 機場大廳及廁所中潮濕區域的容忍上限，樟宜機場也都訂定量化規範。舉例說，若有一瓶可樂傾倒在地面上，從發現、示警到清理，務必要在三分鐘內完成。

新加坡樟宜機場能得到舉世推崇的服務效能，並輸出管理經驗（目前獲得全球約二十個機場的委託經營合約或提供長期服務管理諮詢），關鍵就在於「以數字爲基礎的流程管理」和「服務文化」。

換句話說，從顧客的角度隨時蒐集數據，思考顧客需求與價值主張，不斷簡化流程，提高服務質量，就是他們致勝的法寶。

無論是金融、旅運、餐飲、零售流通等服務業現場或是製造業的生產工廠，都是很容易蒐集數據，加以分析後可提出改善方案的工作環境，關鍵在於是不是有心改善，只要有心，時時都可以有新發現，處處都有答案。

在使用資訊科技追蹤與了解消費者的行為上，沃爾瑪（Wal-Mart）是世界的先驅。早在一九八五年，沃爾瑪便開始研發一套創新的軟體，利用條碼蒐集與消費者行為相關的複雜資訊，進行各種分析，然後進行針對性的銷售，既有效又不浪費資源，這就是以資料為基礎的管理，沃爾瑪成為全球首屈一指的零售業龍頭，絕非浪得虛名。

要進行資料的統計分析，現場觀察和對客戶進行滿意度調查同樣重要。舉例說，在需要排隊的場所，經理人只要看到任何一個窗口排隊的顧客等待時間超過五分鐘，立即增開服務窗口，可以馬上消除許多客戶的不滿並得到讚賞，這種對應現場數據的服務也是流程管理的一部分。

所有的經驗告訴我們：節奏愈快速、愈緊湊、內容愈有挑戰性的工作，員工的工作滿意度愈高；反過來說，鬆散、慢節奏、缺乏壓力的工作，員工滿意度反而低。只要考慮到人性與尊重，給予工作者適度壓力，肯定正確也絕對必要。而所謂快速、緊湊、挑戰性，關鍵就在流程的設計、運作的控制和制度的合理性。

每天改善一些些

大的改善叫做變革，小的變革叫做改善。組織流程制度改善不必拘泥於規模大小，能夠推動執行才是重點；有效也比完美重要，因爲先求有效，才能逐步完善，再求完美。

組織的流程與制度改善，有時需要從心智模式開始啓動，例如賈伯斯在回鍋接任蘋果電腦CEO時，以一句「Think Different」的期許，成功打動蘋果員工，塑造蘋果創新的形象。

相對於組織結構變革、文化變革及人員變革，管理流程變革是成功率最高的環節，因爲它通常具體而有標準答案，因此抗拒相對較小（不意味沒有抗拒，因爲改變作業習性，還是會帶來衝擊），從此處著手確實比較容易成功。

如果，組織的管理可以在日常營運中每天改善一點點，哪怕只是千分之一的改善，一年下來，改善的幅度相當可觀。

一．〇〇一的三六四次方，答案是一．四四。任何一個組織或任何一項作業，假使每年可以有四四%的進步，夠強了吧！

如何爭取這每天進步一點點的空間？

我們給的建議看起來很普通，不過當我看到夏藍（Ram Chran）所著《實力》一書報導納德利（Bob Nardelli）在家居貨棧（Home Depot）的所做所爲，幾乎就和我建議的一模一樣，深知「大道至簡」，愈平實的道理愈簡易可行，關鍵只在於執行的堅定與持久恆心。

二〇〇〇年，納德利辭去奇異電器電力系統（GE Power System）總經理一職，擔任家居貨棧的執行長，他到職後發現家居貨棧的挑戰是改善營運毛利、存貨週轉率以及現金流量，要找出一條不一樣的成長軌道。他知道這不能只是設定目標，然後期望員工達成，而是必須確定公司的體系運作能夠達成這些目標。

關於納德利在居家貨棧的營運流程改善，有一些實際作法，比方說採行集中採購以改善存貨週轉

圖表 9.6　每週重點工作 to do list

項次	工作項目	預期成果	權責（A）	主辦（R）	請求裁定／協助事項
1					
2					
3					
4					
5					
…					

率等，確實具有參考作用。不過，我要分享的是納德利推動的日常管理機制，幾乎所有的組織都用得上。

納德利上任後的幾個月，他就推動了每個星期一上午兩小時的營運會議，所有資深主管透過視訊會議同步對話，大約二十至三十人參加，由納德利親自主持。他會在會中問一些非常具體的問題，了解各部門的狀況，以往這類會議討論的重點是每季的業務狀況，但是納德利問的是上個星期的狀況，以及這個星期的計畫；下個星期的會議則會詢問主管，是否完成上週該完成的事情，這麼做加速了公司的運作效能，也建立主管說到做到的責任感。

我們以往給企業的建議，同樣也是每週一上午的營運會議，時間則視組織規模大小而異，會議參加人數在十人以下的，會議時間在一小時內就已足夠。各主管的工作報告，採用的是「主要待辦事項」（to do list）或「五大要項工作」（Big 5）的表單，顧名思義，我們希望所有主管聚焦重點，每週能扎扎實實地進行五項主要工作即已足夠，偶爾會有重點事項較多狀況，最多開放至七項已是極限，主管必須做出取捨。

這份 to do list（圖表九．六），在週一上午開會前一小時提出，會議主辦部門立即彙整，以利在會中提報及討論。

會議中，主持人對於每一部門工作重點應加以詢問，確認符合組織營運所需，同時徵求其他部門主管提出問題，特別是業務相關或重疊之處。

當然，提報部門也應就推動工作的關鍵點、所需要協助支援事項在會中提出，最終由會議主持人同意，代表「放行通過」，提報部門可以立即行動。下一次的會議中，應該要求主管報告上一週 to do list 的執行結果，只要是沒有執行完畢的，每週都要繼續追蹤，直到完成爲止。

圖表九．六不只適用於公司的高階主管營運會議，即便基層單位都可以複製此一模式加以運用，成熟運作後這就是公司的共通語言，無論工作推動或流程改善，都是確保執行有序和運作順暢的有效工具。

當執行有序、運作順暢，組織內很少有虛工，更沒有重工、返工，人人跟著部隊走，很難偷懶，也不必偷懶，工作效率提高和工作動能提升變成兩股相輔相成的旋風，帶領組織不斷向上，這就是組織的輪軸已經開始主動，接下來就要享受加速推進的快感了。

第十章　清晰明確的權責分工

本章重點

1. 組織管理必須灌注「權、責、利金三角」原則，過程中的權力（authority）、責任（responsibility）與利益（privilege）必須充分結合又平行運作。
2. 組織裡「權責明確」認同度低是一個普遍現象，值得賦予較多的關注及較強的改善力度。
3. 組織章程、部門職掌及工作說明書是建立常態組織權責體制的重要程序及體制，追求體系化長遠運作機制應該一步步構築這樣的體系。
4.「責任角色矩陣法」是實用的管理工具，主要採用「ARCI」的技術，運用在組織的責任與職位角色的矩陣關係中。
5. 在目標及結構下給予工作者適度自主而不必限定其工作內容，有適度的想像力與發揮空間，工作才更多彩而有勁。

權、責、利均衡的工作

給分一致就公平了？

學數位多媒體設計的大兒子快畢業了，畢業前的大事就是畢業專題製作，設計科系的學生現在多半需要提報作品參加在台北舉辦的新一代設計展，在展場中展示自己或團隊的學習成果，這是相當好的一種壓力成長環境，也是讓廠商在現場發掘人才的良好場域。

兒子和其他四位同學合作製作電玩遊戲，在共同完成故事大綱後，A同學負責平面場景美術，第二步驟由B、C兩位同學負責包含人物與場景的3D美術，再來就是兒子負責的動畫特效，最後一位負責設計程式串連所有細節。就五個人的小團隊而言，這是合理的分工，但是其中負責3D製作的C同學課後還在超商打工，作業能力及投入熱忱都打了折扣，導致團隊合作受阻，進度落後。為了趕上進度，另一位負責3D美術的同學工作量大增，其他夥伴也必須先行支援這一部分作業，才能讓專案繼續下去。

這是兒子第二次碰到這種情況，他以前就讀高中時，也曾經因為同組同學認領了專題任務，最後卻推說補習課業繁重，負責的任務跳了票，這使得他和另一位同學必須緊急補位，將功課放在一旁，勉強完成團隊作業，他的情緒也因此低落了好幾天。後來老師評分給同組同學分數都一樣，他心裡更是忿忿不平。

在學期間，特別是高中以後，我們經常需要提交報告，而且常有團體報告，那通常是一個兩、三人到八人不等的團隊，必須在一定時間內對於教師指定的題目提出報告、作品或解決方案。這樣的團隊作業能讓學生交流學習、互補長短、學習團隊組建和團隊合作，除了對於命題內容的學習，這種作業方式本身就是很好的教學方式。

可是，這樣的團體報告最常見的就是勞逸不均，能力強而負責任的人總是多做；能力較弱、責任心不足或較無團隊意識的人參與甚少，甚至袖手旁觀，可是到了評分時老師往往只是給了個團隊分數，分數高時通通有獎，分數低時不分青紅皂白、人人遭殃。

我告訴兒子：「碰到這種情境，正是一種學習機會，要了解專案終究會有風險，必須面對變數，自己更要有能力處理危機；除此之外，也必須愼選夥伴，以免專案過程中自己受累，也影響產出成果。」

可是，團隊合作成員勞逸不均及齊頭式評分的不公平問題仍然是個難解的問題，此一問題不僅在學校發生，也會在職場中出現，其中牽涉到管理機制設計與執行。

我在學校兼任教職時也曾經出過團體作業給學生，剛開始我要求學生在報告中寫上每一個人在作業中的角色，比方說：方向構想、資料蒐集、訪談設計與執行、調查設計與執行、分析彙整、報告編輯與繕打，從任務與名單裡對照作業中，哪些環節較強或較弱，給予差異評分。後來發現還是有搭便車、濫竽充數的同學，導致其他同學受累，也有不忍擺爛、一肩扛起的同學。於是我進一步要求同學們給我一份同組成員互評分數的報告，告訴我哪些同學貢獻最大？哪些同學付出最少？因爲是個別提交給我，同學們都保有隱私，沒有人情壓力，可以提供眞誠的評分，我除了看報告品質，也大略掌握專案中成員的投入與貢獻程度，這對於認眞負責的學生可眞是福音，因爲他們終於覺得這作業裡還有公平可言。

只要是團隊，成員必有各種差異，正如手指有長有短，有些是經驗或專業能力較爲突出或落後，也可能是在態度或人格特質的優劣，某些團隊成員素質整齊，有些則有明顯的關鍵人物與缺口所在。無論如何，管理者必須在任務分配以及報償上讓團隊成員覺得公平合理，先從機制設計開始，再從執行面認眞面對，才有可能造就合作無間的團隊。

如果魚目和珍珠眞假難辨，賣的價格都一樣，辛苦培育珍珠的人必然覺得不値，特別是當魚目混珠成爲常態，願意花費代價培育珍珠的人就少了。

倒吃甘蔗的新人培育

Frank 是我推薦到某家工程公司任職的學生，他的部門主管詹處長是我的好友，很會培植年輕同仁，是一個値得追隨的主管。到職半年後 Frank 主動向我報告工作狀況：「工作很忙，做不完，有點累人，不過沒事，老師放心！」

Frank 說：「我們處長告訴我：頭一年，我會讓你一個人做兩、三個人的工作，一年後才讓你做一個比較有深度的工作。」

Frank 是個聰明孩子，他說：「我知道他的意思，一方面目前處裡人力並不充裕，他希望我一個人可以抵好幾個人用，另一方面，他要我先廣泛接觸，以後再專精發展，這也可以讓我倒吃甘蔗。雖然辛苦，可是我知道他在訓練我，這樣可以讓我快速累積經驗。」

組織裡的任務分配、權責分工和利益分配，是員工很難不在意的事情。Frank 的狀況屬於工作超量，但主管和部屬之間有著良性的事前溝通，所以工作者願意，甚至樂於接受。

組織理論之父——德國著名社會學家馬克思・韋伯（Max Weber），於二十世紀初提出了「科層制」（bureaucracy）理論。他認爲：合理的分工、層級節制的權力體系、依照規程辦事的運作機制、形成正規決策文書、組織管理的非人格化（即「對事不對人」原則）」及合理合法的人事行政制度等六個特徵就是科層制的基本原則。

這樣的科層制，一百多年來提供了各式各樣的組織乃至企業的扎實運作基礎。雖說此一制度也有僵化、難以變通等批評，但比起世襲制度和個人威權體制和漫無章法來說，確實公平合理得多。

以現代化管理觀點，科層制必須灌注一個「權、責、利金三角」原則才算完整。這個金三角指的是管理過程中的權力（authority）、責任（responsibility）與利益（privilege）必須充分結合又平行運作。因為沒有權力很難有影響力，沒有影響力的作為和管理必定很難發揮作用；責任是金三角中的關鍵環節，它是組織設置職位、賦予任務的目的，離開了責任，權力就沒有意義，當然利益也就無所附著；利益則是責任的報償，適度的利益會讓工作者樂於承擔責任，也謹慎運用權力，不因濫權以致喪失長久利益。

科層制和權責利金三角原則，套用到工作者身上就是：

- 這件事情，是不是我這個職位應該做的？
- 如果不是，主管有期望我多承擔一些嗎？
- 我認同主管要我多承擔一些的理由嗎？
- 多做，會不會多錯？做錯的風險算在我頭上嗎？
- 我能得到什麼資源或支援，讓我把事情做好？
- 事情做好之後，我可以得到什麼——是增加功力？升遷有望？還是有獎金可領？

這裡無意鼓吹工作者都要如此現實看待工作，非得將以上條件看得清楚、談得透徹才做事，那不是健康的心態。不過，工作者有以上的想法極其正常，也非常普遍，你不能以成功者堅苦卓絕的故事說服他們接受不平等待遇，組織生態再現實不過，你要同仁賣力、多承擔，總要給他一些理由，當管理機制更合理，工作者就會更成熟，組織才能有良性反應。

新人遭受工作霸凌

我自己卻有另一個完全不同的經驗，那是我第一份工作，在台電人事處。我到任前那個職位已經出缺三個月，因此在辦公桌上等著我的是二十幾件疑難雜症公文，由於急迫性和能夠簡單存查的都已經由主管或其他同仁處理掉，留下來的都是各單位有關人員進用、升等或核敘薪資的問題，那多半是權責上必須向總部呈報或規章上有疑義的案件。

對於一進門就當家，其實我還挺興奮的，有這麼多現成的學習案例，可以讓我快速進入狀況，眞是花錢買不到，於是我翻閱規章及案例、請教前輩同事，還帶公文回家處理，眞是樂在其中，不以爲苦。

不過，到職第二周開始的跨部門學習就讓我體會到「菜鳥」不好當，這要從新進人員到各課實習這件事說起。

我第一個實習單位是負責管理及服務海外工作人員（協助沙烏地阿拉伯、宏都拉斯等國電力建設）的組訓課養敘股。當我向H股長報到後，他滿臉堆笑：「我這裡的工作最主要就是資料登錄及異常管控。這樣吧，這裡有上個月的出差報表及紀錄。你嘛，就幫我從這些報表裡，將資料一筆一筆謄寫到統計報表。」

我一看，他桌上堆著一尺多高的報表，每處理一份，大約需要花個三、四分鐘，估計這些工作夠他做三、四天。做了大約一小時，我已經完全清楚這件工作的流程和內涵，甚至連例外處理都了解。當我站起身來活動筋骨時，我看見H股長正端著水杯，在遠處和其他同仁說說笑笑，在我工作的同時，他已經逍遙一個小時了。我知道，對他而言，我是個免費的臨時工，他正好利用這段時間串門子閒磕牙，至於他交代給我的所謂學習項目，我早已學會，所以我決定回到自己座位，結束那一場實習。

回到課裡，我向直屬股長報告：「我認同新進人員應該到各課去實習，以增進對處內業務的全面了解。不過各課對於新人的實習是不是應該有個內容標準？只是去抄寫資料，對我來說眞是沒有意義，養敘股的業務，如果以他告訴我的工作內容，不到十分鐘我就都學會了，哪需要半天時間？」

我的股長是個思路清晰且正直敢言的年輕主管，聽到我這麼說，當下回答：「沒錯，在組訓課沒有端出新人實習的改善方案以前，這樣的實習是沒有意義的。」股長拍著我的肩膀說：「明天起，你不必再去各課實習，有人問起，就說是我交代的，你專心清理積案要緊，下個星期的處務會議裡，我會主動反映這件事情。」

當年台電人事處的新人實習，就在我那次「起義」之後喊停，後來終於改弦更張，端出比較合理的實習方案與計畫。

我回想此事，感謝林股長的深明事理與全力支持，如果他只勸我忍耐或以和諧爲重，跟著和稀泥，我的職涯起步就不是那麼順暢了。

許多人都聽過、看過或親身經歷過組織裡老鳥欺負菜鳥的事件。教學及研究機構正式職員將職責內的工作推給約聘人員，這些約聘人員基本上都是長期聘僱，等待機構有實缺，有可能遞補爲正職人員，所以總須「度大能容」；況且，約聘人員也有辦法，他們還有下手，因此又將工作「轉包」給計畫型研究助理，這些依照研究計畫聘用的研究助理，都期待下一個案子還有被錄用的機會，只能忍氣吞聲、逆來順受，一個人承接了兩、三個人的工作量，心中總有一股鳥氣，工作十分不快樂。

許多學校教授將研究生當作廉價勞工或免費研究助理，讓他們承受過多且不合理的工作負荷（包括採買家庭日用品、接送自己的孩子上下學），有些甚至是讓他們承擔法律風險，蒐集單據以報銷研究經費，有些組織則是將正式職員的工作交給派遣工或工讀生做，正職人員樂得輕鬆逍遙，類似的事件在許多角落都不斷重演，組織尋求合理化管理的必要性也四處皆然。

如果組織的領導人或管理者，不知道組織裡正發生這樣人欺人的情事，那是失職，因爲被蒙蔽而沒有洞察力。如果明明知道，卻認爲無所謂或犧牲的只是低階、臨時人員，沒什麼大不了，那就更不夠格擔任領導者。那樣的組織環境，除了對基層人員不尊重、寵壞資深人員，更敗壞風氣，戕害組織文化，絕非不重要的小事。

路人甲專案

「臨時起意，任意分派」是另一個權責不分的典型。

「臨時起意」式權責不分最常見的有兩種，第一種是所謂的「路人甲專案」（也可稱爲「飲水機專案」），它的場景是這樣的：

總經理下了公務車，走進公司，一路還在思索著A公司張董事長請託的事情，一時還不知道這個事情該找誰去辦才好，路過茶水間時，看到Jack在飲水機那兒沖茶包，就指著Jack說：「那個誰呀？」

Jack戰戰兢兢說：「報告總經理，我是Jack。」

「對了，Jack，我告訴你……，這個事情你去蒐集一下資料，一定要查證資料的正確性，然後做出分析和建議，給我一份書面報告，明天下班我就要。」

Jack一聽，有如五雷轟頂，心想「我招誰惹誰呀？不過加個茶水，竟惹來一卡車的事情，我現在手邊的工作該怎麼辦？」

臨時起意的另外一個型態是「誰提議誰負責」。場景通常在會議室，例如大夥兒在討論產品的技術瑕疵應該如何克服，在陷入集體昏迷的泥沼時，財務部的鍾副理打破僵局說：「技術面問題我不懂，但是前一陣子我讀報章時有看到這一方面的報導，而且說到W大學光電所在這方面有獨到的突破性發現。」

總經理一聽到這個訊息至爲振奮，就說：「很好，鍾副理，就請你加入這個專案，一起去拜訪W大光電所，取得一些know-how，那也是你的母校，應該沒有問題。」

鍾副理頓時也是晴天霹靂，「我是財務副理，技術問題專案，我參加個什麼呀？W大是我母校沒錯，可我是會計系的，光電所和我八竿子打不著關係呀！」一臉迷惘的鍾副理，不知道該抗議還是默默接受指令……

許多組織的會議場合，最是工作者危機之所在，比方說臨時動議時提出對公司某一方面（例如餐廳伙食）的改善建議，會議主席就請他提出具體改善計畫或主持改善專案，提議者眞不知道長官是重視他還是懲罰他多嘴？

「爲了避免惹禍上身，以後會議最好不要開口，」組織成員彼此這麼提醒，組織的創意和改善的幼苗就因此凋萎了。

臨時起意型的權責不分都肇因於主管，要避免臨時起意，主管須留意幾個要點：

一、平日建立體制：組織管理平時就應該有章法、有劇本，就像字典，有不懂的字，查一下字典就有答案，有任務出現就查閱部門職掌、工作說明書或作業手冊，權責歸屬多半有解。

二、謀定後動：臨時指派任務不是不可以，但究竟基於專長、經驗、培育目的，還是其他理由，應該有個邏輯讓自己遵循，也讓同仁信服。

三、不越級指揮：高階主管往往不了解基層工作分解或輪派原則，一旦越級指揮就難免破壞體制，除非緊急事件，否則還是應該交給權責主管決定或分配。

四、不懲罰善意：根據權責指派任務是基本原則，提案者如果與任務無直接關係，只要適度徵詢，除非其本人有高度意願，否則絕非主辦人或專案主要成員。

主管不同，工作分量就不一樣

除了「新進人員遭受霸凌」及「隨意指派」，顧問諮詢經驗中還接觸過幾個典型案例，顯示權責不分的幾種亂象都源於組織裡原本的體系脆弱、紀律不明，因此很容易一遇風吹草動或人謀不臧就出狀況：

- 主管有權無責：科層化的組織裡，經常看到每三、五個人就形成一個稱班或股的基層單位，兩個以上的班或股又組成課、科或組的中階部門，再往上構成部、處等一級部門。弔詭的是管理單位或部門的主管經常自己並無責任區，除了帶領部門或團隊，自己幾乎沒有工作。在管理幅度（span of control）寬廣的組織這不成問題，因爲他的管理工作量已經充分展現一個職位的價值，更多的現象是那個主管職位本身成分不足，因此無所事事或根本是酬庸式的主管職務，這些主管因為工作量不足，不是到處串門子、閒磕牙就是沒事找事做，盡做一些非核心甚至無意義的事情，挑一些原本不重要的問題，搞得底下成員人仰馬翻，工作能量盡失。

● 新官上任：由於組織內主管職位調整，新任主管帶著自己的親信到任，或到職沒多久就將自己的愛將轉調到轄下部門，原來部門裡的分工體制完全砍掉重練。這種工作重分配本屬主管職權，如係基於合理的流程分工或專業考量都必須尊重，但有時新任主管輕易否定團隊裡的舊成員，甚至不經查證就私下認定為「前朝人馬」，將有經驗能力、態度積極的人才打入冷宮，讓他們處理一些低階工作或承辦一些繁雜且吃力不討好的事項，很難展現績效與價值。相反的，新主管帶來的親信則掌理關鍵業務，甚至對於原先擔任該項業務的同仁有諸多批評，頤指氣使，這讓原本認真的同仁很難展現正面工作態度。

● 主管強出頭：在高度權力慾望或工作狂熱的主管底下工作，往往必須配合主管意圖全力演出，無論合理或不合理，幸或不幸，員工通常沒什麼自主空間。對於此種現象，組織通常鼓勵並樂見有企圖心、行動力強的主管，只要強將底下無弱兵，始終是一個士氣高昂的戰鬥團隊，沒理由阻擋他們。面對好強爭勝的主管，部屬也不是全無好處，有些主管很能犒賞和自己有革命情感的部屬，當他獲得升遷等利益時，也像板塊移動似地帶動部門裡的同仁一連串高升與利益分配，整個部門儼然是組織裡的主流部門，同仁意氣昂昂，戰鬥力旺盛。不過也有主管自己強出頭，卻不顧同仁身心承受能力，自己獲得組織利益，也不會反饋到同仁身上，這些強將背後的群兵，成為主管向上攀爬的墊腳石，「一將功成萬骨枯」是他們的命運寫照，組織要注意的是關照這些同仁，還給這些成員一個公道，不任由他們成為犧牲品。

● 垃圾桶部門：與強勢作為的主管形成對比的是軟弱無能的主管，這樣的部門主管不會主動爭取

圖表 10.1 「權責不清，分工不明」的因果關連

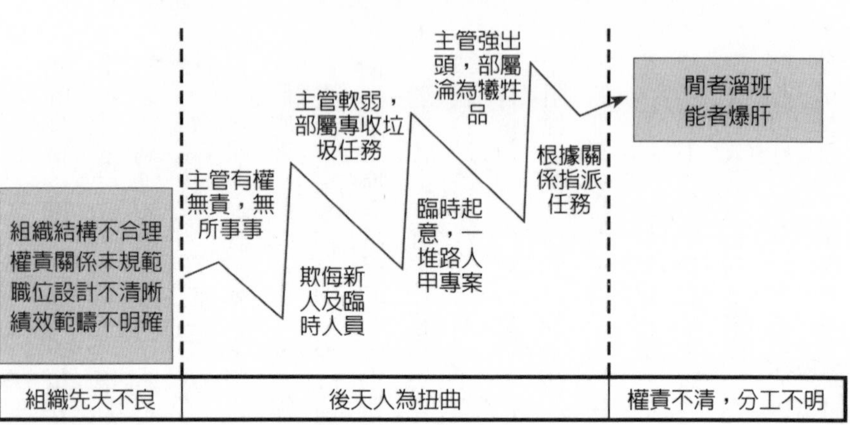

業務，更不會創造耀眼的光芒，卻對於吃力不討好、資源少、附加價值低、其他部門不想做，不願意做而丟棄過來的業務無從招架，只有照單全收，這種部門在組織裡通常被視爲「垃圾桶部門」，各部門不要的殘兵敗將也會往這邊塞，在這種主管底下工作，痛苦程度不下於主管強出頭，不顧同仁感受的部門。

以上這些現象，在管理上軌道的組織都不會且不應該發生，偏偏在許多組織中已成常態，正本清源之道在於穩住基本盤，讓組織的權責體系、部門職掌，甚至績效指標都明確可依循，萬一需要調整，必須經由組織審議，從全盤而非片面調整，方不至於亂套。

組織裡的權責不清、分工不明，通常是前、中、後三階段的因果關係，當看到工作者勞逸不均、工作士氣低落，這是已經表現出來的「外顯現象」，它背後是「先天不良，後天失調」的結果。

「先天不良」指組織結構不合理、權責關係未規範、職位設計不清晰等原因；「後天失調」指的是經營或管理者不具備經營理念或是管理技巧不足，制度環境遭扭曲，主管自

圖表 10.2 「權責明確」認同度的檢測問題

編號	題目
1	公司裡有些人沒事做，有些事沒人做。
2	本公司各階層權責清晰，不至於有責無權或有權無責。
3	公司裡能者多勞，事情做不完；能力差或偷懶者反倒輕鬆愉快。
4	我的工作職責清晰明確，不會無緣無故接到一些莫名其妙的工作。
5	公司裡權責清楚，不會有部門間爭功諉過的現象。

己破壞體制或讓投機者有縫可鑽。這些原因造成組織裡「閒者溜班，能者爆肝」極端狀態，絕對不利於組織發展，在此以圖十．一顯示其中關係。

「權責明確」認同度的量測

量測所採用的問題

工作者對於「權責明確」的認同度，作者採用圖表十．二的部分題目編入驅動因素量表加以檢測。

試測結果所建立的常模數據

根據先前的調查，企業在「權責分工清晰明確」的項目平均得分為六二．七分，在十個驅動工作動能的項目當中得分最低，如圖表十．二所示。受測企業中最高得分為七二．〇分，最低得分僅五三．四分；此一項目也是所有的驅動工作動能項目調查數據中「標準差」最大者，顯示受測企業的表現落差明顯，問題嚴重性高低有別。

「權責分工清晰明確」認同度與安培指數的相關係數為〇．二六三，仍然達到統計學上「非常顯著」的相關程度，也就是「組織成員對於權責分工清晰明確愈認同，工作動能愈強；反之亦然」，這樣描述的準確率可達到九

圖表 10.3 「權責明確」認同度與其他驅動因素調查結果比較

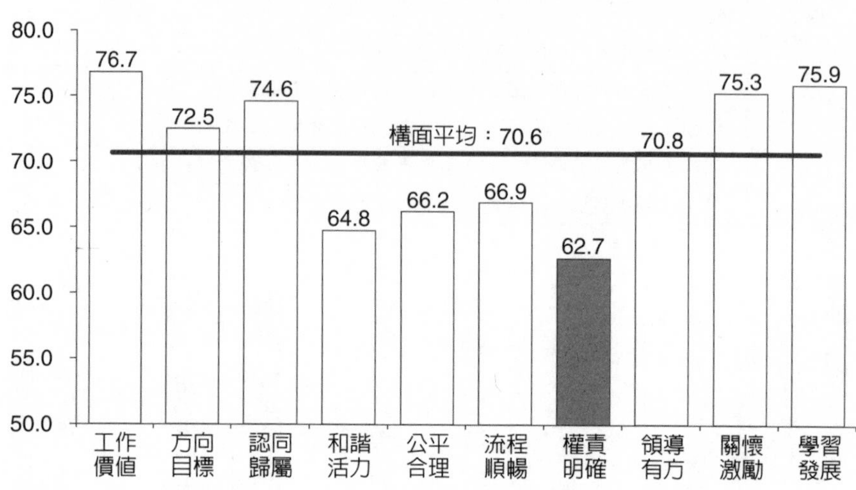

九%。

「權責分工清晰明確」認同度這個項目的調查得分偏低，代表員工對於組織裡的權責及分工合理化程度並不認同。當員工認爲工作上不應該自己負責的工作卻落到自己頭上；或是有責無權，或是明明自己承擔的責任，卻被別人搶走功勞；或是莫名其妙的工作分配不均，自己的工作分量老是比別人多，卻沒有得到較多的待遇酬勞或受到特別重視，長此以往，自然影響工作的熱情與積極度。

調查顯示，員工對於組織裡「權責明確」認同度最低，顯示它是一個比較普遍的現象。以下我們就如何改善組織裡權責不清、分工不明的現象給予建議。

打造「提升二○%」的責任承諾

前面提到幾個權責不清楚的原因與現象，這裡要從體系層面協助建立一個權責清楚的組織。我們建議的檢驗與改善程序由上至下，從組織章程任務開始，直至員

圖表 10.4　組織權責明確的查檢與改善

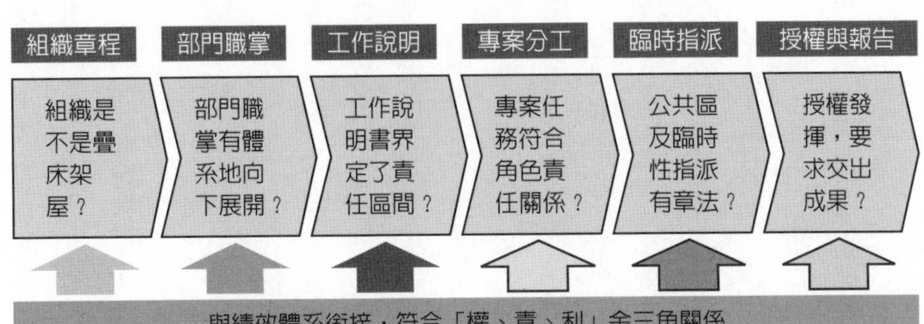

工工作責任區（圖十．四）。

組織裡浪費掉的勞動力，原因很多，可是最直接的往往就是組織職位的設計和其中的權責關係。只要讓其中的「權、責、利」對應明確，給予適度的自主空間，讓勞動生產力提升二〇％絕非夢想。嚴格來說，那不是增加，只是把失去的、原本該有的找回來而已。

不要再疊羅漢了

組織章程是決定一個組織設立目的及任務目標最主要的文件，也是權責的基礎。在政府機關、大型組織和公開發行公司裡，組織章程多已建立，主要問題在於組織與組織間功能及任務的重疊區。這些重疊區如果沒有有效界定，往往造成重複工作的資源浪費、互踢皮球的孤兒案件、責任與績效難以認定，工作人員的動力與熱忱也難以提升。

大約八年前，台中縣市合併前的梧棲鎮公所，斥資在梧棲國小面臨台灣大道的側門人行道上，建置了「梧棲鎮故事牆」。這個故事牆，立意良善，希望學生及民眾可藉此了解梧棲的歷史文化。

可是，「梧棲鎮故事牆」設立不到幾年即嚴重毀損，文字及圖案斑駁，一片模糊，不僅不美觀，甚至有礙觀瞻，影響市容。梧棲區公所表示，故事牆早過了保固期，雖多次接獲民眾反映，要求改善，區公所也曾多次辦理會勘，但因故事牆位在梧棲國小旁，究竟該由教育局或建設局負責，市府權責單位一直無法釐清，加上縣市合併後，區公所缺乏經費，才延宕至今。

梧棲國小則表示，故事牆一直由區公所負責，並非該校管轄。市府建設局則指稱，故事牆位於梧棲國小用地，主管單位是學校，若學校沒有經費，會協助處理。

看來事件牽涉的相關機關包括台中市建設局、教育局、梧棲鎮公所（縣市合併後爲梧棲區公所）以及梧棲國小，誰應該負責處理這面故事牆的整修，並不清楚。公務部門強調依法行事，認爲這其中牽涉到故事牆的所有權，不是想做什麼，就可以做的。

當權責不明時，想做事的人，沒有獲得授權行事；不想做事的人，卻樂得清閒。如果處理這件事情可以獲得各式各樣的、有形無形的利益，可能又變成大家搶著做的事情。碰到這種情況，唯一的解決方案是事項涉及的各部門立即協商，從組織、法規及資源等方面協調處置，如果協商沒有結果，當然由更高一階共同主管機關裁決，目標只有一個：爲民謀福。

政府部門此類案件所在多有，例如漁業署及海巡署對於漁民海上作業的保護、考試院銓敘部及行政院人事行政總處對於國家公務員的選訓升遷管理等，有些事項已解決，有些則仍是現在進行式，當然都需要以民眾福祉及更高格局面對。

私人組織裡牽涉組織權責重疊與衝突的事項相對較少，不過大型企業也有集團下各獨立公司在業務、市場、產品、管理的分工方面因爲界定不明、資源爭奪或領導者因素導致各行其是，相互扞格的事項，這同樣須由集團總管理處或跨事業部副總裁層級協調解決。

矩陣展開部門任務

相對於組織章程是界定整個組織的任務與目標，部門職掌是用來規範部門任務及主要工作範疇的文件。大多數管理上軌道的組織都有這份文件，但問題之一是有無適時更新、與時俱進？問題之二是它是僅供參考或有實際作用？部門職掌必須適時修訂，且據以要求績效、編定職位員額與人力計畫。這裡介紹如何利用部門職掌分擔調查技術，合理分配部門任務。

舉一個例子，某公司的生管部門任務包括：

A. 排定、發佈或更改製造命令
B. 監督及稽核生產工作進度
C. 製程、工序及產品製造的改良
D. 分析、管理製造成本並彙整生產統計資料
E. 分析、控制原物材料每月（或每期）用量及庫存數量
F. 督導生產人員機械調配計畫
G. 稽核生產消耗率並執行報損作業
H. 協助原物材料及成品的呆廢料處理

以上這些工作包括了計畫、執行、檢查、資料蒐集及審核等管理行爲，有些事項可以讓部門內一個人從頭處理到底，可是大多數作業須橫跨兩人以上的接力、轉換作業。

Alex 是生管部的經理，底下有 Bob、Cindy、David 和 Eddie 四位部屬，他們的經驗及能力深淺有

圖表 10.5　部門職掌分擔表

項次	部門職掌	部門成員				
		Alex	Bob	Cindy	David	Eddie
1	排定、發佈或更改製造命令，以利產品製造。	S	P/E		A	
2	監督及稽核生產工作進度，確保工廠有效運作。	S	P/E		A	
3	提出生產製程、工序及產品製造的改良建議以提升效能。	S/P			E	
4	分析、管理製造成本並彙整生產統計資料以利經營決策。	S		P/E		A
5	分析、控制原物材料每月 / 每期用量及庫存數量，以利成本管控。	S		P/E		A
6	督導生產人員機械調配計畫與稽核事項以利製程管控。	S	P		E/A	
7	稽核生產消耗率並執行報損作業以利成本控制。			S/P/E		E/A
8	協助原物材料及成品的呆廢料處理以確保品質。				S/ P	E
9	其他及臨時交辦事項					

說明：上表中 S 為 supervise，代表督導審核；P 為 plan，代表規劃；E 為 execution，代表執行；A 為 assistance，代表協助

別，支薪等級也有差異，爲了有效分配工作並作爲職位管理基礎，在部門職掌和成員作業責任裡，他應有以下這樣一個管理矩陣，稱爲「部門職掌分擔表」（圖表十．五）。

利用部門職掌分擔表，可以將部門職掌有效分配給部門裡各職位，同時可以檢視各職位工作職責輕重、職位間的相互協調關係等，比方說 Eddie 的職責工作主要都是 A（僅擔任助理性工作），而 P（規劃）及 E（執行）面的工作很少，就可以判斷那個職位的價值相對較低，如果工作時數不足，且儲備訓練的成分也不高，就可以考慮整併職位了。

實際上在執行人力配置合理化（人力盤點）作業時，也是利用類似部門職掌分擔表，不過通常另行搭配工作時數的調查，了解每一項工作的

作業頻率、週期及所需工時，只要調查過程精確，各職位工時是否過長？是否工作量不足？都可以盤點出正確結果。

職位都要有身分證

工作說明書是職位的身分證明，記載職位設置的目的、在組織裡的縱向與橫向關係、工作內容、工作職責、人際接觸事項與對象、權責及自主空間，以及職位擔任人的資格條件等，是組織人力管理的基礎文件。

一份完整有效的工作說明書，對於人才徵聘、核定薪資、績效要求、培育發展都非常有價值。有關工作說明書製作的程序、方法、參考格式及範例，可以參閱《ＰＨＲ人資基礎工程》。

有關工作說明書比較大的質疑是在某些產業或工作中，職務內容變異快速，是否仍有製作工作說明書的意義與必要性？

對於一個不追求形式，講求實際效益的管理工作者而言，我認同「不為工作說明書而工作說明書」，儘管工作說明書有其意義與價值，但它應該是帶來效益而非形式與障礙。因此，我的建議是：

- 組織裡的職位，以製作工作說明書為原則，不製作工作說明書為例外，工作屬性及內容具不確定性者，可不製作詳細工作說明書，但還是要基本描述這個職位工作內容的變異性。
- 工作豐富化及擴大化仍可製作工作說明書，豐富化及擴大化不代表權責不確定，只要多樣性是固定的，都可以寫入工作說明書。
- 職務內容多變者仍有其職責範圍，只是階段性的職責不同，內容差異較大。因此，對這些職位的設置目標只要框架式說明「擔任當前開創式專案」，至於是產品開發、大客戶服務、管理改善或是行銷企劃專案，就要看當期賦予該職位的是哪些專案，其工作內容當然跟著專案屬性而定。也有可能該職位諸多內容是由A部門的A1、A2工作、B專案的B2、B3任務及C專案的C4、C5任務組合而成，那就形成該職位當期的任務說明，職責依然明確，績效要求也可以明定。

豬八戒該負什麼責任？

臨時編組性質的專案組織，由於工作內容可能隨著專案進度而改變，所以專案成員的階段性工作內容可能各不相同，甚至專案成員都因爲配合專案進度而不時有新增和退出的狀況。此外，專案團隊的合作需求通常比起正式組織更高，協同作業更爲活絡，因此工作職責分配和工作關係也要有比較靈活的方法。對於動態的專案任務，我們建議採用「責任角色矩陣法」（role & responsibility，簡稱R&R）以有效界定任務與權責。

「責任角色矩陣法」是在專案組織中相當實用的管理工具，它主要採用一組稱爲「ARCI」的技術，運用在組織的責任與職位角色的矩陣關係當中，ARCI是一項專案或任務中的四種角色，A的完整意涵是Accountable，指的是「任務負責人」，必須對任務負最終成敗責任，這個角色在任務中只能有一個人，不容模糊不清；R是Responsible，是「實際參與和執行作業」的人，有各自的責任區，負責推動與實際執行；C是指consult，代表「諮詢」，主動或被動提供資訊、協助或指導工作進行；I是Informed，代表「知會或通知」，他們被告知工作的狀況、進度或結果，在被要求情況下遵照辦理，當然在必要時仍可反饋意見。當四者協調無間，整個任務當能運作順暢：（圖表十．六）

圖表 10.6　ARCI 角色關係圖

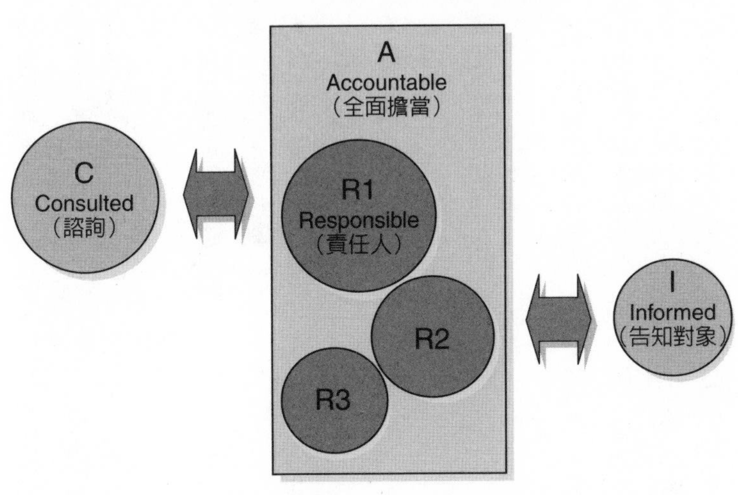

ARCI關係可以用在任何機關或團隊，就以一個職業球隊的管理部門來說，A就像一個球隊總教練，他要向球團負責，對於球隊成績須負絕對成敗責任；R則是球隊的管理及助理教練等，負責執行相關的行政及訓練等工作，R必須向A報告及負責；C就是外界球評、球探及一些資深的前輩，可以主動或被動對於球隊提供諮詢服務；I則是球隊當中必須溝通或決策結果必須告知的對象，在這個例子裡球員就是被告知的對象；如果情境範疇轉換到球場上，那麼上場的球員就成爲R了，因爲R永遠是doer，眞正執行任務、動手做的人。

三個人以上共同參與一項任務時，建立ARCI矩陣可以闡明「誰負責？」、「誰做？」以及「做什麼？」每個人的工作權責劃分清楚，並且精準定義涉入的程度，對於避免權責混沌不明非常有幫助。

我們就以大家耳熟能詳的《西遊記》唐三藏西天取經爲例，唐僧玄奘當年發下宏願，要遠赴西域天竺國，鑽研佛經，並且請回經藏以普渡眾生，於是騎著白馬，西出玉門關，沿路收容孫悟空、豬八戒、沙悟淨等徒弟作爲隨從，跋涉十萬里，歷盡千辛萬苦，終於迎取六百多部佛經返回大唐，這在當時簡直就是一個超級艱難的專案。

專案管理當中，確認專案任務的範疇及程序架構是先決要件，這其中，「工作分解結構」（work breakdown structure, WBS）是一項關鍵作業。「唐三藏西天取經」專案當然也有工作分解結構，其中大項可能包括：

- 目標設定與整體規劃
- 路線分析與規劃
- 糧食準備及生活補給
- 風險偵查及安全維護
- 與邊防及地方建立關係
- 經書交涉及取得
- 團隊成員精神及紀律管理

這一個專案的負責人（專案經理），毫無疑問是唐三藏，但不代表以上所有工作活動都須由他一人承擔到底。專案負責人玄奘法師、武藝高強的安全經理孫悟空、交遊廣闊的公關經理豬八戒和勤勉細膩的行政官沙悟淨四人和觀世音菩薩（孫悟空一旦碰上妖魔阻路、師父被捉，全體遭遇重大劫難，多半會跑去求助的對象），要如何承擔以上的任務？又分別擔任何種角色？圖表十・七呈現其中關係。

以角色職責爲核心的專案任務，操作上的程序如下：

一、先決定任務的流程或活動內容，也就是工作分解結構（WBS），必要時可對某項流程再加

圖表 10.7　唐三藏西天取經團隊成員責任角色矩陣表

參與者 / 任務	唐三藏	孫悟空	豬八戒	沙悟淨	觀音菩薩
目標設定與整體規劃	A/R	I	I	I	C
路線分析與規劃	C	A	I	R	
糧食準備及生活補給			I	A/R	
風險偵查及安全維護	I	A/R1	R2	R3	C
邊防及地方關係建設		C	A/R		
經書交涉及取得	A/R2		R1		I
團隊成員精神及紀律管理	A/R1	R2			

說明：R1 代表第一執行者，R2 代表第二或次要執行者。

細分，例如「風險偵查及安全維護」可再區分爲「前方偵查」、「近身防衛」及「營救」等功能任務，分配給不同的團隊成員負責。

二、確認團隊成員並了解他們的能力與特質，就像唐三藏了解每個徒弟的優劣勢與能耐，才能因才器使，有效分配任務。

三、將成員名單與工作分解結構製成一份責任角色矩陣表，如圖表十．七。在大型專案中，上方的參與人員可以是部門（例如課、組名稱），不一定是個人。當任務降階到部門內的時候，經常需要再次細部ARCI分解，才將任務分配到個別成員。

四、在矩陣表的空格內，填上ARCI任務角色，其中有幾個要點：

- 第一步：「責任角色矩陣」草圖最初由少數決策者或專案負責人填寫。
- 第二步：先把A找出來，再由A去找向他負責的R，每一項活動一定要有A和R，C和I則未必需要，原因很簡單：負責人和執行者不可或缺，其他未必。
- 接下來，召開專案組織成立會議（ARCI會議），向主要參與人員說明、溝通並解決流程、活動、任務角色及

ARCI責任分配中的問題，聽取建議，全體成員必須達成共識並確認該ARCI結構，有意見或無法參與的部門及成員在此一階段必須表明，不能在事後翻盤。

● 核定、公告已有共識的ARCI矩陣責任圖，分送所有參與者及支援單位，確定所有人都知悉，然後請他們開始計畫工作及目標。

● 避免專案負責人扛起所有流程或活動的A（成敗責任），就像案例中，唐三藏不必，也不可能擔當所有的A。爲避免高階主管事必躬親，影響效能，也爲培養人才，增加歷練，流程活動的A和R應在風險可控範圍內盡可能選派較低階層人才。

● 打破僵化的層級和部門觀念，純粹以最適化原則組建團隊，英特爾前執行長安迪．葛洛夫（Andy Grove）也曾跳下來在一個跨部門團隊裡當R（負責執行者），定期向他的A報告，連執行長都能向專案經理負責，可見此一機制的靈活與彈性。

● 不相關的閒雜人物不要掛名，避免稀釋了專案組織的精實程度，所以責任角色矩陣表不一定每一方格都會塡滿。

在責任角色矩陣表製作完成後及專案執行過程中隨時可以進行水平分析——檢視所有專案任務／活動是否有過多或太少人參與其中？也可以進行垂直分析——是不是哪些人承擔過多的A或R，他們會不會負荷過重？又有哪些人責任角色過輕，很少有A、R等級職責或只有少數的C、I，則應合理懷疑他們有參與專案的必要。

當組織希望充分而完整地推動ARCI體制，必須配以清晰明確的「權、責、利」——要求一個人或一個團隊負起責任、交出成果，當然必須賦予權限和資源，也在達成目標時給予適當獎賞。

爲什麼每次都是我？

某年夏天，我和同仁前往南部一家製藥公司拜訪，進入該公司的會議室時，發現會議桌上仍然留著前一批訪客使用過的茶杯，桌椅也尚未整理而顯凌亂。

負責接待的管理部吳經理見狀先向我們說了聲「抱歉」，然後呼喚座位距離會議室最近的同仁，「明珠，你準備兩杯茶水，順便把桌面清理一下。」

三分鐘後，那位被臨時指派工作的同仁面無表情地端來茶水，基於教養，她仍然有禮貌地說了一句「請用茶！」然後收取了桌面上用過的茶杯。從表情看得出來，她對於這一項臨時指派工作並不認同，沒有一絲愉悅的笑容。

「公司目前希望推動一些制度改善，讓組織和職位管理更上軌道，提高作業效率。就以剛才顧問看到的，客人走了，茶杯沒有人收拾，客人來了，除非特別指定，否則不會有人去準備茶水，其實各部門或多或少都有類似積極度不夠的現象，也有情況更嚴重的問題。簡單說，公司同仁做事不主動、不敬業，同仁彼此之間很計較、都不能以大局爲重，」吳經理帶著困惑想要知道如何改善。

我說：「同仁敬業度及積極性是一個牽涉較廣的問題，要以系統方法看待和解決，我另外給你建議。倒是倒茶水、清理會議室問題，比較簡單，應該可以即刻解決。」

吳經理眼神一亮，看著我，顯然很注意在聽。

我說：「你們現在不想聘專人來擔任會議室清理和處理訪客茶水，也認爲沒這個必要，對嗎？」

吳經理點頭。

「所以，第一個方法是將會議室清理和接待訪客當作一件或兩件工作，正式寫入某一、兩位同仁的工作說明書，成爲工作職責的一部分。尤其是從長期觀點來看，這是最正式、可能也是最好的方法。」

「第二個選項是讓這一部分的工作，以輪值表方式讓管理部基層同仁按『周』輪值。這個方法不見得有高明，卻是許多組織在處理三不管、無人認領，而且工作量不大的業務時比較公平的方法。」我說：「也有人主張，讓最資淺人員擔任這些工作的，如果是短期性，其實也可行，長期的話，就要考慮工作負荷量的問題了。」

我把這些可能方案提供給吳經理，讓他可以思考不同作法。最後，我提醒吳經理：「更重要的是，要讓同仁體認，這些工作的意義和重要性：那幾乎是訪客對於公司的第一印象，是公司形象代言人，不是低階的、無意義的工作。」

吳經理點了點頭，願意照我的建議執行。

組織裡，許多原本看似附加價值不高的工作，其實都有存在的必要性，既然有其必要性，就要體認其意義，員工或許一時不理解，主管卻不能沒有正確而更高層次的認知，並且必須適時告知同仁，與同仁建立共識，倒茶水、整理會議室即是一例。

組織裡一些工作，比方說製作會議紀錄、支援股東會、參加同業公會活動等不能或缺，卻不是核心的事項，都可以用這種輪值表方式處理。有些主管喜歡用較為另類的方式，比方說抽籤、玩積點制、換取福利等，只要大家覺得活潑好玩，不是不可以，但還是納入規則比較正式，爭議少，做起來也比較有責任意識。

我還記得大一時的班導師賴浩敏先生爲我們班上立下的規矩：「本班大學四年，要有八位班代表，不要有人連任，最好連副班代及股長都不要重複。如果擔任班級幹部是一種榮譽，要讓更多人能夠分享；如果是一種學習，就讓更多人有學習機會；如果是一項義務，就讓更多人來分擔。」四年下來，我們照著他的期望執行規則，毫無疑義與懸念，被選上的人也都樂於承擔，畢業至今超過三十五年，我們仍是凝聚力特強的團隊。

輪值擔任工作是有多方面的意義的，特別是對於公共責任區或臨時性、非核心業務而言，它是實用的方法，只要建立遊戲規則即可順利運作。

最後一個環節，我們談一下授權。

時代變化日趨快速，組織設計的基本原則或許不變，但是應用方式卻發生急遽變化。隨著電腦技術的開發、知識工作的發達、人性化管理的趨勢和對市場及客戶在第一時間回應的需求，充分授權已是組織的必須，也是潮流，傳統有關指揮鏈、權威、命令統一等概念的重要性也隨之降低。

布蘭佳（Ken Blanchard）在《共好》一書裡提到了共好精神的第二個要件——「掌控達成目標的過程」，他以動物行爲和故事佐證，命名爲「海狸的方式」，提醒管理者在界定清楚的權責範圍後就放手讓員工去做，除了培養他們的能力外，不要插手讓他們自行面對挑戰，這是組建高效能團隊的必然要件。

這種形態的工作，交付給工作者的是「責任範圍」，在目標及結構下給予適度自主，而非限定的工作內容，更不只是動作指令。這就是我們先前所說的「只看結果的工作環境」（Result Only Work Environment, ROWE），每個人的任務是照顧好自己的責任區，評估績效時主要也是根據責任範圍裡的績效表現來決定。這樣的組織環境，官僚化可以降至最低，工作者自主性和成就感大幅提升，工作者要交付的是工作的成果，而非工作的內容與過程。

時代在變，職場環境、管理思維都在轉變，破除僵化的權威與指揮是必然趨勢，組織及管理者最好趁早練習，及早面對。

第4篇

領導關係

主管在組織內領導部屬達成任務，也代表組織行使管理職權，與工作者工作關係最為密切，領導的好與壞，直接牽動工作者的情緒與工作動能。

第三章裡，我們先闡明領導關係中包括「信賴關係」、「夥伴關係」及「傳承關係」，第四篇接續此一架構，進入探討。

第十一章以「主管值得尊敬與追隨」為主題，探索信賴關係；第十二章聚焦在「我得到關懷與尊重」以討論夥伴關係；至於傳承關係，則在第十三章以「寬廣的學習及成長空間」為範疇。

這三個層面可用圖表Ⅲ來簡要呈現其中關係，各章將分別談到其中的普遍現象與關鍵問題，介紹如何量測組織的領導現狀，也分享一些改善建議。

圖表 III　與工作動能密切關聯的領導關係構面

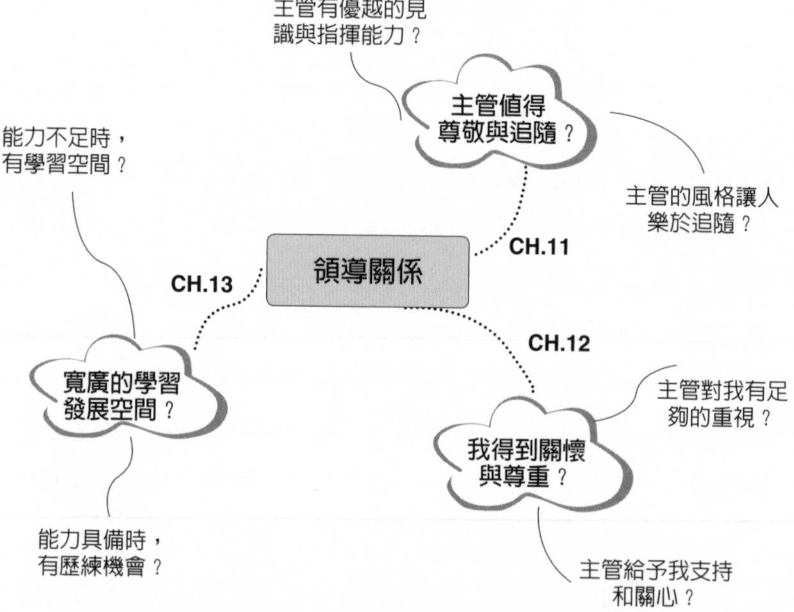

第十一章　主管值得尊敬與追隨

本章重點

1.「主管不是人」和「主管無腦」是導致人才流失和無心工作的禍首；因此，「德行領導」與「方向領導」是取得信賴和有效領導的要件。德行領導偏重人格特質，是正觀正行；方向領導偏重能力，強調指引正確方向，帶領走正確的路。
2. 讓員工認同領導的第一步是建立組織的領導文化，從經營層開始關注並改變組織的領導氛圍，形成管理紀律，上下遵循才能有效。
3. 領導者無論層級多高，再怎麼忙碌，至少要撥出二〇%時間關注和處理人的問題，特別是各級主管的遴選與培育。
4. 建立管理職能模式有利於主管的培育與遴選，粗糙的管理職能模式會產生誤導誤用；傳統選拔主管的方法正確率不高，做為選拔主管的工具，評鑑中心法過程嚴謹，效度高，值得信賴。

誰能讓部屬樂於追隨？

「平民領導」

一般在談論優秀領導者時，看到的都是功勳彪炳的國家級領導者（林肯總統、柴契爾夫人）、軍事將領（麥克阿瑟、鮑爾將軍等）、知名企業創辦人或CEO（松下幸之助、威爾許、賈伯斯等人），因為他們舉世知名的熠熠功業足以佐證其領導之卓越。其實，在一般的組織裡，期望於領導者的反而是在權力有限、資源不足、環境條件制約的情況下，能夠帶領一組人發揮執行力，貫徹組織目標的各級主管。

我認為歸納出「平民領導」的關鍵成功要素對於一般組織是重要的，平民典範對我們的啟發性與適用性可能更大於世界級人物，一般組織的主管和政經領袖、軍事強人、跨國企業領導者的基本素質可能有很大的不同。

在我心中，曾二度擔任我長官的林來安先生，可說是領導者中的平民典範。第一次是他在經濟部國營事業委員會擔任人員培訓科長時，第二次是他在中船（現稱台船）公司擔任人事處長時。

我和林來安先生第一次碰面，是在台北市漢口街經濟部國營會旁的一家咖啡廳，當時我即將從台電公司轉調國營會，成為他科裡一員。請我喝咖啡時，他告訴我：「我的工作要求有三點，你做得到，考績和未來發展都不是問題，你不必擔心，你做你該做的事，其他的是我的事。」我還記得他的三大要求：

第一，交代要完成的工作，只能提前，不能延後，時效性是我第一要求。

第二，沒有交代的工作，自己自動自發完成，不要等待指示。

第三，犯過的錯誤，不要再犯第二次。

在林科長底下工作，我謹守這三條「戒律」，所以他對我印象算是不錯。爲什麼我如此篤定？因爲，他升任中船人事處長不到兩年，中船人事處副處長出缺，立刻從國營會將我商調過去當他的副手，那時我已接替他在國營會擔任人員培訓科長職務。

林來安先生到中船之前，人事處是個弱勢部門，各部門根本不把人事處放在眼裡，無論是要增補員額或進用人員，都直接找總經理，總經理也不問人事處意見，經常就逕自批准。

當時，人事處裡人員素質良莠不齊，林處長花了一年時間，從各單位調來三、四位有活力、用心學、努力做的年輕人；另外網羅兩名勞工研究所畢業生，補強處理的專業能力；也提升了兩位資深專員擔任課長，最後一塊拼圖就是向國營會商調我過來協助他。

那是民國八十年，勞動基準法頒訂實施才七年，台灣的勞動維權意識大幅度抬頭，勞工運動方興未艾，國營事業工會更是蓬勃發展。我很清楚，全世界最凶悍的工會就是造船業的工會，波蘭格但斯克（Gdańsk）造船廠就曾經出了個總統華勒沙（Lech Wałęsa）。當年，中船的工會也以難搞出名，林處長認爲公司必須審慎、有智慧地面對工會，可是又必須和他們維持友善關係，他有信心可以面對內部及工會關係，可是實體及程序面需要專業的分析和建議，他希望我帶領同仁給予有力的支持。

就這樣，在內有強勢部門，外有虎視眈眈的工會下，林處長組建了自己的戰鬥團隊，我們也各就各位。他的邏輯是別人強勢，我們就要更強勢，不然就被吃死，事情更難推動，終至一事無成，可是強勢必須以專業爲後盾，以智慧判斷爲支撐，否則一站不住腳，馬失前蹄，可能換來全軍覆沒。

當時，我們面對公司裡所有人力資源問題，無論是人力計畫、薪資體系、績效管理、勞資關係都先做好沙盤推演，規劃兩個以上的方案，與關鍵利害關係人先做討論，例如先讓總經理確認我們底線在哪裡？和工會幹部預先協商，告訴他們哪些事情可以提出來，我會給你面子，哪些事情你們千萬別提，提了也絕對不會有結果，你只會碰一鼻子灰。因此，不能讓步的一定堅守立場，寸土不讓；能妥協的也是事先盤算好，絕不是臨時倉皇退讓。林處長雖不是人力資源管理科班出身，但很快能理解專業分析的原理原則，掌握問題關鍵，對我和同仁的意見充分尊重，團隊合作愉快，鬥志昂揚。

當年，中船公司高雄造船總廠是公司生產主力廠區，相對於賠錢的基隆總廠，高雄總廠可說是公司命脈之所在。總廠的商船接單生產每年能幫公司賺好幾億，加上當時的國艦國造計畫，也以高雄廠爲主，所以在公司裡是天之驕子，說話特別大聲，他們要的資源很少拿不到的。

有一回，高雄總廠爲了一個專案申請了十二名造船工人，包括造船工程師以及焊接、塗裝、電路等技術工，案子送到總經理那裡，直接就批准了，總經理在「准」字後面，加了個「會人事處」四個字，林處長看了以後，就以便利貼回了「程序不符，礙難執行」八個字，請祕書呈交總經理。

簡單說，這就是說「總經理，你不可以這樣批准！」嚴重一點說，這簡直是抗命。

不過，總經理畢竟有領導智慧，也知道林處長是鐵漢，於是親自到林處長辦公室，說：「這一次，我已經批准了，就算了吧。」

沒想到林處長臉一沉，說：「總經理，我是在幫助你管理公司，你要感謝我幫你過濾申請案才對。如果每個部門都將案子直接送到你那裡批准後，才拿下來要人事處執行，請問以後你還需要我們的幕僚意見嗎？」

總經理見到林處長如此堅持，而且理解他堅持有理，當下將公文上的「准」字塗掉，改批「先會人事處」，他也展現了相當的領導氣度。

那個案子裡，用人部門當年只剩六名人力員額可用，經過我們的評估，建議最多核准進用六名，其餘列入次年度員額申請案，至於當下人力如果眞有不足，建議從各部門及其他專案中勻撥人力暫時支援，並對現有相關人員施以短期訓練，讓他們具備基礎作業能力，以協助計畫的進行。

案子再度送到總經理那兒，他重新核示：「照人事處意見辦理。」

回顧那件事情，當時用人部門自知員額不足，如果簽會人事處肯定被擋下來，所以選擇直通車，意圖跳過人事處直達天聽，沒想到頭來還是白忙一場，知道人事處的影響力之後，從此對人事處備加尊重。

打勝仗，贏得尊重的感覺眞的很好。將一個弱勢部門重新塑造成一個有管理能力，有專業形象，能做事、有貢獻的戰鬥團隊，感覺更棒。

說個題外話，在我到任前半年和其後的兩年中，中船人事處的同仁們總共生了七個孩子，而且都是男寶寶，包括我的長子，從機率上說，這只有八%的可能性，這裡絕無意強調性別差異，只是此事太過玄妙，公司各部門人員也都嘖嘖稱奇，認爲人事處磁場強得不得了，許多生不出寶寶的，或是祈求生兒子的，也特別喜歡到我們處裡來轉轉，希望沾一些喜氣與強運。

在林處長底下做事，大家都非常帶勁，團隊合作氛圍也非常強烈。我知道，那可不是因爲保證生出兒子，而是因爲跟到一位有企圖心、敢做、敢爲、紀律嚴明、充分尊重部屬的長官，他是條漢子，我們當然力挺到底。

誰該被判出局？

管理大師彼得．杜拉克說過：「當你僱用一雙手工作時，還附帶了一個腦袋和一顆心。你必須付出很多注意力在『人』，包括腦袋和心，所以，工作者眞的關心、在意自己所做的工作，就變得非常重要。你不能只是下命令，然後等著評估工作成果。你需要運用一些迂迴、但卻更有效的方式，例如支持、鼓勵、協助他們進步等。」

這段話，杜拉克講的是人性，主管不必然要懂得讀心術，卻不能不關注人性。大凡失敗的領導者，多有一個通病：認爲部屬遠不如自己，他們下意識認爲在知識、技術、能力、視野、經驗各方面都比較高明，甚至智慧與命運格局都不是同一個世界的人。這樣的主管，將一切都視爲當然，不容易欣賞部屬的優點，反而自以爲是、自私自利，甚至不講信用。

阿里巴巴公司創辦人馬雲就曾說過：「永遠要相信邊上的人比你聰明。」他更說：「什麼都想自己幹，這個世界上的事你幹不完。」、「在公司內部找到能夠超過你自己的人，這就是你發現人才的辦法。」

沒錯，當主管自以爲是，不懂得欣賞部屬，除了部屬無法成長爲組織人才之外，也沒有人願意幫主管分勞解憂，連分內的工作也提不起精神來做，你只好一切自己來，可是你有幾個腦袋？幾隻手？一天有幾小時可以工作？

組織是一盤棋，當團隊組建完成，人人各就其位，就應當期許他們發揮各自的角色功能，如果胡亂領導，不就是干擾運作，打亂棋局嗎？可是，當局者迷，許多組織裡到處充斥這樣的主管，當事人當然不承認自己胡作非爲，就連組織也渾然不覺。

胡做非爲到名留青史的案例也還不少，舉一個美國職棒的歷史公案，那是發生在一九一九年，史稱「黑襪事件」的美國職棒大聯盟醜聞。

當年的職棒總冠軍戰中，被外界一致看好的芝加哥白襪隊，因爲有八名頂尖球員在比賽中放水，讓球隊在九戰五勝制的系列戰中敗給辛辛那提紅人隊，他們收受賄賂，滿足了職業賭徒的要求，卻也被判終身禁賽，失去舞台，也結束運動生命。

這個事件曲折離奇，高潮迭起，先後也被翻拍或引用至許多電影情節當中，例如《八人出局》（Eight Men Out）、《夢田》（Field of Dream）。我們應該特別關注事件背後的成因：慳吝、不講信用、惡名昭彰的老闆高米司基（Charles Comiskey）。

高米司基給球隊中的明星球員——綽號「赤腳」的外野手傑克森（Joe Jackson）和三壘手威佛（George Weaver）——的年薪都只有六千美元，而其他球隊素質普通的球員年收入都已超過一萬美元。他還要求球員自己負擔洗球襪的費用，所以白襪隊球員的襪子看起來都髒髒的，因此有人說「黑襪事件」是因球員髒污的襪子命名，其實「黑襪」的內在意涵更超過外在的表象。

一九一七年，當白襪隊的明星投手希考特（Eddie Cicotte）即將達成單季勝場數三十場的紀錄時，高米司基卻故意讓他下場坐冷板凳，藉此逃避他們談妥的「年度內取得三十場勝投，可獲取一萬美元獎金」的約定。

高米司基是個糟糕透頂的老闆，可是球員拿他沒轍，因為當年大聯盟的體制並不合理，球員如果不跟老闆簽約，也會遭到其他球隊抵制。他封閉、自私、不講誠信的領導作風，把球員逼進死胡同，讓他們心生怨恨，負面情緒日積月累，因此抵擋不住外界誘惑，進而串通放水，終至自毀事業前程、重創球隊形象、傷透球迷的心，也在美國職棒運動史上留下難堪的一頁。

職場中的員工，心思都夠細膩敏銳，眞正的傻瓜很少，在長時間的相處及共事下，老闆或主管是不是眞心相待，自己能否以生涯前途相許，大家都心知肚明。領導者的首要特質就在於誠信，當誠信不存在，人與人之間缺乏互信，沒有人樂意在這樣的環境下工作，怎能論及領導？

有些主管或公司喜歡用升遷、加薪、獎金、出國旅遊等誘因激勵員工，這本來都是正常的管理工具，如果運用得當，往往可以得到很好的激勵效果，可是如果組織制度模糊，主管心態晦暗不明，解釋權操在主管口中，諸如「時機不對」、「擔心別人反彈」、「公司總體目標沒有達成」、「業績和毛利是有達到，可是來源過度集中在單一客戶」。總之，這些理由都可以隨心編造，伸縮自如，就是不願意眞正獎賞部屬，這種事情每發生一次，領導關係就斲傷一次，而且嚴重性成等比級數上升。

「領導就是做人」是許多管理者所服膺的道理，這麼說或許稍嫌簡化，卻也八九不離十，做一個值得尊敬的人，領導就成功了百分之九十；可是，當一個人偷雞摸狗、背信忘義之時，連做人都不合格，員工與其相處共事已經是萬不得已，更不要說忠心追隨了。

當好領導者之前，先做個說話算話的人！那是門檻，是底線。

只看肩上的梅花

我在服預官役時曾經被分發到某一個師部的衛生營擔任人事官，後來不到四個月就透過甄選，轉調到工兵學校擔任國文教官，所以待在營裡的時間不長。不過那段期間我倒是領教了那位中校營長的領導風格——當時軍中還是有一些非科班的老醫官，由於年資深了，也順理成章地升到主官職位。幸好，營裡有許多國防醫學院畢業的優秀醫官，分別擔任連、排長，只要有事情，他們都會處理得穩妥可靠。就因爲這樣，那位老營長非常閒，無憂無慮，幾乎每天都喝得醉醺醺的，有時連午餐也照喝不誤，回到營裡就是胡言亂語，責罵屬下、批閱公文往往不問青紅皀白。

我這個菜鳥少尉看到這種主管，自然是避之猶恐不及，但職務使然，幾乎每天都必須接觸營長，加上辦公室和營長室相距不到十公尺，很難免於池魚之殃。有天下午，營長又是滿身酒氣，沒頭沒腦要我立正站好，臭罵了十幾分鐘，說些莫名其妙的訓斥。斥責過後，我回到自己的桌前，兩眼茫然，什麼事情都做不下去。這時候，一位上尉醫官主動過來安慰我：「不要放在心上，我們有時候也會被臭罵，你自己曉得沒做錯事就好了。」

在以服從爲最高原則的軍中，我當然只有接受這樣的勸慰，不過還是不平：「我感到難過，政府爲什麼花錢養這些不稱職的軍官？你們又如何眞心服從？」

這位年輕、優秀的軍官笑著說：「你要知道，我向他敬禮時都是看著他肩膀上那兩顆梅花，我從來不看他的臉。」

聽到他這句話，我整個人爲之震撼：原來可以如此分離職位和個人——尊重組織所賦予的官銜和職權，但不一定尊敬這個主管。

「我不尊敬你這個人，但尊重你的職位。」眞是個一開眼界，一開心胸的原則，這個原則對於許多組織工作者都是很好的提示。

當我們不得不在劣質主管底下工作時，這實在是不得已的切割方法。不過，這是就個人環境調適而言，不意味著工作者會認眞、努力投入工作。

現代組織管理畢竟不同於軍隊，「合理化管理」是主流，也是王道，已經絕少聽到「絕對服從」這回事。員工不會因爲老闆「賞」他一碗飯吃，就願意侍候老闆；主管如果不值得尊敬，很難買到部屬的忠誠，更無法讓員工甘心積極工作，這對知識工作者更爲明顯。

當組織提拔某人擔任主管時，其實就是賦予代表公司經營或管理的名器，所以，組織提拔了什麼樣的人擔任主管，就代表公司重視什麼文化。比方說，公司選了能說善道、交遊廣闊的人擔任領導者，代表公司重視銷售及公關路線；提升了沉穩務實、執行力強的領導者，表示走的是務實的執行文化；當選拔一位技藝精良的人擔任主管，代表的可能是重視技術工藝或品質文化。

如果組織提拔的是德性不佳、條件不足、不符人望的人擔任領導者，代表組織出了問題，遲早要付出代價。

你辛勤栽種，我歡樂收割

好友的女兒 Tracy 最近離開服務了兩年的公司，特別向我報告：「叔叔，我有聽你的話，一份工作至少要待上兩年，否則在自己的應徵履歷表上是負債，而不是資產。」

Tracy 大學主修俄文，畢業後到俄羅斯深造兩年，回國後在一家監視器製造及外銷公司找到第一份工作，當她在做職業選擇時，我給她的建議就是要愼選工作，一旦決定接受工作，無論如何都要堅持，至少待兩年，我很高興她聽進去，也做到了。

「不過，我眞的忍很久了，叔叔。」

Tracy 告訴我，他們公司國內外員工就有七、八個國籍，再加上來自世界各地的訪客，簡直就像個聯合國。她除了負責國外業務開拓工作外，在工作中經常擔任俄文翻譯，偶爾還要使用英文交談，自己的外語能力和國際觀增長了不少。

工作日每天晚上八、九點回到家，例假日基本上正常休息，平日工作量大，不算輕鬆，也還能適應，日子久了也習慣了。

Tracy 工作已經上手，表現受肯定，個性開朗的她，在公司人緣不錯，也有幾位要好的朋友，應該是個可以繼續工作的地方，爲什麼要離開？

「我想離開公司，主要是因爲我們經理，」Tracy 說。

「他會報假帳，私吞交際費。這件事情，我們雖然知道，但是沒有直接證據，不想，也不敢舉發。」

「最過分的是，去年他把我兩筆銷售業績全部改到他的名下，領走我四萬多的銷售獎金。」

「我們經理說，他會幫我提報加薪，意思是說，他會補償我，要我不用太計較。」

Tracy 說：「這本來就是兩回事，我表現好加薪是應該的，他竟然要拿加薪來抵充被他吃掉的獎金。何況，後來我的薪資也加得不多，我不相信他有特別幫我爭取。」

「今年三月，我的獎金又莫名其妙蒸發了兩萬多，我當然知道又是經理在報表上動了手腳，經理要硬拗這是他的業績，你根本就拿他沒辦法，這只有我們兩人心知肚明。」

「發放獎金當天，經理還特別告訴我，年底要提報我升遷，」Tracy 說：「我當然不再上當，當下告訴他，我辭職不幹了！」

顯而易見，在這樣的經理底下工作，Tracy 的工作熱情和動力是低迷的，辭職不幹只是最後壓力鍋的爆開而已，可是在此之前，她的情緒低落和無形中工作的 slow down 是早就醞釀的。

某些組織裡都有許多類似的領導黑洞：

- 領導者掠奪部屬工作成果，將部屬的研究分析結果當作自己的產出，向上邀功，爭取獎金或升遷。
- 主管爲了取得學位或證照，指示部屬蒐集、分析資料、撰寫報告，報告產出最後成了自己的論文的主要內容，甚至申請專利。
- 長官在外兼差、兼課，要部屬爲其製作講義、出考題、改考卷，十足假公濟私，卻美其名增廣同仁知識領域，同仁做的事情毫無組織貢獻可言。

這種主管比較「會做人」的，還懂得偶爾犒賞一下同仁，慰問辛勞；不上道的更是經常怒罵同仁不能按照他的意思工作。他們將組織人力變成私人奴僕，更上一層長官可能睜隻眼、閉隻眼，裝作沒看到，也可能眞是矇在鼓裡，可是，部屬怎麼可能長期愚忠追隨？這樣的領導情境下，員工的工作動能就在其中不斷流失了。

下次不跟著你了

大三時，我被選爲系學會會長，那是一個看似風光的學生社團領導者，更是系上女同學注目的焦點，不過我也沒有利用職務「自肥」，沒有趁機挑選女朋友。這其中原因，與其說我自制力高強，不如說我膽小，我那時以爲只要對哪個學妹特別照顧一些，大概會得罪更多女生，只能安分一些。

另一方面，可能當時我不認爲自己是個有魅力的領導者吧！

擔任系學會會長時，有一回帶領同學及學弟、學妹到三峽五寮尖登山，那是我這一輩子難忘的經驗。

五寮尖是一條充滿刺激、冒險、挑戰的玩家級登山路線，根本不適合我們這種平日缺乏磨練的「飼料雞」加「軟腳蝦」的大學生。

由於行前的情報蒐集草率、有登山經驗的同學太少，行程當天下午又狂風呼嘯，我們全隊四十幾位同學在寬度不到五十公分的山稜上，看著兩側陡峭的岩壁，下去就是落差百米的密林與深溝，大家進退不得，只能硬著頭皮，全身緊貼著岩壁，手腳並用，狼狽地爬過稜線，過程中幾乎每個人都肌肉僵硬、全身發抖、心涼半截，許多女同學甚至開始哭爹叫娘了，那一段稜線峭壁行程簡直可以用「慘絕人寰」來形容。

最後，雖然大家都平安無事，但度過難關時大夥兒已經面色如土。有道是「一次不愉快的消費經驗會傳播給十六個人」，活動回來後，五寮尖集體蒙難的故事很快一傳十、十傳百地傳播開來，當初沒有報名參加那一次活動的人都深自慶幸自己的睿智。自此以後，系學會舉辦的旅遊、踏青活動都乏人問津，因爲大家都不希望再重蹈覆轍。畢竟，友情支持或同情贊助，都不能以自己的生命做代價，人緣再好都不行。我自評領導形象已經受傷，至少系上會員評估我這個會長舉辦活動能力已經跌停板，難以再度取信於他們！

將帥無能，累死三軍。當部屬被無效能的領導帶錯方向，甚至要得團團轉時，第二次要他們跟隨，他們必然會戒愼恐懼，深怕再做虛工。如果領導者接二連三犯錯，後續的任務要他們貫徹執行時，他們不禁會擔心：「這次會不會錯？會不會做到一半又要改變？會不會做愈多，錯愈多？」員工一旦如此瞻前顧後，自然無法把油門一腳踩到底，全力衝刺。

我很慶幸那一次的活動沒有釀成意外，更慶幸自己在進入職場之前接受這次震撼教育，這是一門寶貴的領導課程。從此，在決策和行動上，「謀定而後動」成爲基本功課，要不就是讓團隊成員一起投入計畫，以集體智慧形成共識，再以團隊力量展開行動，這是領導上非常重要的功課。

很顯然，「主管不是人」和「主管無腦」是導致人才流失和無心工作的禍因。我們整理了這些無法被尊敬、難以被追隨的負面領導樣態，主要指出這些都是讓信賴關係蕩然無存的態度及行爲。領導的意義就是帶領他人完成工作，主管必須具備能力，帶領團隊完成任務，讓成員樂於追隨，展現工作效能，這是組織賦予主管的任務。這樣的任務角色，首先取決於「信賴關係」。

圖表 11.1 「領導有方」認同度的檢測問題

編號	題目
1	我的主管處事決斷，不會遲疑拖延。
2	我的主管自己的行事作風都很端正。
3	我的主管口頭說的和實際做的都是同樣一套。
4	遇到問題時，我的主管願意負起責任。
5	我的主管能帶領我們正確工作，不會走冤枉路。

民無信不立，領導者如果不能得到被領導對象的信任，則他的領導威信不復存在，領導效能將無從施展。當「君不君」，就會「臣不臣」，主管不具備領導形象與魅力，部屬就很難死忠追隨。

在一九三〇年代末，領導學大師巴納德（Chester Barnard）就把成功領導者的技術性能力和品格分開來。我們認同他的觀點，也認爲剛性結構（知識、技術與能力）和軟性實力（價值觀與德行）是虛實相生、左右腦互補的關鍵領導要素。這說明了領導者能否取得信賴的關鍵在於「方向」與「德行」。

方向領導就是遠見擘畫、策略正確、決斷明快和目標清晰，指引正確的方向，帶領大家走對的路，讓團隊成員跟著他不會原地兜圈子，不會漫無目標地做虛工。

德行領導指的是正觀與正行，包括是非善惡的價值判斷能讓人信服、正向面對個人與事件、說話算話、言行禁得起檢驗、願意承擔後果。

「德行領導」與「方向領導」做不到，員工很難追隨，更不容易眞心投入工作，我們來看看主管的表現如何？

圖表 11.2 「領導有方」認同度與其他驅動因素調查結果比較

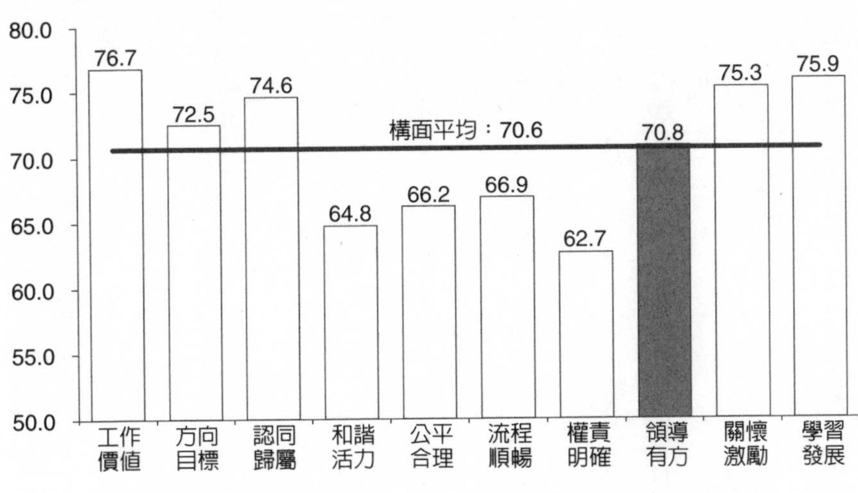

「領導有方」認同度的量測

量測所採用的問題

爲了探知組織裡的工作者是否尊敬其主管，願意追隨其主管，我們採用圖表十一．一「領導有方」中的題目編入驅動因素量表加以檢測。

試測結果所建立的常模

根據先前的調查，企業在主管「領導有方」的認同度平均得分爲七〇．八分，在十個驅動工作動能驅動項目中得分位置居中，如圖表十一．二所示。受測企業中最高得分爲七五．四分，最低得分爲六〇．六分，此一得分對照圖表三．六驅動因素得分意義說明，代表「組織的表現讓員工有些疑慮」，不是令人滿意的結果，改善的空間非常寬廣。

主管「領導有方」認同度與安培指數的相關係數爲〇．三九一，達到統計學上「非常顯著」的相關程度，也就是「組織成員對於直接主管領導風格與形象愈認同，工作動能愈強；反之亦然」，這樣描述的準確率可達到九九％。

很顯然，重視組織的領導關係，提高主管的領導認同度是組織提升員工工作動能的重要途徑。可是，我們該從何處著手？

請讓A咖來領導我

一流企業必定有一流的領導者，卓越組織必定有一群卓越的領導者。找到好的主管來代表組織領導一群工作者，是一件無比重要的事情。好的主管帶領同仁達成組織目標，不好的主管弄得組織離心離德，一盤散沙，二流主管是帶不出一流團隊的！

當發現組織同仁對於各級主管領導的評價不高，領導形象及效能低落，勢必要做出回應，積極謀求改善。可是，能做什麼？又該做些什麼？

要改善此一現象當然不是一朝一夕的事情，不過，總要嘗試跨出第一步，可以從兩個方向著手：

一、樹立組織的領導文化，從經營層開始關注並改變組織的領導氛圍，並形成管理紀律。

二、建立組織的領導模型，審慎遴選組織裡各級主管。慎之於始，一開始就選對領導者，免去事後的災害搶救。

建立人才管理基本原則

我尚未擔任管理顧問時，在幾家公司擔任過人資經理和管理副總，每到一處，第一件工作就是建立該公司的「人力資源政策白皮書」，這是我奉行「策略性人力資源管理」的起手式。

在「人力資源政策白皮書」中，我必定做的事情是：協助建立公司對於人才的基本假設，基於這些假設，方能導引公司對於人才及人員管理的基本哲學，做這些努力的目的正是爲建立公司的領導文化。這裡列舉我在白皮書裡的條目，不過因爲產業屬性關係，我不認爲這些條目放諸四海皆準，讀者參考時還是要有所取捨：

- 我們衷心認同「人才爲企業第一資產」，因此我們尊重每一位工作夥伴，以人文精神及人本思想經營集團各事業。
- 我們認爲「人性本善」，同仁們都致力追求眞、善、美，但我們同時體認人有惰性，外在環境對員工有誘惑及影響，因此經營強烈而正向的企業文化是極有必要的。
- 我們體認並尊重員工的個別差異。我們認爲人與人之間的差異應該形成互補而不是衝突。我們希望公司呈現多元文化的平衡美感，而不是強權文化下的一言堂。
- 我們鼓勵員工不斷學習，然後挑戰極限，發揮大黃蜂精神，做原本不可能的事。我們知道，員工不斷超越自我及擁抱變革的同時，難免會犯錯，因此我們對員工的錯誤秉持「可以原諒，但不放過」的原則來處理。但有兩種錯不能犯：一是道德和動機上的錯，不能心懷不軌；二是一錯再錯，無法從錯誤中學習者。
- 我們視員工爲事業夥伴，以「全員參與、分工合作、相互激勵、共創價值」爲核心理念。也希望員工以「主人翁」心態參與企業經營與活動。

在草擬這些條目時，當然是灌注自己對於人才與人力的觀點，但公司不是我個人的，更不是我說了就算，所以必須先和總經理溝通，徵得他的初步認同。接下來，我將這些條目併同白皮書其他內容傳送給各部門主管，徵求補充、修訂意見及不同意見，在回收意見表後做必要的增修，然後提到公司的主管會報上進行確認，至此，公司的人力資源政策即大勢底定。

一旦公司的人力資源政策確認，領導文化軸線也同時確立，在此一軸線下，公司排除高壓、一人獨斷的領導文化，對於員工採取鼓勵與寬容，也就是藉此形成公司的領導文化。

許多人都有一種似是而非的想法：領導風格因人而異，無法強求，組織也不必建立所謂的領導文化，只要讓主管八仙過海，各顯神通就好。

這種想法只對了一半。

爲什麼？

沒錯，主管的人格特質各有差異，有些支配及主導性強，有些中庸溫和；有人快步調，有人穩中求勝；有人精確細密，有人只抓原則方向，不可能強求一致。

不過，這不代表組織對於領導文化不能存在指導原則，這些指導原則牽涉到基本假設、價值觀和領導哲學，我建議經營層主管對這些問題要有基本的共識，否則組織的文化難以協調，部門主管的步調不一致，部門間難以協同合作，換了主管就換了思維及做法，或換了部門，領導邏輯就完全翻轉，員工非常難以調適。主管之間需要溝通和建立共識的事項舉例如下：

- 我們看重的是能力高強、個人主義色彩強烈的悍將，還是配合度高、團隊協作力強的中堅分子？下次挑選主管時，先挑哪一種人？

- 外放異地擔任主管的，是一軍戰將或二軍人選？哪一個戰場對我們更重要？哪些人對我們更有價值？
- 員工是組織的公共財還是部門的私有財？當組織要調動人員時，部門主管可以用影響任務和績效為理由拒絕嗎？
- 我們鼓勵主管授權嗎？如果是，在權責劃分表及相關的決策和培訓當中，我們將如何貫徹此一理念？
- 我們需不需要在經營層會議中定期檢討組織的領導問題，交換意見，盤點主管人才？

這類事項的探討，可以併同組織文化或經營理念的梳理進行，不過我建議採取較為正式的溝通研討，最好是組織核心經營層主管選定不受干擾的時間地點，沉澱思考，形成共識決議、並行諸文字紀錄，而不只是漫談或淺層的意見交流。

組織領導問題需要如此上綱到經營層主管定期討論嗎？真有這個必要嗎？經營主管每天應付市場、客戶、生產、品質、資訊、財務等問題，已經忙得喘不過氣來，還要他們花時間來討論人的問題嗎？

在《決勝人才力》這本書裡，管理大師夏藍（Ram Charan）和全球最佳人資長康納提（Bill Conaty）引述了幾家卓越公司的經營管理，提出「這些公司的人才為什麼很搶手？」這個問題並以實例解答。他們以印度聯合利華這家年營業額三十五億美元的公司為例，說明從執行長到高階主管為什麼要花三成至四成的工作時間來面對培養公司「未來領導人」這件事情。

他們也告訴讀者，在奇異公司，從集團執行長伊梅特（Jeff Immelt）及高階領導群每年多次重要會議（C會議、營運會議、預算會議及長期策略檢討會議）的源頭都是先討論各部門領導人的問題，特別是C會議，根本就是以人爲核心的討論，因爲領導者及其能力如果沒有確認，後面的計畫根本就是沙上浮塔，談了也沒有用，他們也耗用大約四成的工作時間在人才問題上。

如果一對夫妻，都各自忙著自己的工作或休閒娛樂，根本就沒有花時間在子女身上，可是還期望子女品學兼優，人格正常發展，除非家裡三代燒了好香，否則還眞不容易，對嗎？

假使孩子的品德發展出了問題或學業成就趕不上同儕，這對夫婦還是得回過頭來進行補救措施或處理衍生的問題，時間完全沒省下來，孩子的未來卻也不易挽回了。

父母親花在孩子身上的時間，不是尙未發生問題前的規劃、諮詢、指導，就是問題發生後的補救、挽回與善後處置，同樣要花時間，效益卻完全不一樣。

組織的領導也是一樣，對於人的問題，如果不是事先關注，投入時間、心力與資源，到頭來還是必須處理因爲員工生理、心理、態度、能力沒有安頓所產生的士氣問題、離職問題，以及衍生的品質問題、成本問題、客訴問題，事前的關注是積極、正向而有效益的；而後來的面對處置，不過是災損控制罷了，幾乎毫無效益可言。

我們建議，領導者再怎麼忙，再怎麼位高權重，請至少撥出二〇%時間關注人的問題，特別是各級主管的遴選與培育。主管健全了，組織的領導氛圍才能健康，員工的工作動能才能確保。

中國歷史上最卓越的統治者之一，清朝的雍正皇帝曾說：「從古帝王之治天下，皆言理財、用人。朕思用人之關係，更在理財之上。果任用得人，又何患財不理乎？」這段話的意思，簡單說來，就是「人找對了，你根本不必擔心理財這事兒做不好。」

同樣的道理，人找對了，研發設計、生產製造、行銷業務和後勤支援都能做好，找對的人上車，他們自然知道應該將車子開往何處。

人才分級儲備

組織找錯領導者無疑是一場災難，無論哪一個層級，任用優秀主管可以讓組織在他離開職位後仍然維持好幾年順暢運作，這是因爲在任時已經建立基礎，並培育部屬所創造的遞延效果；如果錯用一個糟糕的主管，危害及回復所需時間至少是任期的兩至三倍，這是積重難返的遞延作用和清除遺害所需時間。其後還需要繼任者表現稱職並力挽狂瀾，那個過程需要止血、手術、保養、復健，才能恢復生機。

爲了避免組織災難，愼選主管成爲經營上非常重要的議題。而培養、儲備主管是平日就要進行的，不是在主管職位出缺時才開始急就章胡亂圈選，那就八成註定災難一場。

撇開其他次要因素，我們建議以績效和潛能兩者並重的方式選取主管人才。所謂績效，就是大家熟知的績效評估結果，只要組織的績效管理是成熟穩健的，績效評估的結果自然具備公信力和參考性。

以往績效好，可能只代表工作者在現職的工作能力強、態度佳，這只是取得升任主管的門票而已，未必代表具有更上一層樓的能力。可是當一位同仁連以往績效都不好，我們自然無法期待他以後的發展，更不必奢言他能贏得部屬敬愛與服從。

績效代表過去，未來的一切則取決於個人潛能，組織對於內部關鍵人才都要有一個九宮格（圖表十一．三）的盤點機制，而且過程愈嚴謹，效益愈高。

這個九宮格是以「發展潛力」及「以往績效」兩個維度所構成，經營層主管需要特別關注的僅有

圖表 11.3　組織人才九宮格

發展潛力 / 以往績效	有限制	可期待	優秀
優秀	C_1 鼓勵在現職發揮貢獻	A_1 歷練研修	A^+ 立即考慮升遷調派
一般	D_1 協助提升現職績效	B 計畫性培育發展	A_2 教練、業師引導
待改善	F 要求改善否則淘汰	D_2 協助提升現職績效	C_2 轉換其他職位歷練

方框範圍內的A^+級和A級兩個等級人才，A^+級人才應即刻、儘速給予升遷發展空間，以免人才外流，當他們被挖角時才出面挽留往往爲時已晚；對於績效優異，而發展潛能列爲可期待的A_1級員工，應透過職務歷練補足其尚未完備的職能項目；至於發展潛力優異，但績效尚未充分展現的A_2同仁，則經由教練（coach）或業師（mentor）輔導，找出其績效上可增進的關鍵，當績效得以突破，就是下次升遷的時機。

B級人才仍爲組織中堅分子，值得關注與投入培育資源，組織應針對其欠缺職能編訂訓練計畫，給予計畫性培育發展；以往績效優異但發展潛力不足的C_1成員應鼓勵在現職安心工作以發揮貢獻，C_2級人員發展潛力佳但現職績效不佳，有可能是擺錯職位，可試圖安排其他職務給予另一次機會；至於再往下的D級與代表fail的F級人員，就交給單位主管和人資部門協助在現職上提高績效，組織無須在他們身上花費過多資源。

這個九宮格牽涉到主管人才的辨識，其先決條件就是制定人才「規格」（specification），知道組織需要什麼樣的人才；第二個關鍵就是「評估」（assess），透過有效度和有公信力的方法在組織內外部找到符合規格的優秀主管。

訂出規格，按圖索驥

松下幸之助說：「不要用爬樹的能力來論斷一條魚。」講的是選擇正確的評估指標來論斷一個人的能力。

沒錯，不同地區、階層、產業、專業領域及不同組織文化所需要的領導能力或有差異，人格特質也各不相同，在ＩＣ設計業能成功領導一百位優秀軟體工程師的主管，換去成衣廠，採用同樣方法統領三千名工人，可能會是個災難！

既然不同組織、不同職位所要求的主管人才各不相同，就應該分別訂出規格及標準，才不至於用爬樹的能力來論斷一條魚。

近年來「職能模式」的觀念在國內逐漸推廣開來，勞動部勞動力發展署（前勞委會職訓局）都在大力宣導ＴＴＱＳ（Taiwan Training Qualification System）體系，從建立職能模式推動人力發展品質，這是可喜的現象，不過這又犯了台灣企業常犯的錯誤：一窩蜂。就像建立ＩＳＯ只是為了取得供應商資格（vendor code），搞了一堆很完整的表單應付檢查以取得ＩＳＯ證書，不是眞正希望藉由標準化提升品質水準。目前許多企業建立職能模式也僅是希望能申請勞動力發展署ＴＴＱＳ的培訓補助，至於能否眞正提升組織的管理成熟度，就不那麼關切了。也因為如此，將組織的職能模式搞成既粗糙且畸形的錯誤模式，模式效能無法發揮還是其次，如果拿來錯誤選才、搞錯培訓方向，才是眞正損失。

所謂職能模式（competency model）指的是擔任職務所需要的知識、技能、態度或特質（knowledge, skill, attitude & character，簡稱ＫＳＡＣ）。在組織裡又區分為「核心職能」、「管理職能」及「專業職能」三者。職能模式開發的結果包含了職能項目、職能定義和行為特徵。

開發職能模式的目的在於根據所規劃的KSAC規格在組織內外選取適當人才、對現職者加以培育使其符合職能要求，另外就是列入績效「定性（質化）」評量項目，讓相關主管及員工能從自我要求做起，達到管理的目的。

目前國內許多組織建立職能模式的過程過於草率，原因就在於僅憑一份簡單的問卷對主管或員工施測，經過數量統計就決定了組織職能模式。那樣的過程看似廣徵民意，其實因爲塡寫問卷的主管或同仁對於問題未必有過觀察，未必曾經思考，調查結果僅代表相關人員的認知狀態，不代表眞正答案，更不是眞理，所以得出來的可能不是組織眞正的職能模式。

我所建議的職能模式建構方法，至少要經過兩種工具（例如問卷調查及訪談）探測和焦點群體會談，再綜整所得到的資料，成爲有價值的資訊，才能形成模式並建立體系。

你的打擊率有多高？

「以棒球術語來說，主管對人事決策的平均打擊率不超過三成三——只有三分之一正確，另外三分之一差強人意，其他則錯得離譜。」這是彼得．杜拉克對組織遴選主管正確率的評價。

除非組織領導者能像奇異總裁伊梅特等領導人，願意、有能力，也能夠花用大量時間觀察及討論組織裡的關鍵人物，否則藉由科學化的程序方法評測候選人，是比較穩妥可靠的方法。

當經營層主管無法親自花費時間與精神嚴密評估組織候選人，至少要相信專業程序手法，否則光憑感覺選拔主管，找錯人的機率，就如同棒球打擊率一樣，要上三成都不容易。

中國海爾電器總裁張瑞敏有一個「賽馬而不相馬」的理論，他說「馬好不好，牽出來遛一遛便知道」，認爲在實戰中看出哪些人能夠展現績效，遠比在甄選時耗用大量心力更有效。他的理念有理，但也有問題：實戰績效當然最靠得住，但人已經派任上去，你就很難拉得下來。

要解決這個兩難問題，「評鑑中心法」（Assessment Center）是兼具賽馬與相馬優點的方法，此一人才評鑑技術運用已愈來愈廣泛，關鍵就在於過程嚴謹，結果準確。它的主要原理在於「模擬」與「預測」，英國心理學會（British Psychology Society and Accord Group）比較各種才能評鑑方法後，認爲它效度最高。

台灣第一家引進評鑑中心法的企業組織是中鋼公司，在一九八〇年代即已全盤引進作爲課級主管的遴選之用，至今仍然採行，對照中鋼三十年來穩定的經營績效與獲利能力，先進的人才建設觀念與手法確實發揮了很大作用。

一九九〇年後，信義房屋、上海銀行、宏碁、德州儀器、和泰汽車、匯豐銀行、彰化銀行、飛利浦、雅芳、好樂迪等企業都採用評鑑中心來甄選人才並做爲人員晉升的依據。近年來，考選部公務人員保障暨培訓委員會、國家文官學院都採用本法做爲遴選培訓對象和考評中、高階文官受訓成果，成效也備受關注。

陽明海運公司在二〇〇五至〇六年建立主管職能模式後，自〇七年起就每年進行中階主管「組經理」在職者及候選人的評鑑工作，至今都未曾間斷，公司內部也培養了超過三十名評鑑員，受過評鑑的人員已超過兩百人，形成相當完整的人才資料庫，對於評鑑後的培育發展及升遷接班都發揮極大效用，〇九年該公司人力資源部經理許世芳還因爲推動才能評鑑及人才培育獲得當時勞委會頒發的人力創新獎。

陽明海運二級單位「組經理」的職能模式項目爲「分析能力」、「主動性」等六項，爲了解目標人選是否具備這六項能力，我們採取「多工具、多角度」的基本原則協助設計了四項評鑑工具加以採測（圖表十一・四），它不是僅憑一項工具就斷定受評者某個職能項目是否具備。每一位受評鑑者還經過三位評鑑員在四個模擬活動下觀察評鑑，最後再整合評鑑員的觀察評鑑意見，可將偏誤降至最低，所以是效度極高的人才評鑑方法。

可以看出，評鑑中心是一個結構完整、嚴謹的科學化過程，投入人力甚多，通常一個二十多位受評者的評鑑中心活動（約九小時），要另行配置人數約略相當的策劃者、評鑑員及工作人員（不包括先前的活動及測評工具設計、評鑑員培訓及評鑑次日的評分整合會議），由於資源投入較多，需要一定參加人數，成本較高，中小企業多未考慮採用。

根據美國一家顧問公司的統計：不稱職的基層主管平均使公司每年損失五萬美元；不稱職的中層主管平均使公司每年損失二十五萬美元，對於資本密集與知識密集的產業而言，其損失更加嚴重。二〇〇九年針對列名財星五百大企業的銀行調查結果顯示：頂尖的一〇%銀行主管每年能創造四百五十萬美元的收益，排名墊底一〇%的銀行主管每年製造的損失達一

圖表 11.4　職能項目與評鑑工具交叉矩陣

職能項目／評鑑工具	執行與管控	分析能力	創新	團隊合作	主動性	培育他人
籃中演練	★	★		★		★
個案分析	★	★	★			
影片情境	★				★	★
團體討論		★	★	★	★	

籃中演練（in basket exercise）是讓受評鑑者在一定時間（例如兩小時），處理將近十餘分文件，須提出問題處理對策。

個案分析（case study/problem solving）是讓受評鑑者解析一個個案或提出一個規劃方案。

影片情境（video situation）是讓受評鑑者觀看短片，請其模擬劇中人，在事件發生當下做出對於情境的處置或反應。

團體討論：給予受評鑑者一個共同命題，讓他們在有角色任務情況下討論議題，探測他們在既衝突又互利的情境下如何達成行動方案。

百二十萬美元，其間的差距高達五百七十萬美元。相較於錯誤選拔主管所造成的嚴重後果，採用評鑑中心的費用顯然小得不成比例，可說投資效益非常高。

第十二章　看出我的價值

本章重點

1. 對於部屬的需求，主管敏銳一點、體貼一些，絕不吃虧，反而會有意想不到的回報。
2. 要激勵人心，「肯定與尊重」等心理層面的滿足，勝過待遇、升遷等物質因素。
3. 主管無法得到「民心」的三個主要類型——封閉、孬種和自私，請找出原因解決這三種困境。
4. 高壓與鐵血領導方式只適用於：A.落後地區的低階員工，B.領導者有強烈個人魅力且組織資源雄厚。如不具備這些條件，還是人性關懷才能有效領導。
5. 真關懷要從需求者角度出發，要考慮個別差異與人格特質，不是從統治者角度施捨或主觀提供，給的必須是員工真正想要的才有作用。

人本精神符合利益原則

出外人的心聲

我的母親，已經高齡九十五歲，雖然清瘦到只有三十公斤，聽力嚴重退化，因肺部纖維化而呼吸短促，除此之外，她還算健康，記憶力、表達力都還不錯，三餐正常進食，外出時需以輪椅代步，但在家中，拄著拐杖，尚能緩步行走。身爲子女，深自爲她慶幸，也盡一切可能關照她。

由於家人白天都要上班或上學，家中無人陪伴，且她已經不適宜自行烹煮餐食，我們兄弟姊妹在多年前就爲她申請了印尼籍女傭，在家中照料她的起居飲食。

家裡多出一個外人，起先總是不習慣，但是爲了給老母親有個照料和陪伴的人，也是不得已的事情。對於外勞的管理，包括人力仲介公司的人員和一些朋友，都以他們的經驗再三交代：要嚴加規範，要立下規矩，不能讓她們有手機，避免她們和其他外勞有太多的接觸，以免互相交換訊息，增加脫逃機會……。

對於所有善意的提醒，我都心存感謝，不過，我有不同看法，也不採取他們建議的做法。我認爲人在異鄉工作，心情多半是思鄉與懷念親情的，回想自己多次海外出差的經驗，我幾乎每天都要和家人通話聯繫，哪怕只是短短三十秒，否則總覺得自己是個無根的漂浮人，工作和生活都會受到影響。所以，不讓印傭和家人聯繫或和鄉親接觸，我是難以認同的。

無論是家人或外人，我可不希望與一個不快樂的人，同在一個屋簷下。如果家裡的印傭不快樂，平日板著一張冰冷僵硬的臉，總會影響大家的心情；這種不快樂的情緒倘若不斷累積，沒有適當發洩，更可能引起憂鬱等症狀，那就無法盡心盡力照料老母親，這顯然不符合我們當初僱用的原意。

我們家的印傭名叫阿咪，從她到家中工作的第二天起，我們就送給她一隻性能堪用的舊手機，帶她到通訊行辦了一個門號，她當天晚上就和遠在印尼瑪琅（Kota Malang）的兩個女兒通話，心情好得不得了。

爲了讓印傭熟悉住家附近環境，妻子趁著到附近的店裡買雞蛋時，也帶阿咪出去走走，沒想到阿咪就在店裡看到來自家鄉的同胞，儘管以前並不相識，但她們馬上就開始親切交談，神情甚爲愉悅。此後，每到休息時候，阿咪也經常到店裡串門子，回到家，感覺就像充飽了電力一般。

家中平日開伙，我們都請阿咪直接上桌，和家人一起用餐，無須一個人躲在廚房吃飯。言談和工作指示中，我們經常對她說「請」、「謝謝」，一時聽不懂或事情做錯時對她說「沒關係」、「下次做對就好」，她生日時，我們也買了生日蛋糕，幫她唱歌慶生，還幫她拍照留念。阿咪感受到我們對她的尊重，眼睛泛著淚光。

而且幾乎每一件事情，都不必由她提出要求，她也不便提出那些要求。我們當然知道她需要什麼，何須從她口裡說出？如果不知道，或是裝作不知道，現況不會這麼理想。

不知道員工的需求或裝作不知道，只會降低員工的向心力，你總覺得他不貼心，凡事不會爲你著想，增加你許多不便或麻煩。其實，他們會如此表現，原因主要還是在你身上。所以，敏銳一點，體貼一些，你不會吃虧，反而往往會有意想不到的回報。

可能因爲阿咪本性忠良，也可能因爲我們善待她，所以阿咪總是願意主動幫忙做一些家事。原本她的分內工作只是照顧老阿嬤，可是每天早上第一個起床後阿咪總會主動打掃客廳，爲家人準備早餐，內人告訴她可以休息，等阿嬤起床再工作即可，她卻說：「我喜歡做，沒有做事情，不好。」她工作時，我們還經常聽她嘴裡輕輕哼著歌曲，當一個人會哼唱歌曲時，多半心情是愉快的，不是嗎？

雇主以同理心善待員工，特別是對待外出工作者，應是基本的做人道理吧？強調做人道理或人本主義，固然正確，但企業經營還是要回歸現實利益。如果，因爲雇主的尊重、關懷與善待，員工能夠快樂工作，加倍付出，這樣的關懷與尊重就啓動了一個良性循環。

職場裡，只要從「利他」出發，受益者多半會轉化爲更多正面能量，創造更多價值與利益，原本釋出善意的人，可能獲得更多的回報，不同於戲劇中報復式「加倍奉還」，此時的奉還肯定是良性的。

沒有人希望團隊裡有不甘心、不情願的人吧？如果有人不開心、不快樂，他散發出來的「氣」就不乾淨，這會影響環境磁場及週邊的人。無論對於部屬或傭人，不妨試試更寬容、更體恤和更關懷，你不會損失什麼，卻可能讓組織磁場更清淨，「人和」以後才可能「政通」。

拍拍手，就有好回報

一九七五年的某一天中午，松下電器創辦人松下幸之助與公司的同仁小川，在大阪的一家餐廳招待四位客人，經過一番介紹及寒暄之後，每個人都點了牛排。

席間，松下與大家分享有關松下企業的歷史，賓主暢談甚歡，在六個人都吃完主餐後，松下湊近小川，低聲地說：「請把烹調牛排的主廚找來，」他還特別提醒：「不要找經理，找主廚來。」

小川隨即注意到，松下的牛排只吃了一半。小川心裡忐忑不安，不知道等一下會有什麼尷尬場面。他找到主廚，把他帶到桌旁，主廚來時神色緊繃，因爲他知道今天這位客人來頭很大。

「是不是有什麼問題？」主廚緊張地問。

「你做的牛排沒有問題，」松下說。

主廚與其他五位用餐者，此時面面相覷，滿臉疑惑。

「我只能吃一半，原因不在於廚藝。牛排實在很好吃，但我已八十歲，胃口大不如前了。」

松下繼續說：「我請你過來，是因爲我擔心，你看到吃了一半的牛排送回廚房，心裡會難過。」

這時，大家終於恍然大悟。

如果你是那位主廚，聽到松下如此貼心說明，你會有什麼感受？

如此細膩地尊重專業，這麼體貼入微地關照人心，我們看到松下幸之助儘管事業有成，還是不斷肯定他人，給人溫暖，給人自信，他的領導哲學是身體力行的，不是光說不練，不僅是對自己的員工，還能擴及服務他的人。

我念小學的時候，還聽過另一個大老闆與廚師之間的故事，大意是說一個喜歡吃鴨子的富翁，某次在餐廳吃到美味的鴨子後，就重金禮聘這家餐廳的大廚到家裡掌廚，而且指定每天都要吃到他料理的鴨子。

大廚到了富翁的大宅門，做出的鴨子依然美味。只是大廚上任的第三天起，富翁發現，每天的鴨子都只有一隻鴨掌，納悶之餘，就問了大廚，只聽見這位大廚說：「沒錯，鴨子都是一隻腳的。」

富翁心想，這大廚也未免欺負人，以爲我沒看過鴨子，就拉著大廚到平日根本不去的後院鴨舍，看個究竟。

沒想到，在鴨舍外頭一看，休息中的鴨子，果眞都是收起一隻腳的，大廚見狀就說：「您看，鴨子都是一隻腳的呀！」富翁當然不是笨蛋，看了大廚一眼，雙手用力「啪！啪！」拍了兩下，那些鴨子一受驚嚇，全部雙腳著地，奔跑起來。富翁像是賭贏了一般，大笑地說：「你還說呢，鴨子只有一隻腳嗎？」

這時，大廚鄭重地看著富翁，說道：「原來您也會拍手？您早給一些掌聲，不就有兩隻腳了？」

原來，大廚的美味料理，除了金錢報酬之外，也需要得到肯定與讚美！縱使是老闆，有給掌聲和沒有掌聲，獲得的服務還是不同的。

肯定是個禮物

讀者要是聽過音樂會或現場演唱會，是不是覺得氣氛通常很熱烈？那種氛圍來自表演者和現場觀眾的互動，如果來賓反應冷淡，勢必感染演出者的情緒，連帶影響他的演出；相對地，當觀眾與表演者彼此帶動，馬上匯集成現場亢奮的氣流。觀眾對表演者的賣力演出報以熱烈掌聲，謝幕的「安可」聲愈強、愈持久，總能換來一首又一首額外的加演，特別值回票價。

那影像至今仍然歷歷在目。某天傍晚，我在住家附近的公園，公園人不多，兩個年輕人，一個揹著吉他，另一位帶著鈴鼓、三角鐵，他首先拿出一把口琴來。由於廣場只有一個四、五歲的小朋友，他們索性就先演奏〈妹妹揹著洋娃娃〉和〈我的家庭眞可愛〉，還編成組曲。那位小妹妹走到他們面前幾步之遙，跟著節拍搖晃起來，那模樣簡直萌翻了，街頭藝人彼此對望了一下，演奏得更加有勁。

我雖然只是路過，卻頗爲欣賞這對雙人組街頭藝人的才藝與執著。他們這時的表演已經不是爲了招徠觀眾，而是專注而熱情地與面前這位小朋友互動。

可惜，這幕情景維持不到一分鐘，小女孩的媽媽發現自己女兒竟然對著兩個陌生人手舞足蹈，大吼了一聲：「過來！」小女孩沒理她，繼續隨著音樂搖擺，媽媽忍不住，快步走過來，揪著女兒的手臂吆喝著「回家啦！」，女兒心不甘、情不願地被拽走，還不斷回頭看著兩位大哥哥。

小女孩走了，兩位年輕街頭藝人繼續演奏著，只是一下沒了聽眾，興致頓時少了一大半，神情落寞不少。

莫札特曾說：「我把快樂帶進音樂裡，就是爲了使人們快樂。」每個人的工作都是爲了帶給別人方便與滿足，看到別人得到滿足，工作也就有了價值感。這兩位年輕演奏者詮釋了這個工作原點，而這一切，不一定和物質報酬有關。

組織裡的工作者，在著手工作前希望被認可、工作中希望被關注、工作完成後，更希望被讚賞。如果長期得不到服務對象或同事、長官的善意回應，很難感受到工作價值，工作很難帶有活力與熱情。

玫琳凱化妝品公司創辦人玫琳凱曾說「在公司裡，我想像每一個人的脖子上，都掛了一個牌子，上面寫著：讓我覺得受重視。」

哈佛大學教授康特（Rosabeth Moss Kanter）在一項研究的結論裡寫道：「薪資報酬是一種權利，肯定卻是一個禮物。」這適足以說明薪資是一種「維持」因子，它只是維持工作動力的門檻，卻難以眞正激勵員工；眞正能驅動員工的，是精神面的肯定。

一九四〇年代末期，林道（Lawrence Lindahl）做了一項員工對工作期望的經典研究。八〇及九〇年代初，他又再次進行這項研究，得到類似的結果：主管總覺得，員工工作的主要原因是待遇好、工作保障和升遷機會；但員工最想從工作中得到的，卻是些無形的東西，像是因工作表現而受重視、有參與感、有體諒人的上司。如果請員工和主管列出他們心目中前十個最重要的激勵因子，員工將「工作表現受到重視」列爲第一，主管則把它排在第八；員工將「參與感」列爲第二，主管卻把它排在最末。

這個研究給了我們兩點啓發：

一、獎勵優良表現，不只是根據主管自己的想法給予獎賞，還必須是員工重視，並認為有意義的。

二、要激勵人心，「肯定與尊重」等心理層面的滿足，勝過待遇、升遷等物質因素。

心理學上說：對工作者而言，肯定與讚美，是一種正性增強物（re-enforcement），能夠促使正向行為不斷發生。這種肯定與讚美通常來自顧客、同事或是領導者，其中尤以領導者最為重要，因為幾乎每一個人都有主管，卻不一定有直接顧客或同事。

組織裡，最常聽到主管抱怨「員工不好帶，他們只想輕鬆領錢，有氣無力、又笨又懶」；從員工那裡聽到的則是「主管只會嘮叨罵人，只要績效，不管部屬死活、不協助解決問題、不爭取資源、不識貨，不知道誰眞正在做事。」

組織及團隊的領導問題，除了領導者個人因素外，主要出在領導者與被領導者彼此對於角色期許的落差，都認為對方沒有善盡職責，因而造成溝通障礙。

誰該解開這個結？是主管？還是部屬？

兵隨將轉，答案再明顯不過了。

每一位主管都需要部屬的執行力，甚至「依賴」部屬的行動力，以共同達成團隊目標，這種相互依存關係非常敏感而現實，視部屬為夥伴，給予尊重與支持，絕對是基本要件。

對於絕大多數工作者而言，需要得到來自主管的是：

- 主管要認眞看待我的存在，認為我有價值，尊重我，讓我感到有尊嚴。
- 主管了解我，包括我的能力、個性，甚至情緒。

- 在需要時，主管能給我支持與支援。
- 我做得好時，主管要給我正面肯定，而且要讓我「有感」。
- 當我做得不夠好時，請給我指導，加上一點包容。

關懷三害：封閉、孬種和自私

一份由人力資源諮詢公司 Kelly Services 所做的調查顯示，全球僅有四四%的勞工覺得自己受到老闆的重視，另有將近三分之二的勞工計畫在第二年轉換跑道。

因為疏忽、不關心或自以為是，不合格的領導者讓人覺得他們無視於部屬的存在，不知道員工真正需要什麼。因而不關懷、不體恤、不知如何要求、不懂如何激勵，領導方式老是掌握不到「甜蜜點」，管理不得法，更加深彼此的鴻溝。

以下幾個情境，反映主管無法得到「民心」的三個主要類型——封閉、孬種和自私：

還在單兵作戰的主管

某家機械公司自從提升 Simon 擔任製造一課課長後，課裡同仁在半年內有三人相繼離職，該課的工作效能也大幅度降低。經訪談同仁得知 Simon 的一些工作狀況：

- 講話時根本不看著你，不是看機器、報表，就是看著電腦，反正就是不看著你，讓人感覺自己像是空氣。

- 找人時，從來不叫名字，在他心目中，同仁的名字都是「喂」、「那個誰呀」，讓人覺得不受尊重。
- 說話從來都是命令式，不說「請」、「謝謝」，讓部屬覺得自己被使喚，沒有尊嚴。
- 當部屬完成任務時，無論任務有多艱難、部屬有多努力、表現有多好，都沒有一句肯定或鼓勵，好像都是理所當然，讓人一點成就感都沒有。
- 無論在走道上，在洗手間門口，或任何時間碰面時，都不和別人打招呼，即使是同仁先開口說「課長好」，他也是目無表情地點個頭，沒有微笑，甚至根本沒在看你。

在與 Simon 面談過後，我發現這又是一個典型的無辜、無奈和誤解的案例。原本看來像是冷峻的門神，Simon 其實是一個略帶靦腆的大男孩，因爲以前從來都是單兵作戰，現在一夕間轉換角色，還不知道該如何與同仁相處，甚至帶領他們。當 Simon 面對機器和資料時，總能充分展露自信，處理乾淨俐落；可是當面對他人時，卻又不敢直視對方，說話甚至經常停頓，有些口吃。

這樣的主管，與其說他孤傲，不如說他因爲不會處理人際關係而孤獨畏縮。

做爲 Simon 的教練，第一步先從覺察開始，讓它知道自己的行爲已經產生問題，所以有調整的必要，這個階段，因爲 Simon 自己也有同感，所以難度不高，重點只在於讓被輔導對象自己將問題說出來，而不是教練告訴他「你應該改變對待別人的方式」。

其次，教練以角色扮演方式與其進行互動，讓他來指導和交代部屬（教練扮演）的工作，從眼神不敢接觸教練開始，在多次練習後，他逐漸將眼神投射在教練的領口、鼻尖，最後終於可以正視對談者的雙眼。在調整目光的同時，也讓他練習詢問、指示和鼓勵的技巧，例如：「這件工作，你估計需要多少時間完成？」、「請先和業務部門確定客戶所需要的規格標準」、「這個樣品的切邊和圓角做得都不錯，但是要注意表面的小氣泡」。

此後的每個月，顧問都花時間和 Simon 反覆練習這些技巧，他也逐漸感覺與人相處更自在、自然了。結束輔導過程時，顧問再度訪談他的部屬，得到的答案是：「他現在多了幾分人味，比較像人了，」整個製造一部的氛圍也明顯獲得改善。

不敢向上管理，很難對下領導

在某次人力盤點專案中，倉儲管理員 David 告訴我，他的工作效率只發揮四成，我很詫異他竟然這麼坦誠相告，問他爲什麼會這樣？他說：「機器設備吃掉三成，我們主任吃掉另外三成」。

細問之下才知道，這家公司機器設備很老舊，無論是電動或手動堆高機，很多都過了報廢年限，卻還在使用。倉儲員計算過新、舊堆高機的工作效率，至少差了三〇%。而且每次操作舊機器設備後，回到家就特別疲勞，還會影響第二天的效率。

雪上加霜的是主管的態度，好幾次當 David 向主任建議請購新機器設備，主任都說：「換掉？有哪麼嚴重嗎？現在的不是還能用嗎？」當 David 再說的時候，他就回答：「不可能的，上面不會同意的。上面交代，要 cost down，不要亂花錢，我幫不了你們。」

David 說：「你不試試看怎麼知道不可能？」主任卻說：「不要講了。有什麼，你就用什麼吧！」

「他幫不了我，難道這是我的事？」David 說：「有什麼，就用什麼，那我何必操得一身疲累？」

當我查證了 David 所說的話屬實，給了公司這樣的建議：

一、統計過去幾年倉管中心人工費用和新購設備所需費用，以新購設備的攤提成本（例如每月十萬元），與目前人工無效工時損耗（例如無效率工時損失為每月五萬元）做比較，只要新購設備攤提成本低於人工損耗的兩倍，就值得投資更新設備。（兩個數據不採取恆等比較原因在於：人員健康、士氣及組織文化等無形效益，難以計算，但應不低於有形的財務數字）。

員工提案，除向主管口頭建議，可透過提案建議制度提出，如此可避免直接主管封殺部屬良善建議，對於未能接受的提案，也能透過機制給予合理且易於接受的說明。

二、對於主管的敏感度、同理心及溝通與領導，尚須進一步強化培訓，以免領導關係惡化，影響團隊士氣與組織效能。

不見得每一次的諮詢輔導都有中長期追蹤機會，至少那一次諮詢過後，我知道倉儲部門奉指示提交新購電動堆高機的效益分析，很快獲得核准添購了一台新的堆高機，Simon 工作起來帶勁多了。

你做就是

Coco 是一家小型會計師事務所的記帳組組長，工作內容是根據客戶的會計憑證與表單，製作帳冊，完成財務報表。事務所裡另外設置了查帳組，負責查證記帳組或客戶會計部門所編列的財務報表是否正確。因為年輕，沒結婚，配合度高，Coco 受到長官的器重，去年才因為工作表現良好，絕少犯錯，敬業度又高，被提升為組長。因為人手不足，Coco 經常在完成記帳工作後，兼任查帳的工作，甚至是查核自己編製的帳目。

Coco 告訴我：「會計師非常嚴謹，平常很難看到他笑一下，每天工作從早上九點到晚上十一點，連假日都很少休息。」她口中的會計師，是這家事務所的所長溫會計師。

「工作量多，根本是常態，最怕的就是客戶的憑證缺東落西，根本就亂成一團，完全兜不攏。」

Coco 說：「這些公司品項歸類雜亂，憑證不完整，品名、數量、日期、進貨成本及銷售金額都勾稽不上，過去三年換過七、八個會計人員。爲這樣的公司製作成本帳，是非常痛苦的事情。最扯的是，最後需要在報表上簽證的人是會計師，可是他一副事不關己的樣子，認定我一定會弄好，他只要當橡皮圖章就可以。」

「我們公司查帳組的同仁，日子也沒有比我好過，查帳期間，每天工作經常超過深夜十一點，連續一、兩個禮拜，這段期間，我也要支援他們。」

「以前都以爲自己還年輕，有體力、有本錢，可是最近一個月，在工作時已經有好幾次突然眼前一片模糊，幾乎什麼都看不到，必須休息二、三十分鐘才能逐漸恢復視力。」

Coco 看過醫師以後，聽到警告：「視網膜有初期剝離現象，再不減少工作量，視力將嚴重受損。」

「我當然會害怕！於是和會計師討論工作的問題，我說我自願辭去組長職務，只做一個記帳助理。」

Coco 說：「討論時會計師手上的工作一秒鐘也沒停下來，最後回了一句：『你才二十九歲，年紀輕輕，不吃苦怎能出頭？我們當年也都是這樣熬出來的。這邊還有另外兩家公司的案子正要交給你，你先做好準備。』」

被會計師嚴詞轟炸過後，Coco 回到座位，第一件事情就是寫辭呈，十分鐘後就辭職了。

「雖然不知道下一份工作在哪裡，也不知什麼時候才能找到工作？可是把辭呈遞給會計師時，我眞是身心舒暢。」Coco 說道。

這個案例的情境在中小企業裡甚爲常見。這樣的公司，「職務責任制」是常態，每個月的工時普

圖表 12.1 「關懷激勵」認同度的檢測問題

編號	題目
1	主管能夠認真、耐心聽我把話講完。
2	我的主管能對同仁表達感謝之意。
3	我的主管能夠關心同仁在工作上所遭遇到的困難。
4	當我表現好時，主管能適時給予有效的激勵。
5	我的主管能鼓舞我，不只是給我壓力與負擔。

遍超過兩百小時。在台灣現今的產業生態下，企業爲了生存，大家都必須像螞蟻般辛勤工作，幾乎是這一代台灣工作者的宿命與共業，大多數工作者也都認命了。

不過，如果 Coco 是會計師的女兒，你認爲他會要求 Coco 繼續做這種高張力的工作嗎？

正因爲工時較長，員工更需要關懷；身心疲累的工作者，更需要精神面的鼓舞與支持。當同仁身體出現警訊時，領導人事不關己的態度是壓垮駱駝的最後一根稻草，主管如果不能給予部屬這種心靈支撐與依靠，不能適時激活同仁，員工哪有士氣和工作動能可言？反之，在這關鍵時刻，主管如果能夠給予安慰，暫時減輕其工作量，同仁在調適過後，通常能夠再度全心投入工作。

「關懷激勵」認同度的量測

量測所採用的問題

領導者對於部屬是否給予適當尊重、關懷與支持，組織可以從工作者的問卷調查中得到第一手資訊。我們採用圖表十二・一「關懷激勵」的問卷加以檢測。

圖表 12.2 「關懷激勵」認同度與其他項目調查結果比較

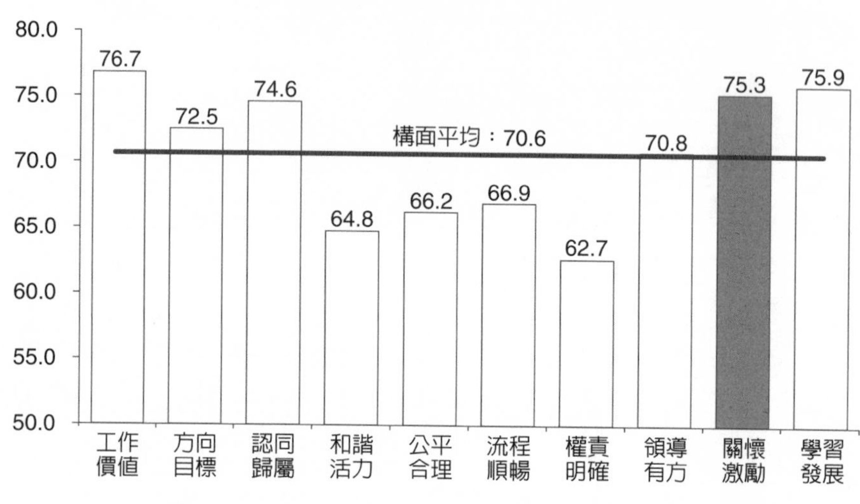

試測結果所建立的常模

先前的調查結果顯示，企業主管在「關懷激勵」的認同度上平均得分為七五．三分，在十個工作動能相關因素中得分排列在第三位，位置居前，如圖表十二．二所示。受測企業中最高得分為七九．六分，最低得分為六九．四分。

員工對於主管「關懷激勵」認同度與安培指數的相關係數為〇．四二一，達到統計學上「非常顯著」的相關程度，代表組織成員愈認同直接主管尊重、關懷與支持的領導行為，工作動能愈強，反之亦然。這樣描述的準確率可達到九九％。

你的組織裡，同仁對於主管尊重與支持的認同度達到幾分？你覺得滿意嗎？如果必須加強，該從何著手？

好領導，有顆溫熱的心

如果天下本無事，一切順暢，領導者可以不必做出什麼措施，順其自然就好，不必庸人自擾。組織裡，原可依照部門特性及主管個人風格等，容許差異化領導，也就是讓主管「八仙過海，各顯神通」，不必多做干預。

不過，倘若「關懷與激勵」的整體得分偏低，代表主管的領導方式可能有待商榷，需要進行某些調整，這時候就必須以組織的力量來引導與協助，提升主管的領導能力。

爲了進一步掌握究竟是哪些部門的領導關係特別低落，你還可以對問卷資料做進一步的交叉分析，了解問題主要出在哪些部門或層級、對象，因而採取針對性的改善措施。

本書，尤其本章特別強調人本思想和人性領導，可是人性領導是不是放諸四海皆準的最佳領導方式？恐怕還有斟酌的餘地，有時還得因地、因人制宜，不見得要一味鼓吹。

腸胃不好，別吃那帖猛藥！

由於國情、民族性及社會發展的差異，許多到第三世界從事生產及銷售的跨國企業，發現已開發國家強調的人性化的領導，在這些經濟落後國度幾乎不管用。二十年前，在墨西哥、中國的管理者發現，如果給予員工太多的工作自主性，他們反而無所適從，還會埋怨主管不給予明確的工作指令，簡單說，他們不希望，也很害怕工作自主，他們寧可主管指東，他們往東；說一動，他們就做一動，這種現象在今天許多東南亞和第三世界國家，也依然普遍存在。

開發中或未開發國家的工作者，因爲大多還在貧窮生活邊緣，財務報償對他們就是最主要的驅動因子，不必高唱人性，這時候眞是「有錢能使鬼推磨」，錢最好用，其他都能忍受。至於工作自主性、榮譽感、工作滿足以及成就感等人性化管理考量，只是加分項目，在不損害領導威信前提下，適時展現親和力，仍然有利，但非必要。

有些地區、有些企業以鐵血方式領導，似乎得到比較好的效果，甚至中國許多成功企業家強調「狼性文化」，還批評台灣企業家過度柔軟，從企業策略、接班傳承到內部領導，格局與侵略性都不夠。

但是，你確定要用高壓、鐵血方式領導嗎？

建議你三思而行。

許多商場或政壇上的傑出領袖，都不是領導學和教科書上所謂關懷、體恤、人性化的領導者。最典型的成功人物──蘋果電腦的賈伯斯就不是，賈伯斯訓斥部屬時，向來不留情面，大家都很怕他，這幾乎是眾所周知的事情。

我們必須了解，如賈伯斯之流，在遂行冷面或鐵血領導之後仍能成就事業者，必有其無可取代的條件與魅力，有企業雄厚的舞台與支付能力。只可惜，賈伯斯只有一個，郭台銘、張忠謀也不多見，大部分的領導者都不具備他們的條件。另一方面，賈伯斯等人是企業最高層領導人，面對外部競爭局面與組織環境的成分更甚於面對團隊成員；而一般中、基層主管則須直接面對團隊成員，處理更多的人際關係，如果本身欠缺雄厚籌碼，又不能以人性化方式領導，只有任憑人才離去，留下的只能算是二軍、三軍人才，能夠負責盡職已經不容易，要他們衝鋒陷陣、超值表現難度超高。

強勢領導是一帖猛藥，沒那個天賦異稟的條件，不要輕易嘗試，就像俗話說的「沒那個胃腸，別吃那帖瀉藥」。

工作中，有人確實只要飯碗，顧不了尊嚴；但大多數人，是既要飯碗，更要尊嚴。沒有尊重、關懷與體恤，他們做不下去，縱使做下去，也只是行屍走肉。

同樣是在開發中國家，面對管理階層和知識工作者，就不宜採行奴性管理了，這些人因為「民智已開」，有讀書人的習性與脾氣，重視隱私與尊嚴，所以，管理者不僅要給他們留面子，還要給一些光環或鎂光燈，例如公開獎勵他們，補助他們購車、偶爾安排他們和家人出國旅遊等，好讓他們炫耀於鄉里和同儕。

一項由麻省理工學院主持的跨國機動車輛產業研究指出，採用以人爲本的管理模式，比一般大量生產管理模式，可增加員工生產力與產品品質將近兩倍。

另一項由史隆（Alfred P. Sloan）基金會贊助，對鋼鐵、服裝和半導體產業的研究也指出，以人爲本的管理系統，可在員工工作滿意及生產力上產生正面影響。

因此，以人爲本不只是人道精神，它也符合經營利益。這讓我們有了從哲學思考轉進經營管理的理由與空間。所謂「以人爲本」，是指從員工的人性需求出發，尊重每一個人的個別差異，盡可能給予關懷、照顧與肯定。

曾經聽到某些台商在談及大陸籍勞工時，用「阿陸仔」稱呼，這和當年「台胞」被戲稱爲「呆胞」一樣，代表一種隔閡心態和自覺高人一等的不尊重。我發覺這些公司的陸籍員工，對於台籍的管理階層，同樣有一些隔閡與敵視。

如果，你的組織對於陸籍或外籍員工曾經有類似的謔稱，請特別小心，因爲人與人之間的相處及感應是非常敏銳的，主管層級這種歧視性言語的擴散性甚爲快速，而氛圍的破壞性也非常強烈。所以，無論在閒談中或正式會議裡，請務必嚴厲拒絕這一類用語，因爲心態一旦不正確，領導行爲就容易偏差，到後來，無論是否言者無心，傷害都已造成。

在建立人性化領導文化時，有一層顧慮是：對員工太尊重，他們會不會爬到頭上來？關懷體恤之後，是否任務達成容易被打折扣？

這也是組織必須釐清和建立共識的事情：「關懷、體恤」不代表「放任與縱容」，應該做到的是「寬容，但有紀律」、「我支持你，但請你交出成果」。

如果光有關懷、體恤、尊重與支持，卻看不到規範、紀律、產出與成效，那只是一個度假俱樂部，不是一個具有執行力與競爭力的組織。真正遇到組織成員有紀律鬆弛傾向的時候，就把韁繩拉緊一些便是，當組織回到正軌時，還是要放開韁繩，馬兒才能快跑。

戴罪立功，通常是好交易

春秋時，楚莊王大宴群臣，安排了「太平宴」，大概就像現在企業的尾牙宴，當天文武官員、寵姬妃嬪，都在邀請之列。席間美酒佳肴，歌舞歡唱，暢飲至夜幕低垂，意猶未盡。

「點燈！」楚莊王正在興頭上，命令點燭繼續夜宴，還特別囑咐最寵愛的兩位嬪妃許姬和麥姬，輪流向賓客敬酒。

忽然間吹起一陣怪風，吹熄了所有蠟燭，瞬間一片漆黑，席上某位官員趁機伸出鹹豬手，摸了許姬一把，許姬反手一抓，扯斷了他的帽帶，匆匆回座，附著耳朵對楚莊王說：「剛才有人調戲我，我扯斷了他的帽帶，速速叫人點起燈火，看看誰沒有帽帶，就知道是誰。」看來，兩千年前的許姬已懂得保留性騷擾證據。

哪知楚王聽了，趕緊命令不要點燭，大聲向百官群臣說：「今天大家要喝個痛快！來，不把帽帶扯斷的都不夠 High！」來賓聽了，於是個個扯斷帽帶，楚王這時才命令點燭。

宴席結束，回到宮裡，許姬嗔怪楚王不為她出氣，楚王笑說：「今日宴會，目的就在放輕鬆，酒後失態，是人之常情，如果要追究，豈不是大煞風景，那以後活動還要不要辦呢？」許姬這時才明白楚王裝糊塗的用意。

後來晉國與楚國大戰，楚軍中有一士官特別奮勇，數度出生入死，先是阻擋敵軍氣勢，後來更贏得勝利。楚莊王召見這位健將時問道：「我未曾特別善待你，何以如此拼命沙場？」，這名士官終於承認，自己就是當年伸鹹豬手的那個人，他知道那次失禮是唯一死罪，但莊王竟然仁德寬恕，連查都不查，自己當然只有生死相報。

這個歷史故事，還有現代版續集，而且不只一個。

IBM公司創辦人華生（Thomas J. Watson）有一個令人津津樂道的故事：公司裡一位高階主管犯了一個重大決策錯誤，直接造成公司高達一千萬美金的損失。徹夜難眠之後，第二天，這位主管向公司提出辭呈，華生把他找到辦公室來，在這名幹部惴惴不安，不知將受到何種難堪的斥責之時，華生對他說：「別開玩笑！我已經幫你付了一千萬美元的學費，你好好給我賺回來！」

老華生的智慧與寬容，爲公司留下一個日後無怨無悔、盡心盡力的優秀幹部，一千萬元的學費果然值得！

知名防毒軟體公司趨勢科技在二〇〇五年四月，發生了一個嚴重的緊急事件。當天，趨勢科技的員工放上供全球客戶更新的「五九四」病毒碼，造成包括日本鐵道公司（Japan Railway, JR）等客戶的重大損失。由於媒體的連篇大幅報導，這個事件重創了趨勢科技的產品信譽及品牌形象，導致其股票市值在一週內蒸發六百億日圓，一個半月內股價跌了二〇%。

一般公司在危機處理後，必定開始追究責任，但執行長陳怡樺經過深思後認爲，只要問一句：「誰寫的？爲什麼沒測試好就發出來了？」公司裡的創新精神和勇於任事的態度或將消失無蹤。因此，事隔多年，「五九四」病毒事件的禍首是誰，仍是趨勢內部的一個謎，只有少數高層才知道。

或許，趨勢科技裡已有一個戴罪立功的好員工，雖然我們不知道他是誰？

除了道德動機上的錯不容輕易縱放，組織對員工操作上或一時行爲失察給予寬容對待，通常都是一筆划算的交易，大多數員工都有良心，他們會創造績效還給組織，或許還「百倍奉還」呢？！

眞關懷從需求者角度出發

組織在領導文化上必須建立具共識性的經營理念，以及一致性的行爲準則與標竿。但有些事情卻反其道而行，必須尊重差異，要包容多元，這同樣是基於人性考量。

從我鄰居三個女兒說起。

鄰居艾家有三姊妹，都聰明伶俐，她們母親彈得一手好鋼琴，親自教導三姊妹。

大女兒艾德，對於彈鋼琴原本並不排斥。不過，比起彈琴，她更喜歡的是繪畫，也展現了學習繪畫的熱情與偏好，連美術老師都很稱許她的創意與技巧。不過，艾德的母親認爲她音樂天賦很強，是彈琴的好材料，硬押著她彈琴，空餘時間也都不留給她習畫，雖然艾德琴彈得不錯，但始終覺得是爲了媽媽在彈琴，年紀愈大就愈抗拒。

二女兒艾靜，彈琴的天賦不在姊姊艾德之下，加以心無旁鶩，學習進度及琴藝遠超出一般孩童，也比姊姊彈得更好。不過，艾靜是個害羞內向的孩子，只要是現場表演或能力檢定，在緊張怯場的情況下，她屢屢失手，經歷幾次挫折後，彈琴竟然成爲負擔，不是一件快樂的事。

小女兒艾娜則幸運得多，她同樣有音樂細胞，並且擁有敏銳的學習力。外向活潑的她，喜歡在眾人面前表演，希望得到眾人關注及讚賞，所以無論學習、演出、比賽或檢定，總是無往不利。高中音樂班畢業後，艾娜順利申請到紐約茱莉亞音樂學院進修，表演藝術這條路，起步走得平順，大家也看好她未來的發展。

三個同樣具有彈琴天賦的孩子，因為性向、特質的差異，對於彈鋼琴竟然有如此明顯的不同，也造成快樂與否的差異，更牽繫著日後在該領域的發展。

一個人在學習及工作領域上能不能有所成就，能力與天賦只占其中一部分因素；人格特質及性向的重要性，往往不下於能力與天賦。具備能力與天賦，能讓個人在工作上快速學習，有做好工作的基本條件，卻未必代表喜歡那個工作，更不表示能有良好表現。

了解性向，掌握人格特質和發掘天賦、培養能力一樣重要，甚至更重要，因為能力可以後天培養，天賦的發掘應該在進入職場之前。就組織而言，有效根據同仁的特質予以選用、培育、派任，甚至給予不同方式的溝通與激勵，成為人才發展上重要的議題。

組織裡，我們也常看到能力相近的同仁，某些人執行相同任務特別帶勁，成效也特別亮眼，其他人則不然，其中問題往往就出在人格特質。選派任務時先了解成員特質，再做適當的安排與調派，勝算自然大幅提升。

我們都清楚自己的衣著和裝扮，必須根據自己的臉型和身材來搭配與決定，別人的髮型、眼鏡未必適合自己的臉型，別人穿起來好看的服裝，我們穿卻未必好看。同理，適合某些人的溝通、激勵與領導方式就不見得適用於其他同仁。衣著與裝扮的選擇，主要關鍵在於臉型與身材；領導差異的關鍵，就在人格特質。

擔任主管的人經常不諱言，某些部屬的習性就是令人討厭，某些同仁就是讓人順眼，他們甚至提到一些行為特徵以證明自己的觀點：「他太主觀，說話很衝，不考慮別人的感受。」

「一開口就說個沒完，都忘了要給別人說話的機會。」

「龜毛成性，喜歡吹毛求疵，不必要的完美主義。」
「做事總是拖拖拉拉，都要三催四請才勉強動一動」
「很沒原則，老是變來變去，容易被人牽著鼻子走。」

其實，當主管看不順眼某些同仁做事或說話的方式時，相對地，部屬也極可能不適應、不喜歡這位主管的風格與特質。這個時候，主管與部屬間彼此會覺得格格不入，頻率對不上，磁場錯亂，這會形成他們之間溝通、指揮、指導、協調上的隔閡與問題。

所謂人格特質是每個人在成年之後，在行事風格以及人際關係上，呈現一定的表現方式或經常重複的行爲模式。人格特質其實沒有好壞，只要懂得探索與溝通，每種類型都可以成爲夥伴，每一種類型都有可能成功。不了解人格特質的人，老覺得對方非我族類，產生許多不必要的誤解，以至於難以共事，實在非常可惜。

了解風格與特質的有效領導

當我們探討主管能否關懷、體恤部屬，給予同仁尊重與鼓勵時，如果不考慮人格特質，總認爲每一個主管都可以根據自己的喜好，採用某種領導風格領導部屬，很容易因爲存在盲點，落入誤區。

明白自己的風格與特質，了解部屬的特質、性向，能夠解讀其行爲，主管將更能知人善任，更能量才器使，也更能精確地與部屬溝通、激勵與領導。就以幾種常被批評的行爲特徵來說，看似問題的背後，都有某些珍貴的特質與傾向：

一、高支配型：這種特質的員工說話經常不考慮別人的感受，讓人覺得主觀、侵略性強，可是這一型的人特別目標導向，貫徹目標的決心最強烈，出手既快、又狠、且準。主管如能引導這一類的員工對外開創，而非對內鬥爭，給予足夠吸引力的地盤與目標，鼓勵他們全力衝刺，往往會有很好的成果。

二、高表達型：這一類員工嘴動得比腦筋快，腦筋又比手腳快，說起話來眉飛色舞，滔滔不絕，別人很難插得上話，執行力卻不見得像說的那麼好，會給人光說不練的感受；可是，如果讓他們負責對外開拓人脈、建立關係，給予足夠的聚光燈和榮耀，他們工作起來會更賣力，也往往能夠完成別人砍不下的客戶、拿不到的訂單和整合不來的資源。

三、高耐心型：這一型的人慢條斯理，不喜歡在壓力下作決定，凡事總是琢磨再琢磨，事緩則圓，能躲、能閃、能拖，肯定到最後一刻才動作，皇帝不急，已經急死一堆太監。這種員工非常在意他人的感受，特別有耐心，他們不願意碰觸人際摩擦與爭端，因此，客戶關係、員工關係和股東關係等長期關係的建立、服務與維護交給他們，老闆大可放心。

四、高精確型：過度的危機意識和完美主義，凡事步步爲營、處處小心，讓人覺得他們杞人憂天，格局不大，手腳放不開，浪費時間。可是，他們所具有的程序邏輯和嚴謹性，卻是組織裡負責制度規劃、風險管理、品質管理、內部控制和監督執行的最佳人選，前提是要給他們明確的工作範疇和任務目標，他們很難接受模糊空間。

五、綜合型：兼具前述四型人格特質的優點與缺點，可是又不那麼強烈。這種人，沒有原則就是他們最大的原則，以大多數人的意見爲意見，容易見風轉舵，讓人覺得他們優柔寡斷、沒有主見。可是這樣的人在組織裡有大用，協調不同意見、整合資源，擔任主管的幕僚與副手，非他們莫屬。

看到種種人格特質類型，讀者可以想見：沒有完美的個人，卻可以組合完美的團隊。讓每一個人各就其位，各自發揮優勢，互補劣勢，打造夢幻團隊絕非難事。

圖表十二·三顯示五種人格特質的優缺點比較，建議領導者先了解自己的優缺點，明確掌握團隊成員的特質屬性，才能正確、有效領導。

從圖表十二·三，你是否進一步體會「人之不同，各如其面」？如果只看缺點，團隊裡的人似乎個個都有毛病，簡直是烏合之眾；如果看到他們的優點，甚至善加利用，會發現團隊裡每個角落都有能人異士，組合起來就是夢幻團隊。

當然，如果老闆當初挑人的時候，都是挑選和自己同樣屬性的人，整個團隊欠缺多樣性，就不容易有這種八方豪傑的局面出現。下次挑選團隊成員時，請記得補進一些新鮮的元素和不同角色！

了解人格特質不是目的，善加運用才可貴。當組織裡人人各適其所，主管又能適時給予恰如其分的溝通與激勵，團隊成員工作起來當然如魚得水。爲此，我們另外整理了圖表十二·四，讓讀者更進一步掌握，更可以得心應手。

多年前，一家衛浴器材公司的總經理打算指派一位中階主管到中國福建的新廠擔任副廠長，詢問我的意見。我告訴他，對這位主管我不熟悉，無法亂出點子，不過，因爲這家公司對於主要成員都已經做過人格特質診斷系統的測試，我告訴總經理：「請先讓我看看這位主管的人格特質圖表。」

看過圖表後，我給總經理的建議是：這位主管是個「守天下」的人，不是開創局面、打天下的戰將；更重要的是，他的工作能量已經低落，工作滿意度低、對職務認同度低，這種「三低」現象的主管，派往一個人才不足、百事待舉的新廠，肯定早早陣亡。

這位老總聽進我的話，另外選派幹才前往新廠；而先前這位主管連在母公司擔任原職都出了狀況，在四個月後不得不留職停薪，回家處理自己及家人的諸多問題，當初如果貿然派任，對他本人及新廠肯定是個災難。

圖表 12.3 五種人格特質的優缺點比較

	主要特質	個性優點	表現過度時的缺點
支配型	● 開創，事比人重要 ● 權威，喜歡主導 ● 重視地位、資源與地盤	● 坦白、直言不諱 ● 目標導向、成果導向 ● 對機會點很敏銳 ● 積極創新，行動力強 ● 喜好表現	● 自我、忽視他人感受 ● 過度重視利益 ● 風險意識低 ● 獨裁、好勇鬥狠 ● 衝動、情緒激動
表達型	● 開創，人比事重要 ● 喜歡說話，善於表達 ● 重視名譽、聲望與肯定	● 口語表達，說服力強 ● 善於激勵，帶動氛圍 ● 正向樂觀，大方分享 ● 思緒跳躍，創意多 ● 建立關係，帶入資源	● 理想高，務實性低 ● 不耐寂寞，失落感 ● 前後不一致 ● 不善於掌握重點 ● 妥協，對人不設防
耐心型	● 扎根，人比事重要 ● 恆心、毅力，耐持久戰 ● 重視團隊及人際關係	● 待人真誠、友善 ● 樂於助人，給人溫暖 ● 有合作意識，團結性高 ● 愛好和平，不與人爭 ● 長遠觀，樂於一步一腳印地耕耘	● 愚忠，不分善惡 ● 欠缺效益觀念 ● 欠缺自我肯定 ● 步步退讓 ● 不善於時效掌握
精確型	● 扎根，事比人重要 ● 結構嚴謹、專注細節 ● 重視專業及產出品質	● 小心謹慎，顧慮周全 ● 循規蹈矩 ● 掌控步驟程序 ● 分析盤算精確 ● 善用資源，穩紮穩打	● 龜毛，過度理想化 ● 放不開，格局受限 ● 偏執，不近人情 ● 明察秋毫，陷於細節 ● 不願冒險，創新不足
綜合型	● 四平八穩，人事並重 ● 性情中庸、沒有稜角 ● 重視整合，消弭組織爭端與異議	● 適應力強，隨遇而安 ● 彈性應變，配合度高 ● 中庸之道，處世圓融 ● 隨時可替補任何特質 ● 協調性強，組織的安定力量	● 目標感不強烈，欠缺方向性 ● 善變，欠缺主體性 ● 優柔寡斷，拿不定主意 ● 和稀泥，沒原則 ● 什麼都可以參一腳，但都不特別突出

圖表 12.4　五種人格特質的好惡與溝通領導方式

	喜歡	厭惡	溝通、領導要點
高支配型	● 保有權威性 ● 直接簡明的溝通方式 ● 給予直接的答案 ● 事情只說一次 ● 重視聲望與地位 ● 冒險、創新、做不一樣的事	● 控制、督導、細支末節的約束 ● 含糊不清，無決斷力 ● 鬆懈懶散，閒聊 ● 一再重複 ● 沒有自信，平凡庸俗 ● 以過去經驗說服他	● 給予直接、簡明的訊息 ● 不要給予細節約束 ● 以權力、挑戰及金錢來激勵 ● 授權、讓他掌控局面 ● 讓他接受挑戰
高表達型	● 喜歡說話，爭取表現機會 ● 有面子，被喜歡的感覺 ● 開會、腦力激盪 ● 歡樂的氣氛、意外驚喜 ● 人際關係、名譽 ● 團體及社交活動	● 被批評、挑戰與侵犯 ● 悲觀主義 ● 孤單寂寞 ● 不被認同 ● 人數過少的場合 ● 安靜、色彩單調的環境	● 公開稱讚及肯定 ● 給予友善的評價，不要太嚴厲或帶批判性 ● 以地位及機會來激勵 ● 以同理心溝通 ● 提供視覺高雅的工作環境
高耐心型	● 悠閒的時間和步調 ● 規律性、重覆性的活動 ● 可以深思熟慮 ● 和諧融洽的氛圍 ● 協力合作 ● 安全、安定的感覺	● 壓力 ● 衝突 ● 執行前所未有且未經證實的事情 ● 臨場應變，不可預期 ● 選邊站，當下做決定 ● 下班後討論工作	● 給予感恩與認同，肯定他（她）是團隊不可或缺的成員 ● 以合作、穩定及和諧來激勵 ● 時間上要給寬容度，根據約定的時程做事 ● 穩定、無安全顧慮 ● 和諧、可預測的環境
高精確型	● 規則、規律，定義明確 ● 細節周到 ● 結構性、標準化的工作 ● 方向、目標明確 ● 有限的風險 ● 凡事預先規劃	● 錯誤、浪費、無條理 ● 工作過程及產出被批判，卻不指出問題點 ● 阿諛、講話不實在 ● 缺乏數字與證據 ● 改變既定規則 ● 人多、熱鬧、吵雜	● 給予明確的方向指示 ● 對他的精確、品質與正確性給予肯定與激勵 ● 讓他與值得信賴的人共事 ● 批評或稱讚他，都要就事論事且有實證 ● 給予安靜、整潔、規律的工作環境
綜合型	● 變動的環境 ● 新鮮的事務 ● 多元化的事務與工作 ● 化解錯綜複雜的問題	● 僵化，一成不變的環境 ● 單調的工作 ● 有標準答案的事情 ● 可預測，還沒開始就知道結果	● 肯定其靈活與變通 ● 讓他和各種不同類型的人一起工作 ● 讓他彙整討論的結果 ● 指派處理複雜的人際關係 ● 讓他從事多樣性、複雜度較高的工作

第十三章 寬廣的學習成長空間

本章重點

1.「自我啟發」（Self Development）絕對是人才培育的底層基礎，「覺察」是學習成長的第一個關鍵，員工要覺察自己有價值、有可能性、有未來性，也了解自己還欠缺什麼，才會不斷學習成長。

2.學習成長第二個關鍵，就是「放開束縛，授權發揮」。授權的重點在於捨得，捨得分享權利，分享光環，讓部屬在自己原有的領地上馳騁；捨得釋放一些風險空間，在可控制範圍讓部屬嘗試錯誤，摸索成長。

3.即使並非真正優秀的員工，在被賦予更高期望以後，會表現的更好。內心帶著正面期望的人容易成功；而內心常常帶著負面期望的人，終將失敗。

4.當員工覺得自己在當家作主，遇到不會的事情時，他自己會去找答案、尋求資源，這時主管只要在關鍵時刻給予指導，甚至只是被動、回應徵詢即可，因為此時部屬的積極性已經被調動起來，他會想盡一切方法達成目標。

5.想要教導具有成效，務必搭配資料閱讀、視覺圖像或動作輔助、小組或一對一討論、實做演練，最後加上「轉授」，讓部屬將所學教導他人，部屬在此一階段收獲最多。

有些人沒跟上部隊

組織裡的邊緣人

二〇一二年，台灣影壇又出現一部靠著口耳相傳而賣座上億元的電影——《陣頭》。《陣頭》由眞人眞事改編，講述的是一個傳統廟會的陣頭隊伍，男主角憑著滿腔熱血，追逐夢想，並進行大刀闊斧的改革，從默默無聞的地方團隊蛻變成知名表演藝術團體的奮鬥歷程，這部電影背後講述的正是「九天民俗技藝團」的眞實故事。

「九天」有十多位成員，清一色都是來自社會最底層的中輟生。由於制式的學習環境和學校課程引不起他們的興趣，導致這群青少年在學習上遭遇挫折，成績落後，成爲旁人口中的問題學生。一群對生命感到迷惘的青少年，不知道人生還能做些什麼，於是逃學、蹺家、吸煙、嚼檳榔、打群架，甚至吸毒、偷竊，一步步走向犯罪的淵藪，這往往是他們的行爲模式與宿命。

果眞是「上帝在關上一道門時，也會開啓一扇窗」，這些青少年，在一般的環境學習環境裡，多數對讀書沒有多大興趣，才藝卻優於常人，加上好強的個性、用不盡的體能，他們需要一個舞台來展現自己，重新獲得肯定。

九天民俗技藝團的許振榮團長，求學時也是所謂的「放牛班」學生，他很清楚放牛班的孩子心裡在想什麼？知道當孩子們遇到困境時，該如何擁有改變的力量、如何擁有相信別人的力量。於是他付出愛心、耐心打造這支團隊，透過長時間的訓練和教育，讓這群孩子磨練出一身好功夫，在舞台上發光發熱，找到生命價值，成爲自己和家人的驕傲。

另一個成就與貢獻不遑多讓的表演藝術團體是基隆長興龍獅團，這也是由一群被視爲邊緣少年的問題學生所組成，在傳統舞龍、舞獅表演中，他們加上高椿跳躍、迴旋轉身以及翻轉下樁等超高難度動作，不斷贏得觀眾的喝采與競賽中評審的青睞，在國內舞獅競技賽連續五年第一，也在國際邀請賽中拿下四次國際冠軍。

長興龍師團的負責人呂美吉師父說：「武館內三十幾名徒弟，多數是因愛蹺課、不愛念書被校長或家長送來學舞獅技藝，我把他們都當成自己的小孩，從不用打罵教育。越是高壓管理，他們反彈越大，我只用愛心、耐心循循善誘，讓他們對自己有信心，相信自己一定會成爲社會上有用的人。」

呂美吉師父親自教導徒弟如何操作醒獅，如何在兩公尺半的高樁上，舉著三、四公斤的獅頭相互協調、跳躍，練習時往往踩錯一步就會跌得遍體鱗傷，雖然困難度極高，但經由不斷鍛鍊、學習，技藝不斷增長，徒弟不僅從中得到榮譽心、成就感，甚至成爲「國手」，出國表演和比賽，漸漸改正惡習，成爲呂師父所說「有用的人」。

台灣民間團體及善心機構，發揮無限愛心與耐心輔導中輟生，讓他們能夠迷途知返的，還有埔里陳綢少年家園、救世軍「非行少年」的樂、儀隊等，他們背後的故事都令人動容，也都非常值得支持與贊助。

以上幾個實際案例裡，我們看到：

一、社會上和組織裡，每一個人都可以有用，都可以有價值，沒有人天生就是廢物。

二、太多人因爲環境調適不良，或被社會和組織體制所埋沒，導致行爲偏差，形成社會和組織的負擔。

三、如果適時給予關注，輔導他們適性發展，給予必要的訓練，激發自信心和榮譽感，每一個人

圖表 13.1 美國及德、日兩國人力發展思維差異

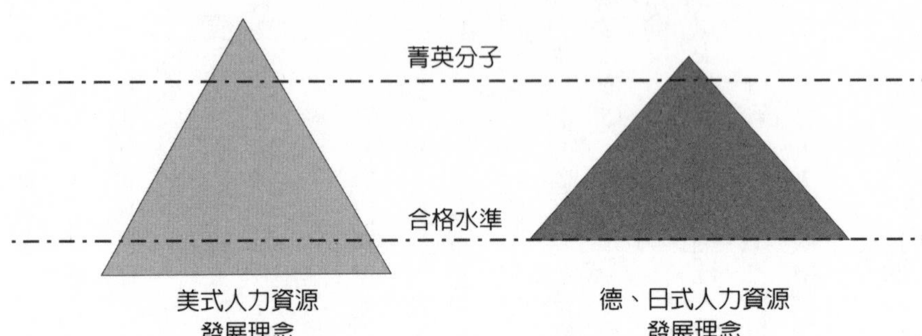

都可以有用，甚至卓然成材。

幾乎每一個組織都有關鍵與非關鍵職位，也有核心與非核心人力。成功的組織能做到的是：讓核心成員貢獻所長，有所發展；讓非核心人員有學習成長空間，看到前景，組織和人才的關係是相輔相成，相互成就。不成功的組織則讓非核心人力成為邊緣人，感覺自己在組織裡可有可無，也看不到未來的希望，只有在精神態度上愈來愈疏離，與組織漸行漸遠，成為組織的負擔，這樣的組織和成員之間，存在著相互制約，彼此捆綁，很難脫困。

二十多年前讀到美國麻省理工學院梭羅教授（Lester Carl Thurow）的一篇文章，他提到美國和德、日兩國優秀企業在人才培養上的思維有很大的不同，他提出兩個模型說明其中差異：

梭羅教授指出：美國是以菁英發展為指導原則，只要組織裡有菁英分子帶領，不斷創新發展，創造差異化，甚至無人競爭的經營環境，就是一個高度發展和成功獲利的組織，在這樣的邏輯下，他們其實不擔心組織裡有一部分在合格線下的員工。當然，美國工會勢力強力保障了那些不合格員工，也是這個現象的原因之一。

另一方面，德國、日本是以標準化為最高原則，他們對於產品品質有著至高的要求，因此組織裡不容許有跟不上隊伍的員工，所有人都必須在合格線上，才能創造標準化甚至高規格的產品。

你認同哪一種模式？你的組織條件及文化能有領先創新、厲行菁英發展模式的可能嗎？依一般的理解，恐怕華人世界的組織能符合梭羅教授所說美國經營模式的少之又少。看來，我們能選擇的只有德、日的標準模式了，也就是讓所有的員工都調校到合格水準，這是個管理原則，恐怕很難打破！

生命總會尋找出口

電影《侏儸紀公園》裡有一句令人印象深刻的台詞：生命總會自己尋找出口。

你曾否注意到：組織是一個小世界，員工就像所有的生命一般，同樣也會自行尋找出口。

這裡所謂的出口，是指員工為求生存與發展，最可能採取的路徑與方向，這不外乎以下四種型態：

第一出口——靠實力贏得機會，發光發熱：優秀的員工，總是在目前的位置上，將工作做好，憑藉表現優良而獲得賞識，在組織裡得到更好的對待與機會，讓自己的能力、精神與工作態度找到適當的出口，一旦找到出口，他們會全力奔馳，毫不猶疑。

第二出口——一步一步往上攀爬：當員工的條件暫時到不了第一出口時，他還是希望蓄積能量，期待有登台亮相的一天。此時，只要有充分、寬廣的學習空間和未來的可能性，他自會把握機會，努力學習、天天向上，他或許速度不快，但知道一步步往上，總會找到出路。

第三出口——走人，窗外有藍天：如果前面兩個出口都不成立，或都被堵死，工作上的表現不受肯定，學習與成長的機會又很渺茫。自覺再虛耗下去，只是浪費生命，不得已只好向外尋求新的可能性，認為儘快離開組織才是最佳出口。

第四出口——留下，取巧偷生：當前面三個出口都不存在，既無內部機會、也無外部出路，只好靠著投機取巧找尋旁門左道。如果，連投機取巧的機會都沒有，就「做一天和尚，敲一天鐘」，混日子、領薪水；他們許多人還覺得自己是受害者，經常顯露懶散、消極乃至破壞的心態和行為，這是最後的心理出口。

員工選擇出口三及出口四，往往是迫於無奈。不過，這種無奈對於組織而言可是傷害：出口三造成人才外流——儘管這些員工目前可能只是第二梯隊或所謂B咖，但已是中堅分子，日後成熟發展更有可能是組織關鍵核心人才；出口四造成組織人口品質劣化，是組織病源，如果沒有儘速加以治療或適當清理，它們會不斷演進與惡化，日子久了，可能會是難以根治，且不斷擴散的組織毒瘤。

要避免員工選擇出口三及出口四，只有讓他們往出口一及出口二移動，這其中的關鍵，第一在於組織的人才發展機制，第二就在於主管的心態與行動。前者是充分條件，後者更是必要條件，塑造良好的人力資源發展環境能有利於人才發展，但組織成員得以學習成長和不斷發展的關鍵，在於主管的人才發展視野、培育態度與技巧。再好的人才發展機制，如果碰到輕視員工發展的主管，仍是事倍功半。

空間、舞台、鎂光燈

大多數人在生命過程中，都曾經接受過前輩指點、提供資源與機會或在關鍵時刻讓人拉了一把。這些貴人，可能基於惜才，可能本乎職責，也可能只是一念之間做認為該做的事情。貴人多半不期待回報，不過受惠者可是點滴在心，終身難忘，許多人都懂得珍惜和回饋。

除了學校老師之外，職場中的長官是最重要的生命貴人，甚至重要性還超過老師，因爲主管通常握有大小不等的資源，可以給予部屬不同的學習成長機會，甚至自己的言行身教，都可以讓後生晚輩獲益匪淺。

比馬龍效應vs.黑點效應

希臘神話裡有一則「精誠所至，金石爲開」的故事。故事的主角比馬龍是古時塞浦路斯（Cyprus）的國王，熱愛雕刻藝術的比馬龍，愛上了自己用象牙雕成的少女蓋拉媞雅（Galatea），並視爲夢中情人，日日夜夜都與這座雕像說話，他眞摯的情懷，感動了愛神阿芙洛蒂（Aphrodite），她賦予雕像生命，石雕少女竟然化成眞人，成爲比馬龍的王后。

從此，「比馬龍效應」被視爲自我期許和應驗的預言發展，特別應用在教育心理學。

一九六六年，美國的教育心理學家做了一個有關比馬龍效應的實驗，研究人員先測試一批小學生的智商，從中隨機抽出二〇%做爲實驗組，然後對教師宣稱這批學生是「資優兒童」。大約一年後，研究人員再爲這些學生測試智商，發現實驗組的學童智商增長率明顯高於其他學生。

爲甚麼本來並非眞正資優的學生，被點名爲資優兒童後，智商發展會突飛猛進呢？原來是教師們對被欽點爲「資優兒童」的學生特別看重，給予密切的關懷、重視與鼓勵，在這樣的關愛環境下，增強了實驗組學童的自尊和自信，刺激了學習動機，也加快了他們的成長速度。

這個實驗證實：即使並非眞正優秀的孩童，在被賦予更高期望以後，會表現得更好。內心帶著正面期望的人容易成功；而內心常常帶著負面期望的人，終將失敗。

我的好朋友楚家夫婦，有個聰慧而有繪畫天分的女兒Janet，小學二年級碰到一位科班出身的美術教師，她看出這位小女孩的繪畫天賦，除了基本技法的指導外，不去限制她，只是鼓勵她多方觀察，多方習作，對於其作品，總是給予肯定與讚美。每星期要上美勞課的前一天，Janet 就興奮異常，上完課回來更快樂地訴說上美勞課有多好玩，老師又如何稱讚她的。

小學二年級下學期，Janet 的一幅圖畫被老師選上代表學校報名參加世界兒童繪畫比賽，而且還入選為台灣區的「特優」獎。

不過，Janet 對於美術的熱愛，卻幾乎毀在小學四年級班導師手裡。那年，因為學校美術老師不足額，所以某些班級的美勞課程就由班導師兼任。這位班導師沒有美術教育根柢與美學修養。有一天，Janet 下課回家，哭著撕碎自己的圖畫作品，當被問及緣由時，Janet 說道：「老師說她看不懂我在畫些什麼！」。圖紙背面，還看到老師用紅筆寫了個「七十分」，這對 Janet 是一個侮辱。

有一位小學老師在一張 A4 白紙上畫了一個米粒大的黑點，然後問同學寫下他們看到什麼，結果全班四十位同學中，有三十九位寫著「黑點」，只有一個學生寫「一張白紙，上頭有一個小黑點」，老師說：「這一個黑點，在這張白紙上的比例不到百分之一，可是大家都只看到黑點，除了 Sam，沒有人說看到了白紙。」

「我們看待別人，可不能只看他的缺點，是不是應該先肯定他的優點或正常的部分，再談缺點？」老師利用這張白紙和上面的黑點，在那堂課做了這麼一次機會教育。

我們經常看到，組織裡許多員工原本充滿幹勁，對於職責內外的工作都能勇於任事，所完成的工作都達到九十分以上的水準，卻因為長官放大檢視那未臻完美的十分，無情批判小瑕疵，沒能肯定工作態度與絕大部分已達成的績效，終至同仁失望、洩氣與反感，從此不願意再主動承擔任務，因為主管根本不識貨，也不懂得感謝部屬。

領導上，肯定與讚美有無窮妙用，如能善用這些無需財務成本的激勵，三軍人才依然可以變成二軍、二軍人才可能變成一軍；而忽視、質疑、否定卻會讓A咖人才自動降級成為B咖、C咖，疏離成為邊緣人，比馬龍效應和黑點效應差別實在太大。

我所服務過的華梵大學，已故創辦人曉雲法師主張：教育的起點就是啓發學生的「覺性」，這也是眾多教育學者的共同觀點。我也認為員工學習成長的第一個關鍵，是從「覺察」開始，員工要覺察自己有價值、有可能性、有未來性，也了解自己還欠缺什麼，才會不斷學習成長。

對於原本優秀的員工而言，「覺察」從來都不是問題，他們本身就有很高的覺察性與學習成長動機，這些人需要的只是養分與機會；可是，對於大多數的員工而言，「覺性」卻需要被啓發或被增強（reinforce），這種啓發或增強是從肯定與讚美開始，讓員工產生自信心，才能進一步奮發、上進與自我成長。沒有啓發覺性，沒有驅動學習成長動機，所有的教育訓練都是形式主義，不會有成效。

主管自己不必太厲害

劉向的《說苑》裡，有以下一則有關九九乘法的故事：

春秋五霸之一的齊桓公，為了廣納賢才，於是設置了敞亮的庭院和燈火通明的招待所來接待賢人，然而，滿一年了，卻沒有任何人前來應徵。

這時候，一個住在齊國東部的鄉下人來了，當問到他有什麼奇能異技的時候，他說：「我會九九乘法」。

桓公說：「就憑九九乘法，你就可以來見我？」

鄉下人說：「我也不認為光憑九九乘法就有資格見您，只是我聽說您設置了招聘會所，都已經一年了，也沒有人前來。有才華的人不來見您，是因爲您是人盡皆知的賢明君王，大家都認爲不如您，所以沒人敢來。」

「九九乘法，眞的是小技巧而已。不過，竟然連只會九九乘法的人都能得到您以禮相待，何況那些具備高超知識與技能的人呢？您看那巍峨的泰山，不嫌棄小小的土石；那滔滔江海，不拒絕涓涓的細流，所以成就他們的巨大規模，因此，廣泛聽取意見，您當然可以成就更偉大的功業！」

齊桓公聽了，說：「有道理。」於是很禮遇這位鄉下人，消息傳出去後，不到一個月，四面八方的人才都到齊國來了。

組織裡，確實有些主管，因爲本身條件優異，部屬自認爲在知識、技術或經驗上難以超越，對其敬畏三分，不敢對其多提建言。可是，沒有人萬能，更不保證不犯錯，如果這些主管一開始就體認這個道理，願意放低姿態，接受不同意見，自然能廣開言論，激勵同仁貢獻智慧；如果，他一開始就高高在上，用顯微鏡看待所有事情，同仁就會更謹言愼行，緊緊閉上嘴巴，當嘴巴閉久了以後，腦袋和心也跟著關上了。

我就曾碰到一個實際狀況。

我們在杭州有一個數年未曾交易的客戶回流了，這家公司最近與我們聯繫，希望提供他們爲期三天的主管管理課程。在所有細節都談妥後，對方突然要求將付款方式從「課前預付一半，課後七日內支付全部餘額」改爲全部課後支付，理由是爲了減少財務作業程序與二次付款手續。

「先收取預付款項，再執行課程或顧問服務」，一向是公司經營上的標準作業程序，目的在於確保債權，降低經營風險。以往，我們堅持此項原則，也得到客戶的尊重與配合。對於以往合作愉快，卻數年未曾交易的回流客戶提出此一要求，著實讓我覺得兩難：既要維繫客戶關係及正常交易，又希望堅持流程紀律，怎麼做才能兩全？

碰到這種情況，在同仁向我報告狀況時，我即刻要求他也思考解決方案，我們約好十分鐘後繼續討論。

十分鐘後，同仁向我提供建議：「我們能不能要求客戶先將合約用印後傳真過來，只要看到合約，先不收取預付款，我們還是可以執行課程。」

同仁這個建議，有其道理。原本，對於大陸地區的客戶服務，我們只要收到預付款，合約都請對方在用印後交給授課講師攜回，不急於寄送過來，以節省客戶快遞費用。本次課程服務，在未收到預付款情況下，必須先掌握合約，可是因爲金額不大，如果要求對方快遞郵寄合約，除了增加支出，又增加了一些行政作業，「客服做一半，等於沒做」，因此退而求其次，要求只要傳眞合約文件即可。

要同時兼顧「交易能夠持續進展、讓客戶滿意、避免經營風險」這三個要素並不容易，這位同仁的建議應該算較佳方案了。這樣處置不是全無風險，但我們和客戶之間總要有些基本互信，在金額不大、風險不高的情況下，權宜處置有其必要，也沒有其他更好的方法了。

當下，我接受了同仁的建議，對於我的接納與尊重，同仁自然感到欣慰，因爲他感到貢獻了智慧。

換個角度想，如果是我直接給答案、下決策，結果會怎樣？

從結果論，我的決策有三個可能性：

一、我的思考與決定較同仁技高一籌（這個案件裡，我並沒有），可是同仁只是直接看到答案，不了解其中輕重權衡和決策思考過程，「知其然，而不知其所以然」，還是霧裡看花，下次碰到同樣問題，仍然不知如何處理。

二、我的思考與決定與同仁所想的差不多，沒有更好的答案，決策效益上不增不減，代表我並不特別高明，那爲什麼不一開始就讓部屬有練習和表現機會？

三、也可能，我做出一個比同仁所想的還差、更糟糕的決定，結果不是被同仁建議修改，就是一意孤行、蠻幹到底，如果是這樣，同仁可能對於我的決策與領導能力都要打上問號，如果決策出了問題，造成後遺症，我更是裡外皆輸。

從過程而言，讓部屬思考問題、形成構想、提出建議，遠比主管直接給予指示要好太多，這可以避免部屬過度依賴，凡事聽命行事，還能讓他們有參與感，有成就感。萬一，部屬所提出的意見並不成熟，這時主管再給予思考方向建議或做出正確決定，部屬的學習成效就更爲深入了，「講十遍，不如讓他眞正做一遍」，經過思考或實做後的學習和直接看到答案的學習效果，差距何止以道里計？

曾經有一位老闆有感而發：「主管自己不必太厲害，知道能幹的人在哪裡就好。」這是他的管理經驗，很直接、夠實際、也容易懂，不過，那句話後頭應該要加上一段「而且，你要能善用人才，他也願意爲你所用」才完整，知道誰能幹還不是重點，關鍵在於他能夠爲你、爲組織盡心盡力。

一將難求？

很多經營者經常發出「好人才一將難求」的感嘆，千方百計想在市場上找來千里馬，可是找來後卻發現與所想的仍有一段差距。

天生的千里良駒眞的不多，主要還是培育出來的，向外搜尋，不如自己培養。萬中挑一的人才可能不會一開始就投入你的團隊，可是磨練一段時日，你會驚訝眼前的石頭原來是一塊璞玉。

通常，好人才通常就在身邊，因爲領導主管不放心、偏執或不知珍惜，所以看走眼，把他們變小了。

主管之所以是主管，多半在於具有知識、技術、能力或經驗的優勢，這樣的優勢下，許多主管往往犯了幾個錯誤：

一、認為部屬都還太嫩，能力都不行，事情交給他們處理會有風險，凡事不放心，萬一出了狀況，難對上級交代，也可能影響自己的績效。

二、為求效率，或根本只是急性子，對於所有事情都直覺反射，直接決策、直接下達指令，「不是不尊重，我可是時間有限，要說到他們聽懂，我鬍鬚都打結了，當然直接命令比較快。」許多主管以時間效率做為理由，為自己的無耐心與粗暴對待取得合理藉口，不想浪費時間，不靠幕僚作業，不需要集體智慧，更不讓部屬有思考的時間與空間。

三、就像許多從小對兒女過度呵護的母親，事事幫子女安排妥當，不願或不敢讓孩子遭受一丁點的試煉與挫折，到頭來孩子都成了「媽寶」，母親愈能幹、照顧愈周全，子女愈喪失社會生存與競爭能力。組織裡，某些主管也會因為好為人師或過度熱心，導致部屬失去自己摸索學習和嘗試錯誤的機會，同樣造就部屬的無能。

美國職籃ＮＢＡ史上最受推崇的總教練，首推已退休的前芝加哥公牛及洛杉磯湖人總教練、人稱「禪師」的菲爾．傑克森（Phil Jackson），他擔任球隊總教練時期，總共帶領球隊獲得十一次ＮＢＡ年度總冠軍，手上擁有十三枚總冠軍戒指（連同在紐約尼克隊擔任球員時的兩次總冠軍），對比其他優秀球員、教練征戰一生卻「一冠難求」的遺憾，他十隻手指頭都不夠穿戴，更彰顯他的成就非凡，功勳彪炳。

當被問到帶兵成功心法時，菲爾．傑克森說：「我只做三件事，其他的就交給我的團隊！」，他口中的三件事就是：

一、讓我的球員瞭解我個人風格與好惡。

二、讓我的球員知道球隊的規則與要求。

三、把我的球員放在他最擅長的位置上打球，讓他做該做的事。

就在菲爾·傑克森知人善任且充分授權球員自我調整、自主訓練的領導下，他的球隊裡也出了好幾個不世出的超級巨星，如麥可·喬登、俠客歐尼爾、寇比·布萊恩等，儘管他們都是自身條件一等一的好球員，可是，也就是在禪師傑克森的麾下，他們才足以成爲美國職籃史上光彩奪目、無比璀璨的鑽石。

先前，我們說「啓發覺性」是員工學習成長的第一步。這裡強調學習成長第二個關鍵，就是「放開束縛，授權發揮」，這是讓員工培養自信和增長能力的靈丹妙藥。

當員工覺得自己在當家作主，遇到不會的事情時，他自己會去找答案、尋求資源，這時主管只要在關鍵時刻給予指導，甚至只是被動、回應徵詢即可，因爲此時部屬的積極性已經被調動起來，他會想盡一切方法達成目標。

「學習成長」認同度的量測

量測所採用的問題

員工如何覺察自己在組織中的未來發展，能不能感受到有所學習成長，關鍵都在於他們的心裡怎

圖表 13.2　「學習與成長」認同度的檢測問題

編號	題目
1	我的主管能夠給我適度的授權或自主空間，讓我得以發揮與成長。
2	我的主管會給我適應新環境、新任務或新方法的時間與空間。
3	我的主管能透過工作指導和職務歷練協助我不斷成長。
4	我的主管容許我在錯誤中學習，願意適度給予寬容空間。
5	我的主管總會讓我知道工作哪裡表現得好，哪裡還需要改善以及如何改善。

麼認定，而不在於組織裡的主管或人資部門主觀認定是否已經提供培訓資源或管理機制。爲了了解員工的評價，組織可以從員工的問卷調查中得到眞正、直接的訊息。我們採用圖表十三・二「學習與成長」的題目，編入量表加以檢測。

試測結果所建立的常模

調查結果顯示，企業員工對於主管在「學習與成長」的認同度上平均得分爲七五・九分，在十個工作動能相關因素中得分排列在第二位，位置居前，如圖表十三・三所示。受測企業中最高得分爲八〇・六分，最低得分爲六八・四分。

這裡要提醒的是，參與建立初步常模的十四個企業，絕大多數都是我常年接觸的客戶，他們和顧問公司有較深的合作關係，對人才的重視及在人力資源發展上的投入程度較深，所以可有較高的平均得分，其他組織如果不具備這樣的條件，得分較低也是意料中的事。

員工對於「學習與成長」認同度與安培指數的相關係數爲〇・四七五，同樣達到統計學上「非常顯著」的相關程度，代表組織成員愈認同自己在組織裡學習與成長的空間與機會，工作動能愈強，反之亦然。這個推論的準確率可達到九九％。

如果，你的組織成員對於學習成長的認同度不高，必然會影響他們的

圖表 13.3 「學習成長」認同度與其他項目調查結果比較

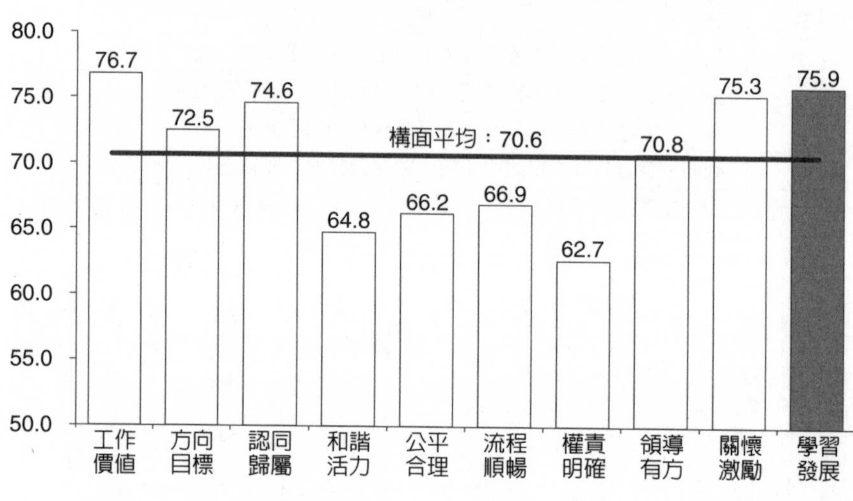

工作動能。這時候，從組織人力資源發展政策到主管對於人才培育的觀念及做法就需要做一個徹底的改善，否則您很難驅動同仁的工作熱情，更難期望看到他們展現旺盛的工作動能。

讓員工成爲學習的主人

人才培育不只是上課

要讓員工認同學習與成長，當然在實質上要讓他們覺得能夠不斷學習，經常保持進步，也有發揮的空間及發展的舞台。要達到這樣的理想狀態，組織必然要有宏觀的人力資源發展政策和系統化的培育發展體系，絕不只是每年編列預算，上幾門課就應付過去，那樣的人力資源發展（或許只能稱爲培訓作業），看似工作很多、很忙，其實就像無頭蒼蠅，到處亂竄，不管做了有沒有效果，只是先做了再說，要不就是去年怎麼做，今年就怎麼做，明年當然還是一樣那麼做。

建立組織人力資源發展政策，應該包含，但不限於以下思考：

一、我們怎麼看待人力？是成本負擔，還是資產？所謂「人才是企業最大資產」，我們打從心底同意嗎？還是「那只是說給客戶和員工聽聽就好」？

二、我們要花多少經費在人才發展上，如果研發費用占營業收入千分之二，則人才培訓費用占營收的比例是多少？什麼情況下可以彈性調整？

三、培訓費用要花費在哪些部門、哪些工種、哪些層級較多？還是平均分配？是否根據人才等級評定，再進行差異化分配？

四、需要建立職能模式嗎？要先建立核心職能、管理職能或專業職能模式？順序如何？採精確度相對不高的「簡易建模」或嚴謹、科學化的「標準建模」？

五、需不需要建立員工訓練的完整流程？從培訓需求調查、計畫形成、師資洽聘、訓練執行、成效評估到學習轉授應用的機制，要不要建立？何時建立？

六、人員培訓和績效管理、才能評鑑等，是否要做系統連結？選拔人才、升遷管理和接班人計畫是不是要建立在這樣的基礎上？

以這些問題，所有的組織並不一定要立即做出「Yes, I do」的政策方向，策略選擇本來就包含「做什麼」和「不做什麼」，如果認爲目前規模不足、時機不到、資源不夠，不是所有的選項都要做出承諾，暫時不做當然是選項，但何時要導入？何時要推動？或是完全不考慮？建議每個人數達三十人以上的組織都要有個進度表、里程碑與腹案，這代表組織對於人力資源發展的基本態度。

至於系統化的培育發展體系，每個管理上軌道的組織應該都有自己的培訓體系圖，那是配合工種、職等、職級、主管層級，結合培訓、歷練、證照與升遷發展的系統圖。在大型的組織裡，培育發

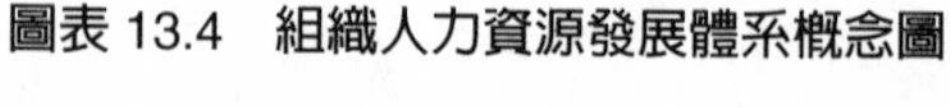
圖表 13.4　組織人力資源發展體系概念圖

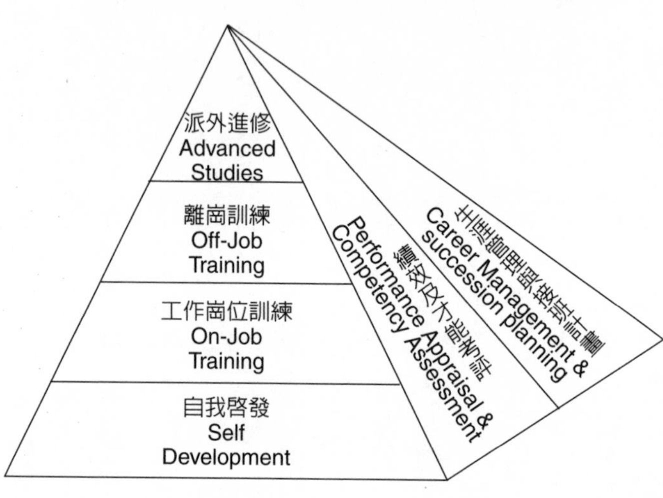

展體系圖可能根據不同的因素或目的加以區隔，有個別事業部、主管層、個別職種、業務類、工程類、技術類、管理類等各自的培育體系。在此以一個基本的人才培育體系做一介紹，如圖表十三・四。

圖表十三・四的體系像一座金字塔，所有主管及從事人才培育的專業人員都必須理解：「自我啓發」（Self Development）絕對是人才培育的底層基礎。這和我們前所提及的「覺性」有關，亦即員工必須自覺，希望經常學習，不斷成長，對他們進行培育發展才有意義。

自我啓發，代表員工自覺性地從工作中和工作外學習。工作中的學習，指從技能摸索到上手、到熟悉、到專精，從正確的作業中建立通則，從錯誤中學到教訓，讓自己在效率上不斷提升，在正確性和品質上不斷增長；工作外學習，指的是員工自己透過閱讀書報、搜尋資料、閱聽廣播視訊、參與公司內外部的讀書會、研討座談等方式，在沒有他人的強制要求下，自發性的學習。

不過，雖然名爲「員工自我發展」，不代表組織沒有任何責任，不能有所作爲，這關鍵在於你所屬的組織是不是一個學習型組織。在一個學習型組織裡，員工自覺「不學習，就退步；不學習，就落伍」，因而自發性地專注工作與學習發展，我們不需要製造員工的焦慮不安，可是適度的壓力與良性競爭氛圍當然有利於人力發展。

關於組織人才發展，包括ＳＯＰ引導、讀書會、學長帶領、職務代理、職務輪調及課堂學習等，都不是新東西，在多數組織裡已經成熟運作，這裡只做簡要提醒，我們要將重心放在兩個新的人才發展活動：翻轉學習與教練領導。

先說提醒事項，這裡舉幾個比較容易被忽略的事項：

一、工作中學習（ＯＪＴ）遠比離崗訓練（Off JT）重要：如就兩者的財務投入成本論，前者是二十的話，後者就是八十；就實際效益而言，卻是前者八十，後者往往只有二十。但ＯＪＴ需要主管擔負更大的責任，投入更多時間與心力，這正是ＯＪＴ往往做不好，而組織寧可砸錢做課堂訓練的原因。

二、縱使是離崗訓練，主管也不能置身事外：有關課程計畫、學習目標及對參訓者的學習成效驗收，主管都必須參與，才叫人才培養。這就像你把孩子交付學校教育之後，還是要注意他有無學習怠惰、學習障礙和成績表現，絕不是學校負全責而家長一點責任和配合行動都沒有，培訓也不是請講師來上課就了事。

三、重視培訓評鑑：除了操作性課程容易在課後立即評量學習成果，對於認知及能力導入課程建議採用現場實做驗收或採虛擬實境模擬評鑑，在課中或課後立即評鑑學員的學習能力。在這種事先規劃、連結課程主題與內容的測評下，學員的能力高下很容易顯露，無論是驗證學習成效或其原已具備的認知及管理能力，都非常適宜。綜合數次的培訓評鑑結果，內部人才遴選及接班準備的參考數據也就產出了。

四、堅持一軍輪調：輪調的最大剋星，來自於主管對於優秀人才或部門裡的「台柱」不願意放人，導致輪調無法執行。解決方法有二，一是各部門平時即應儲備戰力，藉由職務代理等方式，培養職務接班人，其二是採行「一軍輪調」原則，所有人才如果沒有經歷同一職務階層兩個以上職務歷練，不得往上晉升，如此一來，主管不同意放人，就形同阻礙升遷，部屬自然會爭取輪調機會，主管也不敢阻擋。

當部屬的貴人

授權，先要捨得

談到自我啓發和工作崗位訓練，不能不談到授權。

許多人都有相同的經驗：授權是讓部屬加速成長的好方法。所謂授權，指主管將職權下授給部屬，要求其負責執行並完成工作。良好的授權能使部屬自主完成目標責任、驅動其積極性、提升能力並增強組織應變能力。對管理者來說，授權後不必凡事親力親爲，才能將更多的時間和精力投入到更長期、宏觀、更有價值的事務上。

許多主管都了解授權的好處，卻不知從何做起？這裡的建議是：給予任務方向、目標和準則規範（如ＳＯＰ或控制要點）並提供必要資源（如設備、訓練與激勵）後就放手讓部屬去做，減少干預，無需過多過程指導及細節規範。可是，如果未經過以上的程序和準備工作就要求部屬自行負責，那是卸責，不叫授權。

授權之前應建設的心態是：員工比你所想像的要聰明得多。每個員工都想開創自己的前途，都想有好表現，主管只要提供適當環境即可，放手讓他們去做，不必擔心他們砸鍋。

民國初年誕生的文壇才子葉公超，在抗戰時期棄教從政（他二十三歲即登上北大講壇，教授西洋文學，成為北大有史以來最年輕的教授，抗戰時期因緣際會進入政府部門），一九五〇年代任職國民政府外交部長，當時曾經公開宣佈：「我一天只看五件公文，其他的都不必送上來了。」他當部長非常瀟灑，放手讓副手和部下工作，也讓部屬充分發揮。

無獨有偶，八〇年代趙耀東先生擔任中鋼公司董事長時也交代總經理和祕書：「每天頂多送六件公文給我批閱，第七件我就不收了。」因此，經營團隊莫不細心過濾，對於必須自行承擔的事項，就審慎決行，真正關鍵事項才上呈董事長，他們也根據這樣的原則，轉而要求部屬，將權責下授，形成非常有效的授權體系。

我非常感念在個人的職業生涯裡所有領導過我的長官，他們絕大多數都值得追隨與尊敬，讓我得以不斷學習與成長。

長官們對我最主要的培育方式，就在信任與授權發揮，他們愈是信任，我愈是覺得責任重大，不能讓他們失望，甚至丟臉，這也是與我有同樣經歷的工作者的共同感受。

從葉公超、趙耀東及許多成功主管的授權過程中，可以看到幾個要點：

一、不畏部屬功高震主，光芒掩蓋過自己，反而希望部屬盡情揮灑，創造貢獻。

二、既然授權了就減少干預，到了檢核點再驗收成果就是。這就像我們煮飯，千萬不要在飯還沒熟就去掀開鍋蓋。

三、深知「犯錯就是學習」，給予部屬犯錯空間，讓部屬在問題中反省，在錯誤中學習，真正走不出迷障時，再出手相救。

這三個要點有一共通特性──捨得，捨得分享權利，分享光環，讓部屬在自己原有的領地上馳騁；捨得釋放一些風險空間，在可控制範圍讓部屬嘗試錯誤，摸索成長。

害怕部屬「犯錯」，是許多主管難以突破的心結。可是，這一個障礙不去除，根本談不上授權，更無法突破與創新。對於部屬犯錯，我建議兩個基本原則，只要不違反這兩個原則，都容許部屬犯錯：

一、「道德、良心上的錯」不能犯：例如收取回扣、偽造文書數據、剽竊同仁工作成果，這是職業道德和工作倫理的底線原則，絕對「殺無赦」，無法寬容。

二、「一錯再錯的錯誤」不能犯：這代表不用心，無法從錯誤中學習，無法改善與提升，先前繳出去的學費無法回收。

除了這兩個基本原則，另外提醒兩個關注要點：

一、低階錯誤不該犯。所謂「低階錯誤」就是類似記錯與客戶約定的時間、報表數字少一個零、未遵照SOP執行之類的錯誤，那通常代表沒有將工作放在心上，靈魂沒帶來上班，基本上不可原諒。之所以沒有將此類錯誤歸在前述兩項原則的原因是：員工不是電腦，不是機器，無法確保永不犯錯。如果是平日工作認真、績效良好的員工，在過度忙亂或身心狀態不佳的情況下發生此類事件，應該是提醒他注意，努力挽回失誤所造成的後果，並且在重要事項上建立「防呆」機制，避免釀成災難。

二、超過授權範圍的錯誤。所謂容許犯錯，自然是要在可控制的範圍內，可被稽查、可被發現和可以容許的損失。如果是因爲超越範圍，擅作主張而犯錯，極可能造成難以彌補的損害，這是主管在授權之前就應設定的界線，如果部屬明知故犯，則屬前述「道德、良心上的錯」，那已觸及底限，當然不被容忍。

好教練，贏得人心

所有良善的人力資源發展機制，都需要稱職的主管來推動，否則都是紙上談兵，畫餅充飢。

我的好友徐振芳是人力資源界倍受尊敬的前輩，也是我們顧問團隊的資深顧問，他出身IBM的技術及業務部門，後來擔任IBM公司的人力資源經理，退休後應聘到中國海爾電器擔任人力資源總顧問。他曾說：IBM的主管手冊很清楚寫著，主管有兩個基本任務：

第一，是「任務管理」（Operation Management）

其二，是「人員管理」（Staff Management）

換句話說，只把專業領域的技術、銷售等工作做好，只是完成了一半的主管角色；另外的一半工作，就是如何帶領部屬成長，讓他們發揮所長，並且在組織裡安心、快樂地工作。

IBM的管理觀念無疑是前瞻與領先的。近二十來，領導的主流也已移轉到「教練式領導」，這是因應社會及產業變遷、組織心理學發展的必然趨勢。

根據美國哈佛大學教育學者提姆．高威（Timothy Gallwey）的見解，所謂「教練」，就是釋放人們的潛能，使他們做出極致表現。

這不就是領導者所要創造的效益及境界嗎？

我們期待每一位領導者都是優秀的教練，也確信只要能夠成爲優秀教練，都必然是稱職的主管。

組織在創造教練式領導的環境氛圍上，應該做的事情是：

一、組織領導人本身相信教練式領導：組織領導人本身很少是教練式領導的專家，但他至少要了解那是怎麼一回事，並且認同此一體系及運作機制，否則會形成溝通的鴻溝與障礙。

二、建立領導理念共識：組織的領導階層必須相信，「員工的正向行為主要是導引和啓發出來的，不是高壓和威嚇所塑造出來的」，主管接受此一理念愈多、愈深，教練式領導的磁場就愈強。

三、要求主管放棄威權領導：組織必須說服主管用專家權（知識、技術及能力）及參考權（經驗、形象與魅力）領導，而不只是濫用獎賞權與懲罰權，更非斥責及謾罵。

四、以情緒商數（EQ）慎選主管：EQ領域的領導者丹尼爾．高曼（Daniel Goleman）指出：任何人想在職場上獲得成功，情緒商數的重要性是學識和技術的兩倍（六六％對三四％），對領導人的角色來說，這個比例更高到八五％對一五％。換言之，EQ低的人本身就不會是好主管，更別提是好教練。

五、提供「教練式領導」訓練：這些要點都掌握後，組織還是必須對主管提供「教練式領導」培訓，其重點包括建立教練式領導模式以及授予實戰技法，讓他們充分體現「部屬的錯，就是主管的錯；團隊成功，才是領導者的成功。」能做到這個境界，教練式領導就成功了。

雖然說，教練式領導是趨勢，是風潮，國際間也有教練式領導的專業學習證照，但如果只想要知道入門的操作方法，這裡提供一些簡易參考步驟。

觀察與傾聽

教練式領導的要點在於部屬應該學到什麼，而不是你想要他學什麼，如果他沒有問題或他不知道有問題，你的教導無從發揮作用。這時候，第一步就是觀察與傾聽，觀察同仁所做所爲，包括成果產出與工作過程，傾聽同仁的工作狀態報告及成果報告。你不妨聽聽其他同仁怎麼說，但請確認聽到的是事實，而不是是非判斷，更不是情緒。從你所看到和聽到的事件及工作活動，看到、聽出問題背後的問題，形成你希望引導的事項。

發問

發問的目的，第一在於確認觀察及傾聽的訊息，有時候耳聽不一定爲眞，眼見不見得爲信。第二個目的在於啓發覺察，你直接告訴同仁他的問題所在，絕對不如讓他自己發現問題所在，他會更認眞面對。要達到這個結果就要靠問題引導，問對問題，答案就在問題裡。

示範與演練

成功的教練不僅是說理的高手，能說到部屬心悅誠服當然不容易，可是光說不練效果有限，最好的是當下示範，演練給部屬了解。例如：「你和A部門主管對話時，這麼說他應更能接受……」或「下一次，製作這類計畫，要先蒐集利害關係人（例如…）的意見……」必要時，示範完畢立即以類似案例請其演練一次，直到熟練爲止。要點是第一遍「我說（做）你聽（看）」，第二遍就是「你說（做）我聽（看）」。

要求與承諾

教練式領導的目的是達到行爲改變或成果產出。唯有要求才能改變行爲與結果，這是重要的一

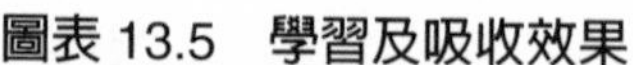
圖表 13.5　學習及吸收效果

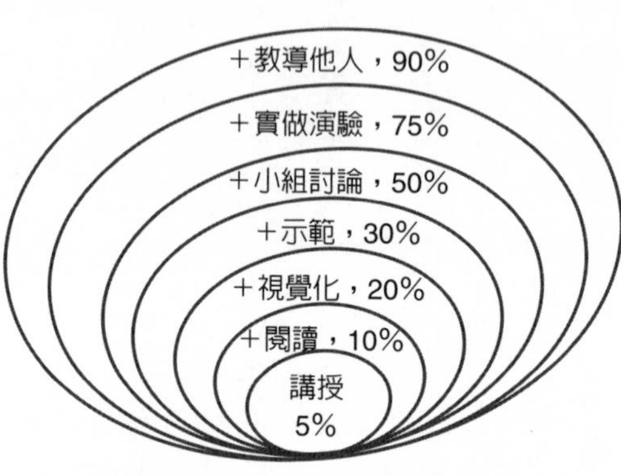

步，但不希望是單向和強迫式的。通常，經過前面幾個步驟，要求都順理成章且容易形成共識，但教練切記不要自以爲部屬都清楚了，所以要求必須清楚、明確，必要時書面化紀錄，至少要部屬複述要求與期望，正式做出承諾，需要有交付期限者，將期限清楚設定下來。

接受與追蹤

要求過後，不代表教練工作已然結束，接下來就是進入另一階段的觀察與傾聽。除了觀察與傾聽，部屬應該依照期限或里程碑（milestone）提出報告或成果，主管再忙都要認眞審查部屬提出的報告與成果，根據反饋原則，針對正確行爲和結果給予獎勵或激勵，對於瑕疵或待改善部分，給予改善建議。對於行爲差距比較大的，則帶入另一輪的教練指導。允許犯錯是此一階段要領，因爲那些錯誤有可能是教練沒教好，所以務必發揮耐心，給予另一次機會，再進行後續輔導。

對於指導與學習，無論是課堂或教練指導，有些重要原則是相通的，譬如說學習及吸收效果，這裡分享美國緬因州國家訓練研究室的研究發現：（圖表十三．五）

從圖表十三．五，我們可以看到光用講授的方式，儘管魔音穿腦，學習與吸收效果只有五％，你可以想見父母對子女再怎麼耳提面命，再如何碎碎唸，效用極其有限，擔任主管者何嘗不是？嘮叨只會惹人厭煩，希望教導具有成效，務必搭配資料閱讀、視覺圖像或動作輔助、小組或一對一討論、實做演練，最後加上「轉授」，讓部屬將所學教導他人，他在此一階段收獲最多。因為要做到轉授，必須對於學習眞正透徹，裝懂是矇混不過去的，為了面對聽眾，學習者不僅要知其然，更要知其所以然，這時候的學習與吸收才接近完善。

實戰智慧館 440

初心——找回工作熱情與動能

作　　者——方翊倫
副總編輯——吳家恆
編　　輯——劉佳奇、黃嬿羽
封面設計——張士勇

發 行 人——王榮文
出版發行——遠流出版事業股份有限公司
臺北市 100 南昌路二段 81 號 6 樓
電話：2392-6899　傳真：2392-6658
郵撥：0189456-1

著作權顧問——蕭雄淋律師
排　　版——中原造像股份有限公司
2015 年 11 月 1 日　初版一刷

新台幣售價 380 元（缺頁或破損的書，請寄回更換）

ISBN 978-957-32-7710-1

遠流博識網
http：//www.ylib.com　E-mail: ylib @ yuanliou.ylib.com.tw

國家圖書館出版品預行編目 (CIP) 資料

初心──找回工作熱情與動能／方翊倫著 . -- 初版 .
-- 臺北市：遠流 , 2015.10
面；　公分
ISBN 978-957-32-7710-1（平裝）

1. 企業經營　2. 組織管理

494.2　　104017810